普通高等教育管理科学与工程类系列教材

建设工程质量与安全管理

主　编　杨　杰

副主编　卢国华　高会芹　纪凡荣

　　　　房勤英　万立华

科 学 出 版 社

北　京

内容简介

建筑业是国民经济中的支柱产业之一，建设工程质量与安全是行业高质量发展的永恒主题。本书首先对建设工程质量管理理论、设计及施工质量管理、工程质量持续改进进行了全面分析；其次，对建设工程安全管理理论、危险源管理、安全管理体系构建及信息技术的应用进行了分析；最后，从工程伦理、行业监督、工程保险三个视角对质量与安全综合管理进行了系统论述。本书注重理论联系实际，同时体现了质量安全发展前沿，具有较强的理论意义和实践价值。全书分为三篇，共 13 章。分别从建设工程质量管理、建设工程安全管理、建设工程质量与安全综合管理三个方面进行了分析研究，明确了管理路径，提出了相关政策建议。

本书既可作为工程管理专业、土木工程专业、市政工程及其他相关专业的本科生及研究生教材，也可供政府管理部门、建设单位、施工企业、设计单位、项目管理咨询等单位参考使用。

图书在版编目（CIP）数据

建设工程质量与安全管理 / 杨杰主编. -- 北京 : 科学出版社, 2025. 5. (普通高等教育管理科学与工程类系列教材). -- ISBN 978-7-03-080364-1

Ⅰ. TU712; TU714

中国国家版本馆 CIP 数据核字第 2024TZ5226 号

责任编辑：纪晓芬　都　岚 / 责任校对：王万红
责任印制：吕春珉 / 封面设计：耕者设计工作室

科学出版社出版
北京东黄城根北街 16 号
邮政编码：100717
http://www.sciencep.com
三河市中晟雅豪印务有限公司印刷
科学出版社发行　各地新华书店经销
*
2025 年 5 月第　一　版　开本：787×1092 1/16
2025 年 5 月第一次印刷　印张：18 1/4
字数：430 000

定价：62.00 元

（如有印装质量问题，我社负责调换）
销售部电话 010-62136230　编辑部电话 010-62135397-2021

前　言

当今世界正处于百年未有之大变局。产业竞争、科技竞争、人才竞争形势错综复杂，数字化变革、人工智能、智慧化管理将全面影响经济社会各个领域。在创新驱动的时代下，未来建筑业将以安全发展为核心，以提升品质为路径，以转型升级为标志，实现高质量发展的目标。面对新发展阶段、新发展格局，我们必须站在未来格局，树立新发展理念，把握好新时代国家和行业创新发展的总体定位，梳理归纳建设工程质量、安全管理在施工现场的作用及其定位，以习近平新时代中国特色社会主义思想为指导，坚持人民至上、生命至上，不忘初心、牢记使命，始终坚持“质量第一”和“安全第一、预防为主、综合治理”的理念，遵循智慧安全、品质提升、数字赋能及创新未来的发展路径，也是从事工程质量、安全管理领域学者、工程实践者的孜孜追求。

百年大计，教育为本。“培养什么人、怎样培养人、为谁培养人”是教育的根本问题。建筑业的高质量发展和高水平的安全动态平衡要求对当代建筑人提出了更高的要求，需要当代建筑人更加注重精益求精，关注人本身的发展，以及建筑产品和社会的可持续发展，满足当前和社会未来发展的需求，承担起相应的历史使命和社会责任。本书在编写中坚持以立德树人为根本任务，传承中华优秀传统文化，深入挖掘建筑文化、建筑产业、建筑技术中的思政元素，弘扬职业精神、工匠精神和爱国精神，强调对学生专业知识技能、职业素养和创新创业意识的培养。

本书在结构上共设计了三篇，涵盖了建设工程质量与安全管理的主要内容。上篇是建设工程质量管理、中篇是建设工程安全管理、下篇是建设工程质量与安全综合管理。本书依据我国相关建设法律法规、标准规范和工程建设质量安全管理前沿，将《高等学校工程管理类专业评估（认证）文件（适用于工程管理和工程造价专业）》（2020 年版　总第 4 版）的相关要求融入其中。

本书由山东建筑大学杨杰担任主编，卢国华、高会芹、纪凡荣、房勤英、万立华担任副主编，卢国华、房勤英、万立华进行了统稿。具体编写分工如下：高会芹负责第一章，第二章第一～第四节，第四章，第十一章第一、三节，第十二章第一节，第十三章的编写，纪凡荣负责第二章第五节、第三章、第五章、第十一章第二节的编写；杨杰负责第六、七章，第十二章第二节的编写；卢国华负责第八～十章的编写。

在本书编写过程中，当时的山东建筑大学建设安全管理研究所（现为山东建筑大学建设安全中心）的研究生潘英豪、王学慧、范庆港为本书的校对做了大量工作，在此向他们表示衷心的感谢。同时，本书借鉴和参考了相关学者的论著及网络资料，在此一并表示感谢。本书得到了山东建筑大学研究生教材建设立项经费资助。

由于编者水平有限，书中难免存在疏漏和不足之处，敬请广大读者批评指正。

目　　录

上篇　建设工程质量管理

中篇　建设工程安全管理

下篇　建设工程质量与安全综合管理

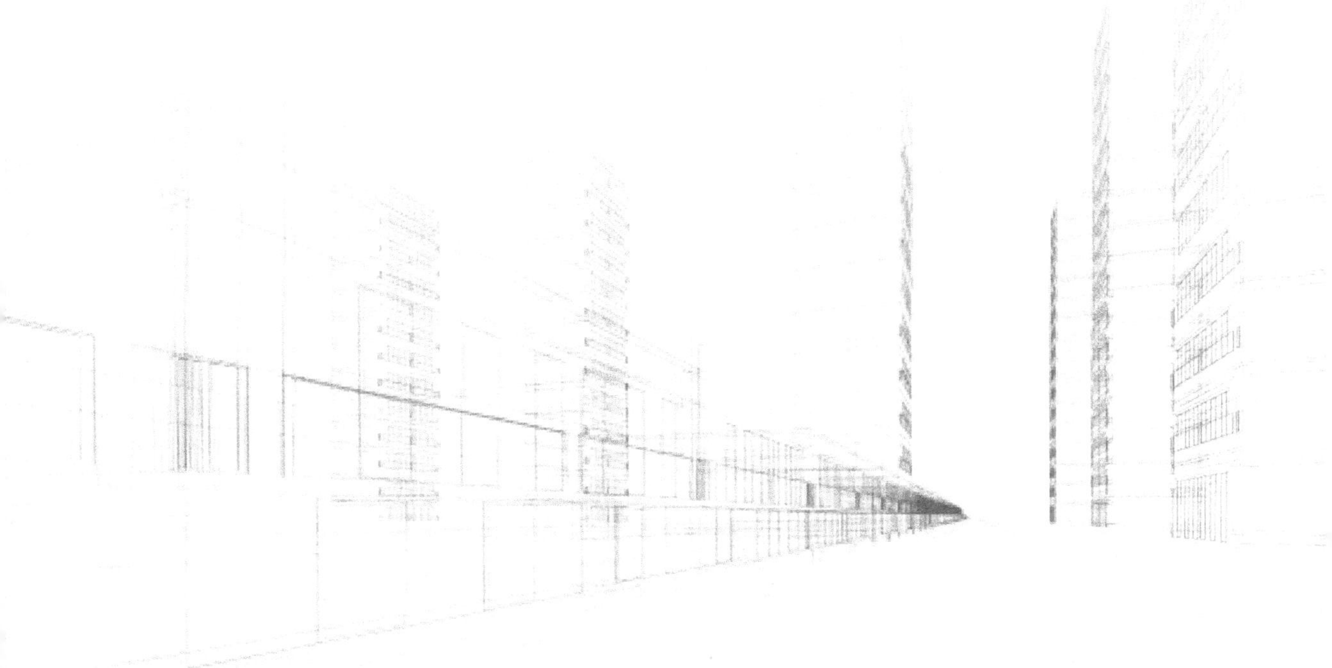

上篇

建设工程质量管理

第一章　质量管理概论

第一节　质量管理概述

一、质量概念

国际标准化组织（International Organization for Standardization，ISO）颁布的质量管理体系标准 ISO 9000:2015 中规定：质量是指客体的一组固有特性满足要求的程度。质量可与“差”“好”“极好”等形容词进行连用。

1）客体（即对象）是指任何可感知或可想象的事物。例如，产品、服务、过程、人员、组织、系统、资源等。对象可以是物质的（如发动机、纸、钻石等），也可以是非物质的（如转化率、项目计划等）或想象的（如组织的未来状态等）。

2）特性是指可区分的特性，可以是固有的或赋予的，也可以是定性的或定量的。例如，物理特性（如机械、电气、化学或生物等）；感觉特性（如嗅觉、触觉、味觉、视觉、听觉等）；行为特性（如礼貌、诚实、乐观、暴躁等）；时间特性（如准时性、可靠性、可用性、连续性等）；符合人体工程学的特性（如生理特性或与人类安全有关的）；功能特性（如飞机、汽车的最快速度等）等各种类别的特性。

3）要求是指明示的、通常隐含的或必须履行的需求或期望。要求可以由不同的相关方或组织提出。规定要求是经明示的要求，比如在文件信息中，特定要求可使用限定词表示，如“产品要求”“质量管理要求”“顾客要求”“质量要求”等。通常隐含是指组织和相关方的惯例，所考虑的需求或期望是不言而喻的。要实现顾客高满意度可能需要满足顾客更多的期望，即使它不是明示的，也不是通常隐含的或必需的。

4）程度是指根据不同的用途，对象质量能恰当地满足顾客的使用要求。例如，打印纸一般要求表面光滑，颜色洁白，质地结实，可满足办公、书写的要求；牛皮纸一般粗糙、有色，可满足简单包装物品的要求。若以产品为例，程度是指生产厂家应将对产品质量的规定限制在最大范围地满足特定用户的特定需求，即产品的使用价值及其属性，能满足用户需要的程度。

一般来说，质量有广义和狭义之分。ISO 9000:2015 中给出的是广义的质量概念，在质量描述上已经突破了狭义的产品、服务，质量的范围涵盖了过程、人员、组织、系统、资源等更大范围的质量。

二、质量概念的发展

质量概念中的对象，早期局限于产品，随着科学技术的发展和需求的不断变化，后来逐渐扩展到服务、过程、人员、组织等。对质量概念的理解也在逐步深入，大致经历了符合性质量、适用性质量和广义质量的演变历程。

（一）符合性质量

符合性质量是指质量符合图样规定、技术标准、规范和要求。美国的质量管理专家菲利普·克罗斯比（Philip Crosby）是其主要代表人物之一。他认为：质量的定义就是符合要求，而不是“好”“优秀”“独特”等主观和含糊的词语。

产品质量必须是符合规范或要求，这构成了产品质量的基础。这种质量观表述比较简单、直观、具体，对于质量检验和质量控制等具体工作具有很大的适用性，但它只是从生产者的立场出发，静态地反映产品的质量，难以全面反映顾客的需求，更不能反映需求的动态变化，这就忽略了企业存在的真正目的和使命。

（二）适用性质量

适用性质量是指产品要满足顾客的要求程度。对顾客来说，质量就是适用性，而不是“符合规范”。适用性质量判断的依据是顾客的要求，顾客要求包括生理的、心理的和伦理的等多个方面，适用性质量的内涵也在不断地拓展和丰富。

质量从“符合性”到“适用性”，反映了人们在对质量的认识过程中，已经开始把顾客要求放在首要位置。明确指出质量工作的核心是在产品使用全过程、服务提供全过程中满足顾客的要求。这对于促进组织重视顾客要求、为顾客创造价值，明确企业存在的根本目的和使命具有深远的意义。

（三）广义质量

20 世纪 80 年代后，人们对于质量的认识变得更加深入和广泛。站在顾客的角度，质量是指能够满足产品或服务所需要的特征。此外，质量还意味着不出故障或发生故障时良好的服务；同时，因为社会可持续发展的需要，质量还应具有对社会环境长期无害的特征，要综合满足所有相关方的要求。

ISO 9000:2015 标准中规定的“质量”定义也体现了这种认识。实质上，好的质量不仅要符合技术标准的要求（符合性），而且要满足顾客的要求（适用性）和所有相关方的要求，如社会的要求（如环境、资源、公共卫生等），员工的要求（如健康、安全等）。质量评价的对象也从产品扩展到服务、过程、人员、组织等方面。所以，这种质量观是一种广义的质量观，或称“大质量”观。

三、质量管理概念

（一）管理

ISO 9000:2015 标准将“管理”定义为：指挥和控制组织的协调活动，管理可包括制定方针和目标，以及实现这些目标的过程。管理是指管理者通过实施计划、组织、领导和控制职能来协调他人的活动，实现组织目标的过程。管理是由计划、组织、领导、控制这一系列相互关联、连续进行的活动所构成，这些活动构成了管理的四大职能。

（二）质量管理

ISO 9000:2015 标准将“质量管理”定义为：质量管理可包括制定质量方针和质量目标，以及通过质量策划、质量保证、质量控制和质量改进实现这些质量目标的过程。

质量策划致力于制定质量目标并规定必要的运行过程和相关资源，以实现质量目标；质量保证致力于提供质量要求会得到满足的信任；质量控制致力于满足质量要求；质量改进致力于增强满足质量要求的能力，质量要求可以是有关任何方面的，如有效性、效率、可追溯性等。

四、建设工程质量概念

根据 ISO 9000:2015 标准给出的质量定义，建设工程质量可定义为：建设工程满足相关标准规定和合同约定要求的程度。它包括适用性、耐久性、安全性、可靠性、经济性、节能性、与环境的协调性等所有明示和隐含的固有特性。

建设工程作为一种特殊的产品，除具有一般产品共有的质量特性外，还具有特定的内涵。建设工程质量的特性主要表现在以下七个方面。

1）适用性，即功能，是指工程满足使用目的的各种性能。它包括：理化性能，如尺寸、规格、保温、隔热、隔声等物理性能，耐酸、耐碱、防火、防风化、防尘等化学性能；结构性能，指地基基础牢固程度，结构的足够强度、刚度和稳定性；使用性能，如民用住宅工程能使居住者安居，工业厂房能满足生产活动需要，道路、桥梁、铁路、航道能通达、便捷等，建设工程的组成部件，如水、暖、电、卫器具及设备也要满足其使用功能；外观性能，指建筑物的造型、布置、室内装饰效果、色彩等美观大方、协调等。

2）耐久性，即寿命，是指工程在规定的条件下，满足规定功能要求使用的年限，也就是工程竣工后的合理使用寿命期。由于建筑物本身结构类型、质量要求、施工方法、使用性能等不同的个性特点，目前国家对工程的合理使用寿命期还缺乏统一规定，仅在少数技术标准中，提出了明确要求。例如，民用建筑主体结构耐用年限分为四级（5 年、

25 年、50 年、100 年)；公路工程设计年限一般按等级控制在 6～15 年；城市道路工程设计年限，视不同道路构成、所用的材料及设计的使用年限也有所不同。

3）安全性，是指工程建成后在使用过程中保证结构安全、保证人身和环境免受危害的程度。建设工程产品的结构安全度、抗震、耐火及防火能力，人民防空的抗辐射、抗核污染、抗冲击波等能力是否能达到特定的要求，都是安全性的重要标志。工程交付使用后，必须保证人身财产、工程整体免遭工程结构破坏及外来危害的伤害。工程组成部件，如阳台栏杆、楼梯扶手、漏电保护、电梯及各类设备等，也要保证使用者的安全。

4）可靠性，是指工程在规定的时间和规定的条件下完成规定功能的能力，工程不仅要求在交工验收时要达到规定的指标，而且在一定的使用时期内要保持应有的正常功能。例如，工程上的防洪与抗震能力、防水隔热、恒温恒湿措施、工业生产用的管道“防跑、冒、滴、漏”等，都属可靠性的质量范畴。

5）经济性，是指工程从规划、勘察、设计、施工到整个产品使用寿命周期内成本和消耗的费用。工程经济性具体表现为设计成本、施工成本、使用成本三者之和，包括从征地、拆迁、勘察、设计、采购（材料、设备）、施工、配套设施等建设全过程的总投资和工程使用阶段的能耗、水耗、维护、保养乃至改建更新的费用。通过分析比较来判断工程是否符合经济性要求。

6）节能性，是指工程在设计与建造过程及使用过程中满足节能减排、降低能耗的标准和有关要求的程度。

7）与环境的协调性，是指工程与其周围生态环境协调，与所在地区经济环境协调及与周围已建工程相协调，以适应可持续发展的要求。

上述七个方面的质量特性之间是相互依存的。总体而言，适用性、耐久性、安全性、可靠性、经济性、节能性、与环境的协调性，都必须达到基本要求，缺一不可。但是，对于不同门类、不同专业的工程，如工业建筑、民用建筑、公共建筑、住宅建筑、道路建筑，可根据其所处的特定地域环境条件、技术经济条件的差异，而有不同的侧重点。

五、工程建设阶段对质量形成的作用

工程建设的不同阶段，对工程项目质量的形成起着不同的作用。

1. 项目可行性研究

项目可行性研究是在项目建议书和项目策划的基础上，运用经济学原理对投资项目的有关技术、经济、社会、环境及所有方面进行调查研究，对各种可能的拟建方案和建成投产后的经济效益、社会效益和环境效益等进行技术经济分析、预测和论证，确定项目建设的可行性，并在可行的情况下通过多方案比较，从中选择最佳建设方案，作为项目决策和设计的依据。在此过程中，需要确定工程项目的质量要求，并与投资目标相协调。因此，项目的可行性研究直接影响项目的决策质量和设计质量。

2. 项目决策

项目决策是通过项目可行性研究和项目评估，对项目的建设方案做出决策，使项目的建设充分反映业主的意愿，并与地区环境相适应，做到投资、质量、安全、进度四者协调统一。所以，项目决策阶段对工程质量的影响主要是确定工程项目应达到的质量目标和水平。

3. 工程勘察、设计

工程的地质勘察是为建设场地的选择和工程的设计与施工提供地质资料依据，而工程设计是根据建设项目总体需求和地质勘察报告，对工程的外形和内在实体进行筹划、研究、构思、设计和描绘，形成设计说明书和图纸等文件，使得质量目标和水平具体化，为施工提供直接要求和依据。

工程设计质量是决定工程质量的关键环节。工程采用什么样的平面布置和空间形式，选用什么样的结构类型，使用什么样的材料、构配件及设备等，都直接关系到工程主体结构的安全可靠，关系到建设投资的综合功能是否充分体现规划意图。在一定程度上，工程设计的完美性也反映了一个国家的科技水平和文化水平。工程设计的严密性、合理性也决定了工程建设的成败，是建设工程安全、适用、经济与环境保护等措施得以实现的保证。

4. 工程施工

工程施工是指按照设计图纸和相关文件的要求，在建设场地上将设计意图付诸实现的测量、作业、检验，形成工程实体，建成最终产品的活动。任何优秀的设计成果，只有通过施工才能变为现实。因此，工程施工活动决定了设计意图能否实现，直接关系到工程是否安全可靠、使用功能是否得到保证，以及外表观感能否体现建筑设计的艺术水平。在一定程度上，工程施工是形成实体质量的决定性环节。

5. 工程竣工验收

工程竣工验收就是对工程施工质量通过检查评定、试车运转，来考核施工质量是否达到合同要求，是否符合决策阶段确定的质量目标和水平，并通过验收来确保工程项目的质量。所以，工程竣工验收能保证最终产品的质量。

六、建设工程质量的特点

建设工程质量的特点是由建筑产品和施工生产的特点决定的。建筑产品具有的固定性、多样性、寿命长期性、高投入性和社会性等，施工生产具有的流动性、单件性、一次性、生产周期长和外部约束性等，决定了建设工程质量应具有以下特点。

1）影响因素多。建设工程质量受到多种因素的影响，如决策、设计、材料、机械设备、施工方法、施工工艺、技术措施、人员素质、工期、环境等，这些因素直接或间接地影响着工程项目的质量。

2）质量波动大。建筑产品生产特点及影响因素多决定了工程质量容易产生波动且波动大。例如，材料规格品种使用错误、施工方法不当、操作未按规程进行、机械设备过度磨损或出现故障、设计计算错误等，都会引发质量波动，产生质量变异，造成工程质量事故。

3）质量隐蔽性。建设工程在施工过程中，由于分项工程交接多、中间产品多、隐蔽工程多，工程质量存在隐蔽性。所以，需要加强施工过程的质量控制，一旦存在隐蔽性质量问题，表面上的检查很难发现，这样就会导致判断错误，即将不合格品误认为合格品。

4）终检局限性。质量隐蔽性也带来了终检局限性，即不可能依靠终检来判断产品质量，或将产品拆卸或解体来检查其内在质量。因此，只能要求工程质量控制以预防为主、以过程控制为主，防患于未然。

5）评价方法特殊性。工程质量是在施工单位按合格质量标准自行检查评定的基础上，由项目监理机构组织有关单位、人员进行检验，确认验收。工程质量验收是按检验批、分项工程、分部工程、单位工程进行的。检验批的质量是分项工程乃至整个工程质量检验的基础。

七、工程质量控制的主体和原则

1. 工程质量控制的主体

工程质量控制按其实施主体不同，分为监控主体和自控主体。监控主体可以分为政府、建设单位、工程监理单位。自控主体可以分为勘察设计单位和施工单位。

监控主体是指对他人质量能力和效果的监控者。自控主体是指直接从事质量职能的活动者。工程质量控制的主体主要包括以下五个方面。

1）政府的工程质量控制。政府属于监控主体，它主要是以法律法规为依据，通过抓工程报建、施工图设计文件审查、施工许可、材料和设备准用、工程质量监督、工程竣工验收备案等主要环节实施监控。

2）建设单位的工程质量控制。建设单位属于监控主体，工程质量控制按工程质量形成过程，建设单位的工程质量控制包括建设全过程各阶段，即决策阶段的质量控制、工程勘察设计阶段的质量控制和工程施工阶段的质量控制。

3）工程监理单位的质量控制。工程监理单位属于监控主体，主要受建设单位的委托，根据法律法规、工程建设标准、勘察设计文件及合同，制定和实施相应的监理措施，采用旁站、巡视、平行检验和检查验收等方式，代表建设单位在施工阶段对工程质量进行监督和控制，以满足建设单位对工程的要求。

4）勘察设计单位的质量控制。勘察设计单位属于自控主体，它是以法律、法规及合同为依据，对勘察设计的整个过程进行控制，包括工作质量成果文件质量的控制，确保提交的勘察设计文件所包含的功能和使用价值能够满足建设单位工程建造的要求。

5）施工单位的质量控制。施工单位属于自控主体，它是以工程合同、设计图纸和技术规范为依据，对施工准备阶段、施工阶段、竣工交付阶段等施工全过程的工作质量和工程质量进行的控制，以达到施工合同文件规定的质量要求。

2. 工程质量控制的原则

1）坚持质量第一的原则。建设工程质量不仅关系到工程的适用性和建设项目投资效果，更关系到人民群众生命财产的安全。因此，要始终坚持人民至上、生命至上，在工程建设中建设相关方在进行投资、进度、质量三大目标控制时，在处理三者之间对立统一的关系时，应始终坚持“百年大计、质量第一”的原则。

2）坚持以人为核心的原则。人是工程建设的决策者、组织者、管理者和操作者，各单位、各部门、各岗位人员的工作质量水平会直接或间接影响着工程质量。因此，在工程质量控制中，要以人为核心，重点控制人的素质和人的行为，充分发挥人的积极性和创造性，让人的工作质量来保证工程质量。

3）坚持以预防为主的原则。工程质量控制应该是积极主动的，应事先对影响质量的各种因素加以控制。若出现质量问题再进行处理，则不必要的损失已经形成。因此，要重点做好质量的事前控制和事中控制，以预防为主，加强过程和中间产品的质量检查和控制。

4）以合同为依据，坚持质量标准的原则。质量标准是评价产品质量的尺度，工程质量是否符合合同规定的质量标准要求，应通过质量检验并与质量标准对照。符合质量标准要求的才是合格的，不符合质量标准要求的就是不合格的，必须按照有关规定进行处理。

第二节　建设工程质量管理发展历史

质量管理的产生和发展走过了漫长的道路。人类历史上自有商品生产以来，就有了以商品的成品检验为主的质量管理方法。工业革命后，机器工业取代了手工作坊式生产，质量管理也得到了迅速发展，产生了质量管理科学。

一、质量管理发展历史

根据质量管理所依据的手段和方式，质量管理发展历程大致可划分为以下几个阶段。

（一）质量检验阶段（约 1940 年以前）

1）操作者的质量管理。19 世纪以前，受家庭生产或手工作坊式生产经营方式的影响，产品质量主要依靠工人的实际操作经验，靠手摸、眼看等感官估计和简单的度量衡测量而定。工人既是操作者又是质量检验、质量管理者，且经验就是“标准”。因此，有人又将这个阶段称为“操作者的质量管理”。

2）工长的质量管理。工业革命改变了一切。机器工业生产取代了手工作坊式生产，劳动者集中到一个工厂内共同进行批量生产劳动，出现了社会分工和标准化的生产理念。弗雷德里克·W. 泰勒（Frederick W. Taylor）发起的“科学管理运动”特别强调工长在保证质量方面的作用，出现了“工长的质量管理”。

3）检验员的质量管理。随着企业生产规模的扩大、产品复杂程度的提高，产品有了技术标准，公差管理制度也日趋完善，各种检验工具和检验技术也随之发展，强调质量检验与生产操作相分离，于是工长的质量管理检验职能转移给专职的检验员，出现了“检验员的质量管理”。

上述三种方式的共同弱点有：①属于“事后检验”，无法在生产过程中完全起到预防、控制的作用，一经发现废品，就是“既成事实”，很难补救；②要求对成品进行百分之百的检验，这样做有时在经济上并不合理，如增加检验费用、延误出厂交货期限等，有时从技术上考虑也不可能，如破坏性检验等，在生产规模扩大和大批量生产的情况下，这个弱点尤为突出。因而，在管理实践中逐渐萌发出“预防”的思想。

（二）统计质量控制阶段（1940～1960 年）

20 世纪初，统计科学有了很大发展。美国贝尔实验室产品控制组的哈罗德·F. 道奇（Harold F. Dodge）和赫伯特·G. 罗米格（Herbert G. Romig）提出了抽样检验的理论，并设计了实际使用的“抽样检验表”，解决了全数检验和破坏性检验在应用中的困境。美国贝尔实验室过程控制组的沃特·A. 休哈特（Walter A. Shewhart）提出了统计过程控制（statistical process control，SPC）理论和监控过程的工具——控制图，为统计质量控制奠定了理论基础。

统计质量控制理论兴起于第二次世界大战，源于美国政府迫切需要保证军工产品的质量。统计质量阶段是质量管理发展历史上一个非常重要的阶段，在定性分析的基础上引入了定量分析，是质量管理科学走上成熟的标志。统计质量管理是利用统计方法从产品的质量波动中找出规律性，及时发现生产过程中的异常波动，然后分析原因并采取控制措施，将生产的各个环节控制在正常状态，有效地减少了不合格品的产生，大大降低了生产费用。

统计质量控制阶段标志着将事后检验的观念转变为“预防+事后检验”相结合的方式。但该阶段过分强调质量控制的统计方法，忽视了组织管理工作，使得人们误认为“质量管理就是统计方法”，而仅有少部分质量管理专家才能弄懂专业的数理统计理论，因此质量工作成了“质量管理专家的事情”。这在一定程度上限制了质量管理统计方法的普及。然而，随着现代化大规模生产的逐步推进，影响产品质量的因素多种多样，单纯依靠统计方法不可能解决所有的质量问题，因而逐渐萌发了“系统”的思想。

（三）全面质量管理阶段（1960 年至今）

1956 年，美国通用电气公司质量经理阿曼德 • V. 费根鲍姆（Armand V. Feigenbaum）最早提出了“全面质量管理”的概念。费根鲍姆强调三个方面：①相对于统计质量控制中的“统计”，“全面”是综合运用各种管理方法和手段，充分发挥组织中每一个成员的作用；②相对于生产过程，“全面”还体现在产品质量的产生、形成和实现全过程方面；③质量还应考虑产品质量的经济性和满足顾客要求的完美统一。

20 世纪 80 年代以后，费根鲍姆的全面质量管理思想逐渐被世界各国所接受，并在各国运用时各有所长。日本在 1950 年引进美国的统计质量控制方法后，在实践中逐渐发展成为“全公司的质量控制”（company-wide quality control，CWQC），加拿大总结制定为四级质量大纲标准，英国总结制定为三级质量保证体系标准等。

全面质量管理从单纯对产品质量的管理转向对产品质量、工作质量、体系质量的管理；从操作者、工长、专职质量检验人员、质量控制技术人员的管理，转向组织全体员工参与的管理；从对产品生产过程的管理，转为对产品实现全过程的管理。全面质量管理不再局限于传统的质量领域，而演变为一套以质量为中心的综合管理方式和管理理念。它运用系统的观点，通过提高工作质量，保证体系质量，从而实现产品质量的提升；它综合运用经营管理、专业技术、数理统计等方法，以实现更高的质量和更好的经济效益。

目前，全面质量管理不断地发展深化，出现了许多新的质量管理模式和方法，如 ISO 9001 质量管理体系、卓越绩效管理、六西格玛管理、精益管理、质量控制（quality control，QC）小组活动等。然而，不论名称是什么，都可视为是全面质量管理在发展演进过程中的组成部分或表现形式。21 世纪，在有效吸取多种质量管理模式的情形下，质量管理逐渐呈现出多种质量管理模式的融合发展态势。当然，随着新技术革命的兴起，以及由此产生的挑战，人们解决质量问题的方法、手段必然会更为完善、丰富，质量管理的发展必然会进入新阶段。

二、质量管理历史代表人物质量观

（一）戴明的理论

威廉 • E. 戴明（William E. Deming）是美国最为著名的质量管理专家。他的质量学说对日本和美国工业产生了深远影响，他强调“持续不断地改进”。他认为，质量不佳并非员工的过错，而是对系统持续改进的不良管理导致的。他认为，每一项工作都是一个循环，都需要计划（plan）、执行（do）、检查（check）、处理（act）这四个步骤，在每一次循环后，才能进入下一个循环，而只有在日积月累的不断改善中，质量才会出现质的飞跃，才可能完善每一项工作的成效。这就是著名的 PDCA 循环，它是戴明在沃特·A. 休哈特基础上提出的一个质量持续改进模型。戴明所提出的质量管理的 14 个要点已经成为全面质量管理的核心内容。

（二）朱兰的理论

约瑟夫·M. 朱兰（Joseph M. Juran）是现代质量管理的领军人物。他主编的《朱兰质量手册》是质量管理领域中最具权威性的著作之一。

朱兰提出了质量计划、质量控制和质量改进的质量管理三部曲的思想，并以此来描述质量管理。根据朱兰的观点，为建立有能力满足质量标准的工作程序，质量计划是必要的；为了掌握何时采取必要措施纠正质量问题，就必须实施质量控制；质量改进有助于发现更好的管理工作方式。

（三）费根鲍姆的理论

费根鲍姆认为，质量要由用户来定义。他强调执行质量管理职能是公司全体人员的责任，应该使全体人员都有质量意识，都能承担质量责任。因此，全面质量管理的核心思想是在一个企业各部门中做出质量发展、质量保持、质量改进计划。当某一过程的质量得到提高时，公司其他方面的质量也得到相应提高。费根鲍姆提出了 19 个步骤的过程来改进质量，这 19 个步骤勾画出他的全面质量控制系统的方法，即强调组织参与在改进质量中的重要性。质量是一种全生命周期的考虑，在源头控制质量，更要控制过程质量。

（四）克罗斯比的理论

克罗斯比被誉为“零缺陷之父”，是“零缺陷”理论的创立者。其基本工作哲学是预防为主，坚持“第一次就把事情做对”的态度，使质量成为一种生活方式。“零缺陷”就是缺陷预防的呐喊，它意味着“第一次就把事情做对”。他强调预防，并对“总会存在一定程度的缺陷”的说法提出相反的看法。同时，他更注重改变公司文化和管理层态度的管理与组织流程，而不是统计技术的运用。

（五）石川馨的理论

石川馨，日本式质量管理的集大成者，著名的质量管理专家。他认为，推行日本的质量管理是经营思想的一次革命，其内容可以归纳为以下六项：①质量第一；②面向消费者；③下一道工序是顾客；④用数据、事实说话；⑤尊重人的经营；⑥机能管理。石川馨创立了日本的QC小组活动，在世界范围内得到广泛推广，为员工参与管理、实施质量改进提供了组织保障。他发明了石川图，可以用它查找、挑选和记录生产中质量变化的原因，也可以使它们之间的相互关系更加有条理。

（六）刘源张的理论

刘源张，中国工程院院士、管理科学和管理工程专家。他于1957年组织了第一个全国性质量控制讲习班。1977年起，他在全国大力推广全面质量管理，点燃了中国QC小组的星火；他多年致力于质量管理标准的制定、鉴定和推广；他坚持多渠道的教育培训，在一线宣传质量管理的理念。

刘源张认为，质量管理的本质在于理论联系实际，他特别注意将西方理论与中国企业的实际相联系，为推动中国质量管理做出了突出贡献。

第三节 我国建设工程质量管理现状

一、建设工程质量管理体制

（一）建设工程管理的行为主体

根据我国投资建设项目管理体制，建设工程管理的行为主体可分为以下三类。

1）政府部门，包括中央政府和地方政府的发展和改革部门、城乡和住房建设部门、国土资源部门、环境保护部门、安全生产管理部门等相关行政管理部门。政府部门对建设工程的管理属于行政管理范畴，其目标是保证建设工程符合国家经济和社会发展的要求，维护国家经济安全、监督建设工程活动不危害社会利益。其中，政府对工程质量的监督管理就是确保大众安全与社会利益不受侵害。

2）建设单位。在建设工程管理中，建设单位自始至终是建设工程管理的主导者和责任人，其主要责任是保证建设工程总目标的实现，并承担项目的风险及经济、法律责任。

3）工程建设参与方，包括工程勘察设计单位、工程施工承包单位、材料设备供应单位，以及工程咨询、工程监理、招标代理、造价咨询单位等机构。它们的主要任务是按照合同约定，对其承担的建设工程相关任务进行管理，并承担相应的经济和法律责任。

（二）建设工程质量管理体系

建设工程质量管理体系是指为实现建设工程项目质量管理目标，围绕建设工程项目质量管理而建立的质量管理体系。建设工程质量管理体系包含三个层次：①承建方的自控；②建设方（含监理等咨询服务方）的监控；③政府和社会的监督。因此，我国工程建设实行“政府监督、社会监理与检测、企业自控”的质量管理与保证体系。

（三）政府监督管理职能

1）建立和完善工程质量管理法规。它包括行政法规和工程技术规范标准，行政法规如《中华人民共和国建筑法》（以下简称《建筑法》）、《建设工程质量管理条例》等，工程技术规范标准如工程设计规范、工程施工质量验收统一标准、工程施工质量验收规范等。

2）建立和落实工程质量责任制。它包括工程质量行政领导的责任、项目法定代表人的责任、参建单位法定代表人的责任和工程质量终身负责制等。

3）建设活动主体资格的管理。国家对从事建设活动的单位实行严格的从业许可证制度，对从事建设活动的专业技术人员实行严格的执业资格制度。

4）工程承发包管理。它包括规定工程招投标承发包的范围、类型、条件，对招投标承发包活动的依法监督和工程合同管理。

5）工程建设程序管理。它包括工程报建、施工图设计文件审查、工程施工许可、工程材料和设备准用、工程质量监督、施工验收备案等管理。

二、建设工程质量管理制度

（一）施工图设计文件审查制度

根据2018年12月修改的《房屋建筑和市政基础设施工程施工图设计文件审查管理办法》（住房城乡建设部令第46号），国家实施施工图设计文件（含勘察文件，以下简称“施工图”）审查制度，是指施工图审查机构按照有关法律法规，对施工图的下列内容进行审查：①是否符合工程建设强制性标准；②地基基础和主体结构的安全性；③消防安全性；④人防工程（不含人防指挥工程）防护安全性；⑤是否符合民用建筑节能强制性标准，对执行绿色建筑标准的项目，还应当审查是否符合绿色建筑标准；⑥勘察设计单位和注册执业人员及相关人员是否按规定在施工图上加盖相应的图章和签字；⑦法律、法规、规章规定必须审查的其他内容。施工图审查应当坚持先勘察、后设计的原则。

施工图未经审查合格的，不得使用。勘察设计单位应当依法进行建设工程勘察、设计，严格执行工程建设强制性标准，并对建设工程勘察、设计的质量负责。施工图审查机构对施工图审查工作负责，承担审查责任，并不改变勘察设计单位的质量责任。

（二）建设工程施工许可证制度

根据《建筑法》第七条规定：“建筑工程开工前，建设单位应当按照国家有关规定向工程所在地县级以上人民政府建设行政主管部门申请领取施工许可证；但是，国务院建设行政主管部门确定的限额以下的小型工程除外。”这里的“小型工程”是指工程投资额在30万元以下或者建筑面积在300m^{2}以下的建筑工程（据《建筑工程施工许可管理办法》2021 年 3 月 30 日修正)。按照国务院规定的权限和程序批准开工报告的建筑工程,不再领取施工许可证。

(三)建设工程质量检测制度

建设工程质量检测工作是对工程质量进行监督管理的重要手段之一。根据《建设工程质量管理条例》第三十条规定:“施工单位必须建立、健全施工质量的检验制度,严格工序管理,做好隐蔽工程的质量检查和记录。隐蔽工程在隐蔽前,施工单位应当通知建设单位和建设工程质量监督机构。”第三十一条规定:“施工人员对涉及结构安全的试块、试件以及有关材料,应当在建设单位或者工程监理单位监督下现场取样,并送具有相应资质等级的质量检测单位进行检测。”

(四)建设工程竣工验收与备案制度

我国《建筑法》第六十一条第二款规定:“建筑工程竣工经验收合格后,方可交付使用;未经验收或者验收不合格的,不得交付使用。”《建设工程质量管理条例》第十六条规定:“建设单位收到建设工程竣工报告后,应当组织设计、施工、工程监理等有关单位进行竣工验收。建设工程竣工验收应当具备下列条件:(一)完成建设工程设计和合同约定的各项内容;(二)有完整的技术档案和施工管理资料;(三)有工程使用的主要建筑材料、建筑构配件和设备的进场试验报告;(四)有勘察、设计、施工、工程监理等单位分别签署的质量合格文件;(五)有施工单位签署的工程保修书。建设工程经验收合格的,方可交付使用。”第四十九条规定:“建设单位应当自建设工程竣工验收合格之日起 15 日内,将建设工程竣工验收报告和规划、公安消防、环保等部门出具的认可文件或者准许使用文件报建设行政主管部门或者其他有关部门备案。”《房屋建筑工程和市政基础设施工程竣工验收备案管理暂行办法》(2000 年 4 月)第七条规定:“工程质量监督机构应当在工程竣工验收之日起 5 日内,向备案机关提交工程质量监督报告。”

(五)建设工程质量保修制度

我国《建筑法》第六十二条第一款规定:“建筑工程实行质量保修制度。”建筑工程质量保修制度是指建设工程在办理交工验收手续后,在规定的保修期限内,因勘察、设计、施工、材料等原因造成的质量问题,要由施工单位负责维修、更换,由责任单位负责赔偿损失。质量问题是指工程不符合国家工程建设强制性标准、设计文件及合同中对质量的要求。

建设工程承包单位在向建设单位提交工程竣工验收报告时,应当向建设单位出具质量保修书。质量保修书中应当明确建设工程的保修范围、保修期限和保修责任等。

第二章　质量管理理论

第一节　全面质量管理

一、全面质量管理概念

国际标准化组织颁布的标准中对“全面质量管理”的定义为：一个组织以质量为中心，以全员参与为基础，目的在于通过让顾客满意和本组织所有成员及社会受益而达到长期成功的管理途径。

二、全面质量管理的基本要求

结合我国企业全面质量管理的实践，我国质量专家将全面质量管理的特点概括为“三全一多样”，即“全员、全过程、全组织（全方位）和多样化方法”。

（一）全员的质量管理

产品质量人人有责。产品和服务质量是组织各方面、各部门、各环节工作质量的综合反映。组织中任何一个环节、任何一个人的工作质量都会不同程度地直接或间接影响产品的质量或服务质量。因此，只有全员参与质量管理，才能生产出让顾客满意的产品。

（二）全过程的质量管理

产品质量形成的过程包括市场研究（调查）、设计、开发、计划、采购、生产、控制、检验、销售、服务等环节，每一个环节都对产品质量产生或大或小的影响。上述过程是一个不断循环、螺旋式提高的过程，产品质量在循环中不断提高。

（三）全组织（全方位）的质量管理

全组织（全方位）的质量管理可以从纵向和横向两个方面来加以理解。从纵向的组织管理角度来看，质量目标的实现有赖于企业的高层、中层、基层管理乃至一线员工的通力协作，其中尤以高层管理能否全力以赴起决定性作用。从横向的组织职能间的配合来看，要保证和提高产品质量，必须使企业维持和改进质量的所有活动构成一个有效的整体。

（四）多样化方法的质量管理

随着产品复杂程度的增加，影响产品质量的因素越来越多，既有物的因素，也有人的因素；既有技术的因素，也有管理的因素；既有组织内部的因素，也有组织外部（如供应链）的因素。若把这一系列的因素系统地控制起来，就必须结合组织的实际情况，广泛、灵活地运用各种现代化的科学管理方法，加以综合治理。

目前，质量管理中使用的工具和方法，既有统计方法，又有非统计方法。质量管理方法可以分为三种类型：①单一方法，如 QC 老七种工具、新七种工具等，用来解决简单或局部问题；②集成方法，如 QC 小组活动、质量功能展开（quality function deployment，QFD）、田口方法、故障模式与影响分析（failure mode and effect analysis，FMEA）、水平对比法（benchmarking）等，用来解决相对复杂的问题；③系统方法，如 ISO 9001、ISO 9004、ISO 14001、卓越绩效模式等，用体系化的方式解决组织整体性问题。

“多样化方法的质量管理”强调程序科学、方法灵活、实事求是、讲求实效。在应用质量工具方法时，要以方法的科学性和适用性为原则，要坚持用数据和事实说话，从应用需要出发，尽量简化。

三、全面质量管理的工作方法

任何活动都须遵循科学的工作程序，PDCA 循环是全面质量管理的工作方法或程序。

PDCA 循环中的 P（plan）是计划，D（do）是执行，C（check）是检查，A（act）是处理。它反映了质量管理必须遵循的四个阶段。

1）计划阶段（P）：根据顾客的要求和组织的方针，建立体系的目标及其过程，确定实现结果所需的资源，并识别和应对风险和机遇。

2）执行阶段（D）：执行所做的策划。

3）检查阶段（C）：根据方针、目标、要求和所策划的活动，对过程及形成的产品和服务进行检查，并报告结果。

4）处理阶段（A）：必要时，采取措施提高绩效。要把成功的经验变成标准，以后按标准实施；失败的教训加以总结，防止再发生；没有解决的遗留问题则转入下一轮 PDCA 循环。图 2-1 为 PDCA 循环示意图。

PDCA 循环的四个阶段一个也不能少，大环套小环，环环相扣。上一级循环是下一级循环的依据，下一级循环是上一级循环的落实和具体化，通过各个循环把组织的各项工作有机地联系起来，如图 2-2 所示。

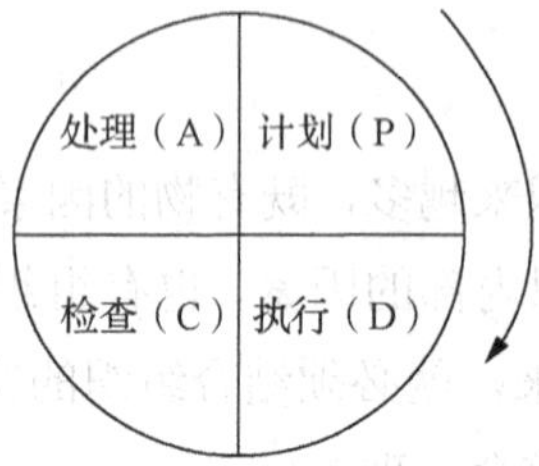

图 2-1 PDCA 循环示意图

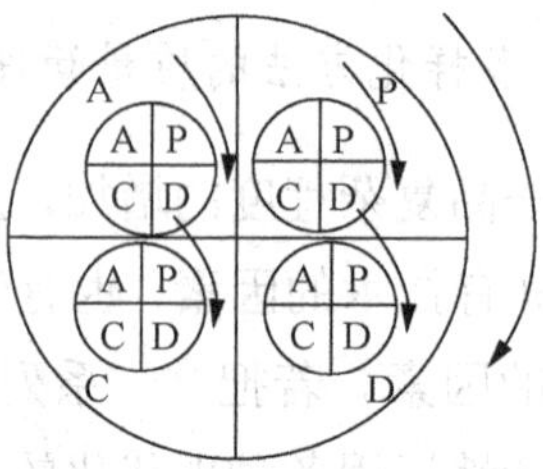

图 2-2 大环套小环示意图

在日本企业的管理实践中，通常将质量管理分为方针管理和日常管理两个层次。方针管理主要由管理人员实施，旨在解决组织发展中的全局性问题、瓶颈性问题或进行创新性活动，通常采用 PDCA 循环开展；而对于已经有确定的目标和方法的活动则将其纳入日常管理，主要由作业人员通过标准化的方式实施，通常采用 SDCA 循环开展，SDCA 指的是标准化（standardization）、执行（do）、检查（check）和总结（action）这四个过程。通过 PDCA 和 SDCA 循环的交替进行，组织持续不断地提升质量管理水平，如图 2-3 所示。

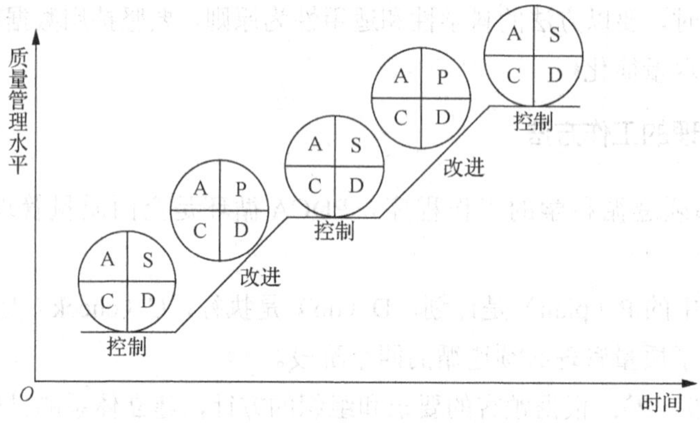

图 2-3 质量管理水平提升示意图

第二节 六西格玛

过去十几年来，六西格玛管理越来越多地被关注。六西格玛管理在提高质量、降低成本和缩短周期方面的作用，已在成功地应用这种方法的企业中得到充分展示，越来越多的企业选择六西格玛管理作为实现企业战略目标及提升执行力的重要手段。

一、六西格玛管理

1. 六西格玛管理的起源和发展

六西格玛管理是 20 世纪 80 年代中期由美国摩托罗拉公司创立的一种质量改进方法。最初该方法用于有效地改进产品质量。1995 年，美国通用电气公司总裁杰克·韦尔奇（Jack Welch）将六西格玛管理引入该公司，应用成效非常显著。1999 年，美国通用电气公司通过实施六西格玛管理获得的年收益达到 15 亿美元。到 21 世纪初，这个数字升到 50 亿美元。六西格玛管理在美国通用电气公司的成功应用，促进了它在全世界的普及。如今，六西格玛管理已经从摩托罗拉、通用电气等跨国公司走向全世界，从西方走向东方，从世界 500 强跨国公司走向普通大企业乃至中小企业，从电子、机械、化工、冶金等制造业走向银行、保险、航空、电子商务和医院等服务业。

2. 六西格玛管理的含义

六西格玛管理已经远远超出其统计含义，成为一种顾客驱动下的持续改进管理模式，具有更为深刻的多重管理含义，它包括以下几方面。

1）获取竞争优势的战略：从战略层面推进六西格玛管理，持续实施管理、技术等方面的改进与创新。

2）追求零缺陷的持续改进：实施六西格玛管理并不是一定要达到六西格玛管理水平的质量，而在于对过程进行突破性的改进和创新。六西格玛管理的目标使过程趋于目标值并减少波动，追求零缺陷，追求完美。

3）科学的问题解决方法体系：六西格玛管理绝非仅仅应用统计技术解决问题，而是一套系统、集成的业务改进与创新方法论，其工具和方法包括现代质量管理技术、应用统计技术、工业工程和现代管理技术、信息技术等。

4）六西格玛管理文化：企业实施六西格玛管理，需要融入六西格玛管理核心理念，打造独特的企业文化。

二、六西格玛管理的核心理念

六西格玛管理的核心理念又称为六西格玛管理的价值观，是组织推进六西格玛管理的指导原则和行为准则。六西格玛管理建立在以下相互关联的核心理念之上，组织可运用这些核心理念引导实施六西格玛管理。

1）高层领导的作用。组织的高层领导应具有远见卓识，建立面向未来的愿景和价值观，并与员工积极沟通，营造组织持续改进文化，引领组织追求卓越。

2）顾客驱动与顾客满意。组织应深入了解顾客的需求，以此驱动持续改进，消除缺陷，减少浪费，满足或超越顾客需求，从而建立良好的顾客关系，不断增进顾客满意和忠诚。组织应从倾听顾客的声音开始，基于顾客需求选择项目、驱动持续改进并评价改进成果。

3）组织和员工的学习。实施六西格玛管理的组织应建立系统的、面向组织的不同层次需求的培训体系，将系统的培训和六西格玛项目结合起来，将个人学习、组织学习和绩效改进有效融合。通过六西格玛项目将学习活动和成果植根于组织的业务过程改进与创新，以及通过六西格玛项目成果的共享平台促进六西格玛管理知识在组织内的传播和渗透，促进个人职业发展和组织绩效的提升。

4）基于数据和事实的管理。组织的六西格玛管理应以数据和事实为基础，综合运用统计方法和（或）其他数据分析技术，确定影响关键绩效的显著因素，以实现改进与创新。

5）无边界合作与突破性改进。组织应建立跨职能、跨层级乃至跨组织的六西格玛管理团队，营造无边界合作的文化，打破壁垒，对价值创造过程和关键支持过程进行设计或优化，以实现突破性改进。

6）注重价值创造过程和结果。六西格玛管理通过产品、服务和流程的改进与创新为顾客及利益相关方创造价值。六西格玛管理的成果体现在顾客满意、财务、人力资源、业务过程指标改进、利益相关方绩效改进和组织文化与管理变革等方面，这些成果应是平衡和相互促进的。

三、六西格玛管理改进的 DMAIC 方法

六西格玛管理改进的 DMAIC 流程是一种系统化、结构化持续改进的方法，包括界定（define）、测量（measure）、分析（analyze）、改进（improve）和控制（control）五个阶段。

1. 界定阶段

确认顾客的关键需求，并识别需要改进的产品或流程，组成项目团队，制订项目计划，决定要进行测量、分析、改进和控制的关键质量特性，确定项目所涉及的职能部门，将改进项目界定在合理范围内。制定项目的目标，并估算达成目标后项目能带来的预计收益。

2. 测量阶段

通过对现有过程的测量和评估，基于顾客的关键需求、组织的战略目标或关键绩效指标（key performance indicator，KPI），识别影响过程输出的输入，并验证测量系统的有效性，分析过程的当前绩效水平。

3. 分析阶段

通过数据分析，确定影响过程输出的关键因素。

4. 改进阶段

寻找最优改进方案，优化过程输出，并消除或减小关键输入对输出的波动，使过程的缺陷或变异降至最低。

5. 控制阶段

验证改进成果，通过修订文件等方法使成功经验标准化，并纳入现有的管理体系，通过有效的监控方法维持和巩固改进成果，并寻求进一步提高效果的持续改进。

四、六西格玛项目管理

（一）六西格玛项目管理的组织

在许多企业的成功实践过程中，六西格玛管理逐渐形成了一套特有的组织实施模式。具体来说，六西格玛管理是由组织最高领导者推进、倡导者领导，资深黑带管理和指导，黑带和绿带具体实施，相互配合，以项目形式组织的，共同推动六西格玛管理在企业中的有效实施。

图 2-4 所示为六西格玛管理基本组织结构。

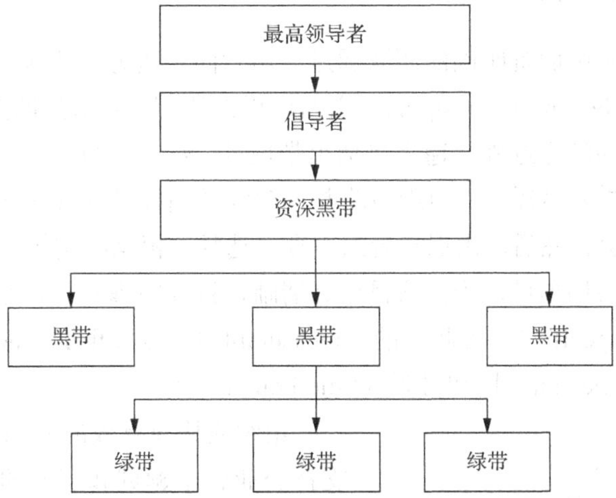

图 2-4　六西格玛管理基本组织结构

其中，各关键角色及其责任如下。

最高领导者：六西格玛管理推进的决策人。负责营造六西格玛管理推进的文化氛围，确立六西格玛管理推进的愿景、战略和目标，确保资源配置并建立激励机制。

倡导者：六西格玛管理推进的主要负责人。以战略的视角对六西格玛管理进行全面的战略部署、项目策划及目标确定、资源分配与过程监控，最终对六西格玛管理活动整体负责。

资深黑带：六西格玛管理方法和工具应用的专家。负责培训黑带和绿带，并提供技术指导。协助倡导者制定六西格玛管理规划、部署关键资源，选择和评审六西格玛项目。资深黑带能够解决项目推进过程中遇到的复杂技术问题，如复杂的统计分析难题或者流程改进中的技术瓶颈，还会参与一些关键项目的策划和指导。

黑带：六西格玛项目的全职领导者。负责主导项目的实施，全面掌握并运用六西格玛管理方法来解决复杂问题。培训和指导绿带实施六西格玛项目，需要具备较强的数据分析能力、项目管理能力和团队领导能力的项目管理水平的专业人才。不同组织对六西格玛管理中的黑带的要求不尽相同，但取得六西格玛管理黑带资质应作为负责人至少完成两个六西格玛黑带项目。

绿带：六西格玛项目团队的成员，通常是在自己的本职工作之余参与六西格玛项目。绿带经过培训后能够协助黑带开展项目。不同组织对六西格玛绿带的要求不尽相同，但取得六西格玛绿带资质应作为负责人至少完成一个六西格玛绿带项目。

起步意味着获得高层领导的支持和承诺，确定了倡导者、资深黑带这样的推动者，并将六西格玛管理定为公司的战略举措，或制订了一个具体的六西格玛推进行动计划，拟定了首批项目和黑带培训种子人选，有了初期投入的财务预算。

（二）六西格玛项目的开展

六西格玛项目是由职责明确的团队通过运用六西格玛方法［包含但不限于 DMAIC（改进）或 DFSS（design for six sigma，六西格玛设计）］寻找最佳方案并实现预定目标的有明确起止时间的特定过程。通常包括黑带项目、绿带项目。

组织首先会考虑顾客需求、组织战略与关键绩效指标及标杆对比等，从战略层面识别六西格玛改进机会；然后，由倡导者组织项目选择，根据改进机会按照系统化、文件化的程序确定六西格玛项目，确保项目边界清晰、目标明确并符合 SMART 原则，即目标必须是具体的（specific）、可测量的（measurable）、可实现的（achievable），要与其他目标具有相关（relevant）性和时限（time-bound）性。

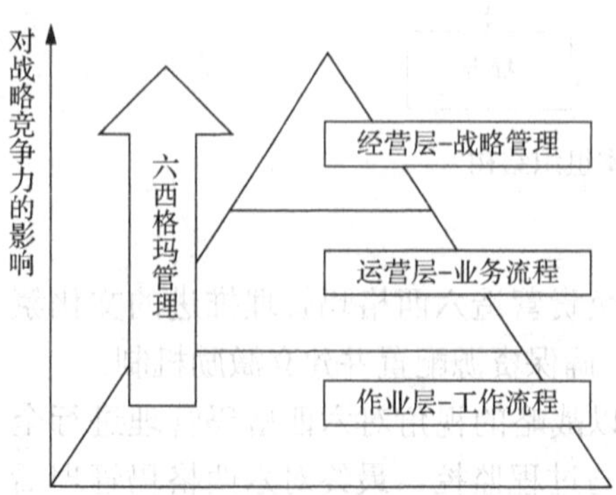

图 2-5　六西格玛项目的开展

组织应构建有效的六西格玛项目体系，以支持企业各个领域和层面的流程改进。一般来说，可按经营层、运营层、作业层的级层框架（图 2-5），形成六西格玛管理的黑带、绿带群。

六西格玛黑带项目通常在“经营层-战略管理”层面或“运营层-业务流程”层面展开，它对组织绩效改进的支持力度较大，通常直接支持组织或部门关键绩效指标改进。一般来说，六西格玛黑带项目涉及的流程范围较大，通常经过黑带项目团队的工作将其分解到关键的作业流程上，即分解到关键问题点上，再由这些关键问题点上的改善活动——子项群的实施，最终实现黑带项目目标；而绿带项目通常在这些关键问题点上展开，它通常是黑带项目的重要子项。

六西格玛绿带除了作为六西格玛黑带项目团队的重要成员负责完成黑带项目梳理分解出的重点绿带子项外，还可以根据其负责的部门和作业环节的绩效改进需要，设立六西格玛绿带项目。通常，六西格玛绿带项目范围较小，与绿带们的日常工作密切相关，是“作业层-工作流程”层面的改进项目。

需要指出的是，由上述主项分解出的子项，将根据问题的特点及要达到的子项目标，分别设立为DMAIC过程改进子项、DFSS子项、精益改善子项、群策群力子项等。主项梳理分解出的问题，还可交由QC小组来实施改进。由此构成以六西格玛为主线的、在优秀人才领导下全员参与的绩效改进项目体系。

（三）六西格玛管理的推进

组织推行六西格玛管理一般可分为四个阶段，即导入期、加速期、成长期和成熟期，可用4～5年完成从导入期到成熟期的全过程，如图2-6所示。

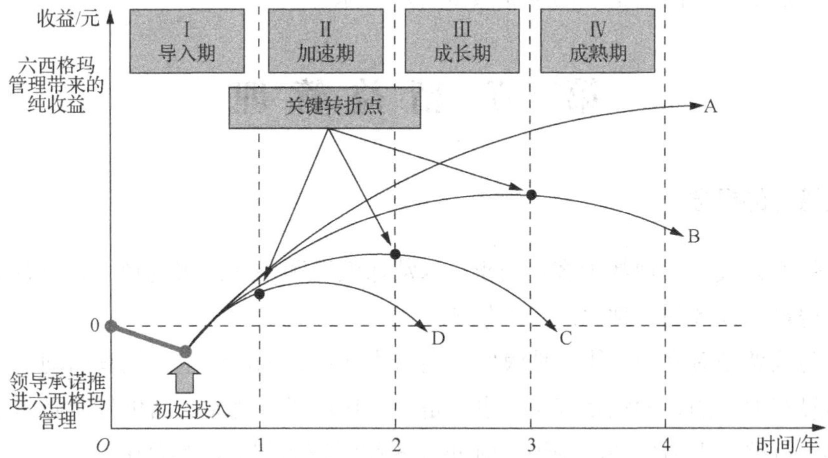

图2-6 六西格玛管理的推进

1）导入期：可分为起步、培训与改进实践、坚持不懈与获得成功等步骤。

起步意味着获得最高领导者的支持和承诺，确定了倡导者、资深黑带这样的推动者，并将六西格玛管理定为公司的战略举措，或制订一个具体的六西格玛管理推进行动计划，拟定首批项目和黑带培训种子人选，有了初期投入的财务预算。

将六西格玛管理的培训与项目改进交替推进，即在阶段性的培训之后紧接着开展阶段性的项目改进，循环进行。

在首批黑带和绿带培训完成后，应有一部分项目已经完成，也会有一批项目正在进行。只要坚持到底，就能在年内收获一批成功的果实。

2）加速期：第一年导入期的成功之日，也是新的转折之时。虽然经过第一轮项目工作，企业获得了初步结果，但如果没有下一步的正确部署，六西格玛管理就是一个短期行为，最终将走向失败。在这个转折点上，应当形成制度，加速实施，使六西格玛管理从试验性实施向企业的一项长期管理活动过渡。

3）成长期：对于一个导入并成功实施六西格玛管理约两年的企业，仍会出现“断流”的趋势。所有实施六西格玛管理的企业都会遇到这样的困难，其中最重要的一个原因是经营环境总在不断地变化，总有新技术、新方法和新政策等出现。为了获得持续发展，需要不断地将六西格玛管理工作拓展到公司的所有方面及外部供应链，包括用六西格玛管理设计促进创新和开发工作，将六西格玛管理沿供应链延伸至关键供应商和顾客。

4）成熟期：最后一个转折是最困难的转折，关键是要强化人们观念和行为方式的改变，将六西格玛融入企业，成为人们的一种工作和思维方式，成为组织运营的基因。要将六西格玛管理与各项战略、管理体系和改进方法整合，建立高度整合的持续改进和知识分享方法系统、高度整合的全面质量管理体系。

第三节 精益管理

一、精益管理的概念

精益生产方式是一种基于客户需求，以消除浪费和不断改善为核心，使企业以最少的投入取得最佳绩效的一种生产管理模式。

精益与浪费是对立的。什么是浪费？精益生产中认为，在生产经营活动中对最终产品及顾客没有意义的行为就是浪费。也就是说，凡是超出增加产品价值所必需的绝对最少的物料、机器、人力资源、场地、时间等各种资源的部分，都是浪费。

精益管理源于日本丰田生产方式（Toyota production system，TPS），也被称为精益生产（lean production），它是继福特大批量流水线生产方式之后诞生的新的生产方式。它的基本理念是在产品设计、制造、销售等各个环节消除一切不必要的浪费。它提出的准时化（just in time，JIT）和自动化（jidoka）等管理思想改变了日本企业的经营方式，极大地促进了日本制造业的飞速发展，被称为“改变世界的机器”。1996 年，詹姆斯 • P. 沃麦克（James P. Womack）和丹尼尔 • T. 琼斯（Daniel T. Jones）合著的《精益思想》一书问世，成为精益生产方式发展的重要里程碑。

二、精益管理的核心思想和原则

（一）精益管理的核心思想

“精益管理”中的“精”指精准，不投入多余的生产要素，只在适当的时间生产必要数量的市场需要的产品；“益”指所有经营活动都要有经济效益。

企业的业务活动并非都直接为顾客创造价值，它们可以分为增值活动和非增值活动两大类。增值（value added，VA）活动是指那些直接为顾客创造价值，为顾客提供效用，顾客愿意为其付费的活动。非增值（non value added，NVA）活动是指那些占用了资源、花费了时间，但没有为顾客创造价值的活动。精益管理以消除浪费为核心思想。为了达到以最经济的方式进行生产，就要识别流程中的非增值，消除浪费，在为顾客创造价值的同时，降低成本，赢取最高的边际利润。

（二）精益管理的原则

《精益思想》一书提出了精益管理的五个基本原则。

1）正确地确定价值（value）：精益生产中经常使用“价值”这一概念，价值是从顾客的角度定义的。正确地确定价值就是以顾客的视角而不是以公司或部门的视角确定价值。以顾客的视角确定价值还必须将生产全过程的多余消耗减至最少，不将额外的成本转嫁给顾客。以这样的价值观来审视企业的产品设计、制造过程、服务项目，就会发现有太多的浪费存在。当然，消除这些浪费的直接受益者既包括顾客也包括生产方。

2）识别价值流（value steam）：价值流是指从原材料转变为成品，并给它赋予价值的全部活动。这些活动包括：①从概念设计到产品设计、工艺设计再到投产的技术过程；②从订单处理、计划到送货的信息过程；③从原材料到产品的物质转换过程；④产品全生命周期的支持和服务过程。识别价值流的含义是在价值流中找到哪些是真正增值的活动、哪些是应该消除的不增值活动。识别价值流就是发现浪费和消除浪费。

3）流动（flow）：如果正确地确定价值是精益思想的基本观点、识别价值流是精益思想的准备和入门的话，流动（flow）和拉动（pull）则是精益思想的中坚。精益思想要求创造价值的各个活动（步骤）流动起来，强调的是不间断地“流动”。“价值流”本身的含义就是“动”的，但由于根深蒂固的传统观念和做法，如部门的分工（部门间交接和转移时的等待）、大批量生产（机床旁边等待的在制品）等阻断了本应流动起来的价值流。如果价值不流动（停滞）了，则将为企业带来损失。价值不流动也会产生浪费。

4）拉动（pull）：拉动就是按顾客的需求投入和产出，使顾客在他们需要的时间得到需要的产品和服务。实行拉动以后，顾客或制造的下游就像在超市的货架上取到他们所需要的东西一样，而不是把顾客不想要的产品强行推给顾客。由于按照拉动原则，将生产和需求直接对应，消除了过早、过量的投入，而减少了大量的库存和在制品（work in progress，WIP），大量压缩了提前期。

5）尽善尽美（perfection）：按照上述四个原则对过程不断地进行改进，其结果必然是价值流动速度显著加快，而不断地用价值流分析方法找出更隐藏的浪费并进一步改进，这样循环使过程趋于尽善尽美。然而，尽善尽美是难以达到的，但持续地追求尽善尽美，将造就一个永远充满活力、不断进步的企业。

上述五个基本原则，不仅适用于生产过程，也适用于管理过程、服务过程等。因此，它们是精益管理的基本原则。

三、精益管理工具

精益生产基于客户需求，以消除浪费和不断改善为核心。消除浪费的过程是一个持续改进的过程，需要综合运用现场管理、设施布局与优化、人因工程、作业研究、质量控制与保证、流程管理与控制、现代制造技术等一系列工具、方法与支撑技术，这些工具、方法与支撑技术组成了包含多种生产和管理技术的方法体系，如表 2-1 所示。

表 2-1　精益管理常用工具、方法与支撑技术及其分类

分类	工具、方法与支撑技术	分类	工具、方法与支撑技术
基础工具	5S（seiri，seiton，seiso，seiketsu，shitsuke） 全面生产维护 TPM（total productive maintenance） 目视管理 标准作业 均衡生产	自动化	防错 安灯（安东系统） 问题快速反应
准时化	连续流生产或单件流生产 看板拉动生产 U 型生产单元/单元化生产 多能工 快速换模法 SMED（single-minute exchange of die） 混型生产	改善方法	价值流分析 VSM（value stream mapping） 5 个“为什么” PDCA 改善（kaizen） A3 报告 改善提案 自主管理

（一）精益管理基础工具

1. 5S 管理

5S 是由 5 个日语词汇组成，即整理（seiri）、整顿（seiton）、清扫（seiso）、清洁（seiketsu）和素养（shitsuke），用罗马字母拼写时，第一个字母都是 S，故合并简称为 5S，5S 的基本含义如表 2-2 所示。

表 2-2　5S 基本含义

5S	基本含义
整理	区分清理。将现场的物品进行盘点分类，将使用频次低和不使用的物品进行处置，避免妨碍现场工作，浪费场地
整顿	定置标识。研究物品的取用方法，合理安排所需物品的摆放位置，并根据需要恰当标识，防止误用，省时省力
清扫	点检维护。对设备、工具等作业器具及各区域进行清洁养护，查找并消除造成脏污的源头，做到现场没有垃圾、灰尘及污垢
清洁	维持效果。坚持前 3 个 S，使现场始终保持整洁有序的状态，进行规范和标准化，巩固并提升前 3 个 S 的成效
素养	约束习惯。通过内在和外在约束，养成自觉遵守规章制度及标准化作业的良好习惯，提高员工素养

整理、整顿、清扫、清洁和素养既是 5S 管理所包含的 5 个工作内容，也是实施 5S 管理的 5 个步骤，并且 5 个工作内容不是孤立的，它们互为依托、层层递进，是不可分割、缺一不可的一个整体，具体如图 2-7 所示。

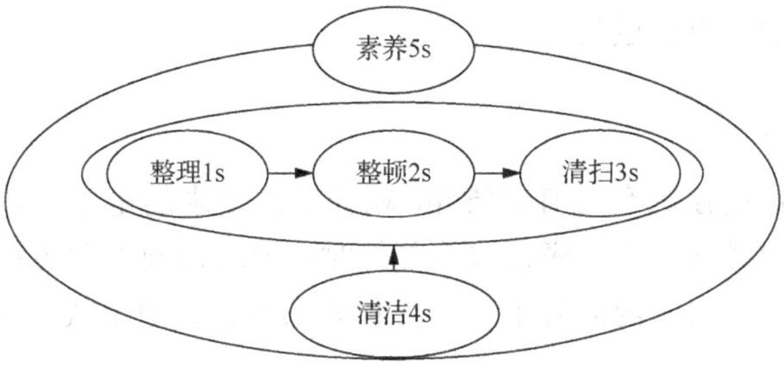

图 2-7　5 个 S 之间的关联关系

整理、整顿、清扫是进行日常 5S 管理的具体内容。清洁是指对整理、整顿、清扫工作的规范化和制度化管理，维持并巩固前 3 个 S 的效果。素养是指约束并引导员工克服马虎心态，养成认真负责、遵章守纪、自觉进行 5S 管理的良好习惯。

2. 全面生产维护

全面生产维护最初指全员参加的生产设备维修和保全体制，其目的是实现设备的最大效益。1989 年后，全面生产维护的含义扩展为以不断追求生产系统的效率为目标，从生产系统的整体出发，构筑能够避免各种损失的体制，在生产、开发、设计、销售及管理等所有部门的参与下，最终实现企业零损失。

3. 目视管理

目视管理是指利用各种形象直观、色彩适宜的视觉感知信号来组织现场生产活动，使任何人都能容易判别出标准和异常，以达到提高劳动生产率的一种管理方式。它以视觉信号为基本手段，以公开化为基本原则，创建可视化的语言氛围，借以推动发现异常、自主管理、自我控制、自我改善与分享、降低无效沟通与交流，使管理“一目了然”。目视管理是企业现场管理和改善活动的基础，适用于对生产现场及其他场所内的物品、设备、作业、质量和安全等方面的管理，它与5S并称为现场管理的两大基本支柱。

4. 标准作业

标准作业是现场进行高效率生产的基础，是监督者管理本工序的基础，也是进一步改善的基础。将作业人员、作业顺序、工序设备的布置、物流过程等进行最优化组合，以满足生产目标而设计的作业方法。它是对周期性的人机作业中有关人的作业动作程序进行标准化，其目的是消除人机作业的动作浪费，固化增值动作的过程。

标准作业包括三个基本要素：标准节拍（takt time）、标准作业顺序和标准在制品，三者缺一不可。日本质量管理专家今井正明在其论著中表示：标准化实际上是持续改善的基础，它并不是单独应用于某个特定的生产阶段，它是发现问题、找出有效的解决方法、明确如何使用这些方法的一系列活动的一部分，是SDCA与PDCA交错循环、持续改进、不断追求卓越的过程。

5. 均衡生产

均衡生产是实现精益生产的前提条件。精益生产要求的是生产数量的均衡和产品种类的均衡，即总装配线向各前工序领取零部件时，要均匀地领取各种零部件，实现混流生产。要防止在某一段时间内同时生产同一种零部件，以免造成前方工序的闲忙不均，以及由此引发的生产混乱。

（二）准时化生产及其支持技术

准时化生产是精益生产体系的两大支柱之一。通过准时化生产，可以帮助企业实现“只在必要的时间，生产必要数量的必要零件”。准时化生产的核心是流动和拉动，实现连续流生产。它包括以下特征。

1）连续流生产或单件流生产。为实现连续流生产，需要在加工的物品、人员和设备方面做大量的改进工作。例如，对生产停滞的原因进行分析和改进、生产线的重新布局、采用U型生产单元、设备和工装的改进或重新设计、培养多能工和建立标准化作业体系等。

2）减少批量，均衡生产。这需要对生产组织方式进行变革。

3）根据顾客需要的数量决定节拍，按节拍连续流动生产。节拍等于有效作业时间或顾客需求量。

4）后工序拉动，改变过去上一道工序生产结束后将半成品交给下一道工序的推动式生产，而改由下一道工序在需要的时候，向上一道工序领取的拉动式生产。具体的支持准时化生产的技术包括：快速换模法、U型生产单元、多能工、看板拉动生产等。

（三）自动化及其支持技术

自动化是精益生产体系的另一大支柱，也被称为“智能自动化”，是让设备能自律地控制异常情况。其主要理念是：在作业流程中及时进行源头质量控制，采用有效的方法在发生异常或质量缺陷时立即探测到，并立即暂停生产，使员工可以立即解决问题，避免异常扩大或质量缺陷进入下游流程，从而实现零缺陷。自动化的支持技术包括防错和安灯等系统。①防错意在过程差错发生之前即加以防止，是一种在生产过程中采用自动作用、报警、标识、分类等有效手段，减少或避免作业人员产生差错的方法。其主要目的是预防生产过程中可能出现的差错，并避免由于差错而产生的质量问题，实现零缺陷。②安灯意在经生产过程中出现的差错或异常，以“声光报警”的方式显示出来，如丰田设计的拉绳、报警灯、光电显示屏和喇叭组成的系统，能将生产线各工位的异常状态及时反映出来，让现场人员都能看到和听到，这一系统被称为“安东系统”，以此保证问题能够及时得到解决。

四、精益管理的推进

传统企业与精益管理企业间是存在巨大差距的。因此，如何有效地推进精益管理是实施精益管理的企业所关注的重要议题。

（一）组织精益管理框架

实施精益管理是一项系统工程。为明确精益管理原则、基本概念和内容，指导组织实施精益管理，中国质量协会在2017年发布了行业准则《组织精益管理评价准则》（T/CAQ 10103—2016），其中提出了组织精益管理基本框架，如图2-8所示。

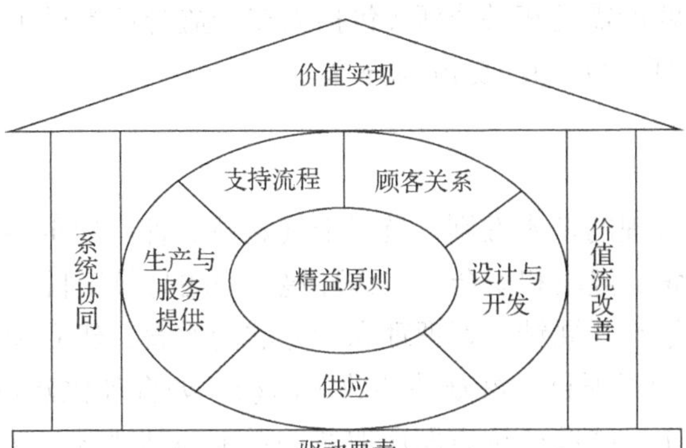

图2-8 组织精益管理框架

组织精益管理框架由四个层面的要素构成，即驱动要素、系统协同、价值流改善和价值实现。组织精益管理在几个基本业务流程展开，包括顾客关系、设计与开发、供应、生产与服务提供、支持流程、顾客关系等。它们之间遵从这样的逻辑关系：通过驱动要素的塑造，培育有利于发挥领导作用和员工发展的精益管理基础；通过系统协同，进行战略目标对接和流程策划，为精益管理指明方向；通过价值流改善，在价值流分析的基础上持续改进组织的业务流程；最终为顾客创造价值，实现持续的、良好的经营结果，保证组织战略和愿景的实现。这一框架标准为组织精益管理提供了系统的管理要素，同时为组织精益管理评价奠定了基础。

（二）形成精益管理的驱动力

形成组织推进精益管理的驱动力，来自领导承诺和员工参与，以及精益管理文化的培育等。精益管理驱动要素包括以下内容。

1. 领导作用

1）领导承诺。来自高层领导对精益管理推进的承诺是成功推行精益管理的关键要素。组织的高层领导应理解精益管理原则和理念，并承诺支持组织开展精益管理实践，鼓励员工持续改进过程，以实现组织目标。高层领导还要确保组织制定精益管理推进规划和目标，使其与组织的使命、愿景和战略保持一致，并考虑顾客及其他相关方的需求，以确保整个组织的协同推进。

2）培育精益管理文化。从推行精益管理之初就应重视组织精益管理文化氛围的培育，主要体现在以下几方面：营造以人为本、尊重员工的环境；营造关注顾客、消除浪费、优化流程、追求完美的文化，并将精益管理文化融入组织的文化中；建立坦诚、双向的沟通机制，确保将精益管理原则和理念贯彻到全体员工，并带动员工和相关方参与精益管理改善过程；各级领导积极参与精益管理实践，成为落实精益管理原则的典范。

3）明确职责与配备资源。组织应明确各级人员在精益管理推进中的职责与作用。配置开展精益管理实践所需的相关资源（包括人在精益管理推进中的职责与操作设备设施等），并确保有关信息和知识的交流与分享。

2. 员工发展

尊重员工是精益管理的基本准则，员工士气是精益管理的重要驱动力。保障员工的基本权益，持续改善职业健康和安全等工作环境，关注与员工目标实现和个人发展有关的个性化需求；有计划地开展精益管理理念和方法的教育；建立授权与激励机制，鼓励员工积极参与改进和创新项目及群众性的改进活动（如合理化建议等）；鼓励建立跨职能团队，将团队和员工在持续改进方面所取得的贡献与其晋升、奖励等激励政策挂钩；应建立有利于精益管理开展的职业发展规划，并引导和支持员工实现其发展目标等。

（三）对接目标系统协同

组织应在战略支撑高度策划并实施精益管理，确定价值流及其支持流程，构建流程体系，并确定所需的必要资源和组织管理模式，以此实现精益管理对企业战略的支撑，实现与战略目标的对接与系统协同。《组织精益管理评价准则》提出了下述管理要求。

1）战略对接。在明确战略目标的基础上，确定支撑组织战略目标实现的精益管理目标。在此基础上，制订实现精益管理目标的规划和计划，并监控计划的实施，确保实现各阶段目标。

2）流程策划。关注价值流及其支持流程的策划，并适应动态的战略变化。流程策划包括围绕战略对价值流及其支持流程进行设计和开发，持续优化流程。

3）资源配置。确定与精益管理相适应的相关资源配置。资源配置包括按照精益管理原则提供和布局基础设施、设备、信息化和人力等资源；培养多技能员工，并组建跨职能团队进行精益改善；定期评价和改进资源配置，消除资源冗余，提高资源效能。

4）组织协同。它包括根据精益管理原则和价值流规划设置相应的组织结构，消除组织间障碍；建立有利于其目标实现的精益管理组织形式；建立常态化的管理机制，增强沟通效率和员工参与热情；根据价值流分析和改进结果调整、优化组织结构，以适应新的价值流。

（四）价值流持续改进

企业通过运用精益管理思想方法和工具，持续改进其价值及其支持流程，不断消除流程中的浪费和非增值，以此提升顾客价值及效率和效益。按照《组织精益管理评价准则》，企业在组织价值流持续改进的过程中，需要关注以下几个方面。

1）开展价值和价值流分析。它包括要从顾客角度识别和定义价值，明确顾客及其他利益相关方的需求和期望，要运用系统协同、价值流动与拉动、从源头保证质量等精益管理原则，寻找价值流中的浪费，并通过持续改进，不断消除浪费，从而实现尽善尽美。

2）开展价值流改进。企业应根据精益管理目标，运用精益管理的原则、方法和工具，持续改进组织的价值流。需要指出的是，价值流改进不限于生产制造过程，还包括其他业务流程和支持过程。典型的业务流程包括：①顾客关系，如销售、营销、商务过程及顾客响应与支持等；②设计与开发，如目标顾客和市场细分、原型开发、产品与服务设计及产品与服务提供过程的设计等；③供应，如供应商选择、资格认证及供应商合作发展等；④生产与服务提供，如原材料采购、物料管理、工艺过程、质量保证与可靠性、测试及交付等；⑤支持流程，如员工招聘、培训与发展、资金和预算管理、设备设施管理、计算机与网络应用及系统支持等。

3）开展标准化。企业应通过标准化、可视化等方法，固化价值流改善的成果，提高价值流的稳定性和效率。

4）开展持续改进。企业应建立持续改进的机制，并通过持续改进实现价值流的持续优化。

（五）为顾客和相关方创造价值

企业推进精益管理的成果应体现在为顾客和相关方创造价值上，应采用适当的方法测量、监控和评估精益管理所创造的顾客价值，并据此促进精益管理的进一步有效开展。《组织精益管理评价准则》提出顾客和相关方的价值应体现在以下几方面。

1）质量：包括过程质量和产品/服务质量。

2）成本：包括库存成本、生产成本、质量成本、服务成本等。

3）交付：包括生产计划完成率、准时完成率、产品交付率、准时交付率、服务承诺达成率、合同履约率等。

4）效率：包括提前期（lead time）、生产周期、生产线平衡率、顾客等候时间、服务速度、投诉处理及时率、全员劳动生产率、工时效率、设备综合效率、服务设施利用率、平均故障间隔时间、单位营业面积产出、库存周转率等。

5）安全：包括人身安全、设备安全、消防安全等。

6）员工发展与社会责任：包括教育培训、员工满意、环境与职业健康、节能降耗、环境保护等。

7）财务：包括销售收入、净利润、收入/利润增长率、经济增加值、资产负债率等。

8）竞争：包括顾客投诉率、顾客满意度、顾客忠诚度、市场占有率、市场覆盖率、新产品开发率、品牌知名度、品牌价值等。

五、六西格玛管理和精益管理的融合

六西格玛管理与精益管理都是旨在实现持续改进的活动，都强调顾客满意和系统集成。六西格玛管理的出发点是减少变异，精益管理的核心是消除一切不必要的浪费，而变异也是引发浪费的一种原因，所以说减少变异的过程本身也消除浪费。两者目标的一致性，工具的互补性，管理模式上的相互借鉴和补充，使得六西格玛管理和精益管理的融合成为必然趋势。

六西格玛管理与精益管理融合形成了精益六西格玛（lean six sigma）方法，将精益管理消除浪费的管理理念、工具和方法，与六西格玛管理的由顾客驱动持续改进、追求卓越的管理理念，以及通过消除过程波动、降低缺陷和提高质量的六西格玛管理工具与方法有机融合，实现理念、文化和方法体系的有效集成，使六西格玛管理方法在缩短周期、消除流程浪费等方面的应用进一步拓宽，成为实现企业战略目标的重要工具。

精益六西格玛管理吸收了两种管理模式的优点，但并不是精益管理和六西格玛管理的简单相加，而是二者的互相补充和有机融合。精益六西格玛管理保留了六西格玛管理的基本框架，如在DMAIC的五步流程中融入各种有效的精益管理工具（表），同时保留了六西格玛管理的项目管理方式，以及通过由各级六西格玛管理角色（特别是黑带及绿带）构成的组织方式，将由优秀人才领导的全员参与的绩效改进活动最大限度地组织起来。

第四节　质量链管理

一、质量链概念

从质量管理的发展历程来看，从 20 世纪 20 年代到 50 年代，企业的经营目标是为顾客提供符合技术标准、符合图样要求的产品，即符合性质量。此时期的产品质量控制主要以检验方式来进行，质量管理职能由质量检验部门来承担。20 世纪 60～90 年代，企业的经营目标是为顾客提供满足其需求的产品，而适合是作为顾客需要程度的衡量依据，即适用性质量。顾客需求是多方面的，企业只有对产品质量形成的全过程（即设计、原材料采购、运输、制造、装配、销售直至将产品送到最终用户的全过程）进行控制，才能确保影响产品质量的所有因素符合要求，才能生产出合格的产品。此时期的焦点是建立质量管理体系，相应地产生了“质量是管理出来的”这一说法。以上两个时期企业的经营活动仅限于企业内部。20 世纪 90 年代至 21 世纪初，在知识和经济全球化的背景下，企业的经营目标已经不仅仅是追求满足多样化的顾客需求，还要追求更高的企业经营质量，企业的经营模式也脱离单个企业单打独斗，转为企业间联合，从产品全过程的质量管理（纵向一体化）迅速扩展为上下游企业之间的联合（横向一体化），形成了供应链管理和企业联盟等新的经营管理方式。质量的形成和实现已由单个企业内部，扩展到外部企业群（企业群或组织群）。

在这样的背景下，加拿大哥伦比亚大学的学者 1996 年提出了“质量链”的概念。随后质量管理专家朱兰提出了“质量环”（quality loop）的概念，其概念随着社会的发展又经过了大量学者的不断丰富。1999 年，我国引入质量链管理理论，我国学者也对此进行了大量研究。例如，丁文琴（1999）等将质量意识、人员质量、质量文化、工作质量、产品质量之间存在的质量链条，形象地描述为“多米诺骨牌”，来强调它们之间存在相互联系、相互依赖的关系。唐晓青（2002）等在全球供应链的背景下，在如何彻底打破传统制造模式所存在的“质量黑箱”下提出了协同质量链管理的概念、特征和实施框架，此模式将冲破质量黑箱的封闭界限，在供应商、制造商、销售商乃至最终用户之间建立一条敏捷、畅通、受控、优化的广域质量链路，从而能够在整体上提升全球供应链制造系统及其成员企业的质量水平。唐晓芬（2005）等根据质量链的基本特征，提出了质量流、质量链、链节点、链节图、耦合效应等研究质量链管理的基础概念。其中，质量链管理的链节点与链节点界面的协同和耦合是两大研究热点。

二、质量链管理

根据研究成果，上海质量管理科学研究院对质量链管理（quality chain management,

QCM）的定义是：以多个组织、多种要素共同参与质量形成与实现过程为内容，以质量流、信息流、价值流为对象，通过控制关键链节点，实现协调耦合、增值高效的质量管理理论和方法体系。质量链概念模型如图 2-9 所示。

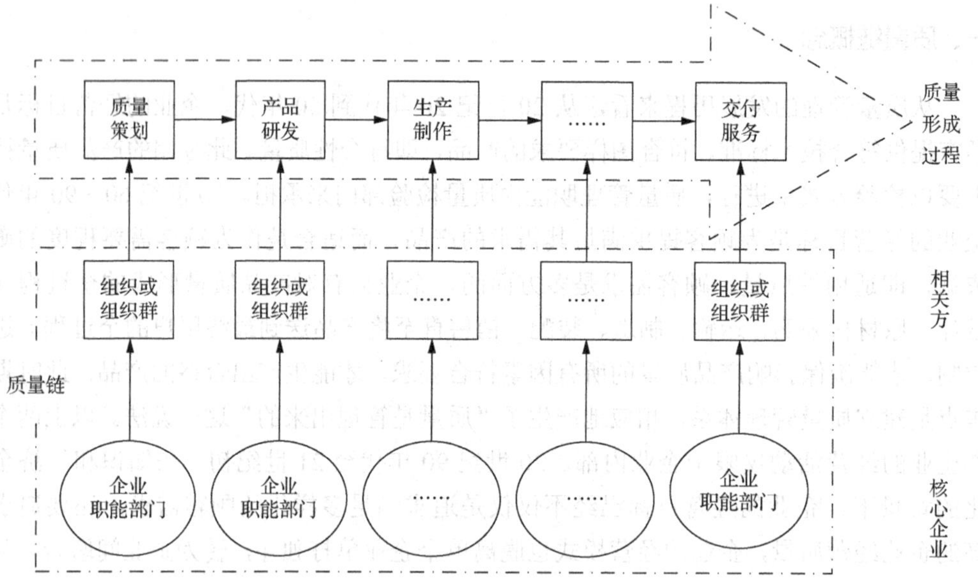

图 2-9　质量链概念模型

质量流：产品固有或隐含的质量特性，在设计、制造、交付、服务等过程中的定向流动和有序传递。质量流存在于所有产品生产和服务提供的过程中，它与信息流、价值流共存，是实现满足顾客需要的质量特性的物质表现形态。

质量链：质量链是组织群共同参与实现质量过程的集合体，是质量流及信息流、价值流运行的载体。

三、质量链管理实施框架和运行特征

质量链管理的实施框架如图 2-10 所示。

质量链管理的主要内容包括：关键质量特性/质量改进目标的确定、关键链节点的识别与管理、耦合效应分析、运行绩效测评四个模块。这四个模块在质量链管理信息系统的技术平台上，实现质量形成全过程的信息化，保证质量流、信息流和价值流的输入与输出。如图 2-10 所示，从运行角度看，上述质量链管理的四个模块本质上体现了全面质量管理的“PDCA”循环，每循环一次，质量水平就提高一个层次，真正实现了持续改进，是“循环质量链”。但是，此“循环质量链”并不局限于“PDCA”，而是在此基础上进行了扩充和延伸。

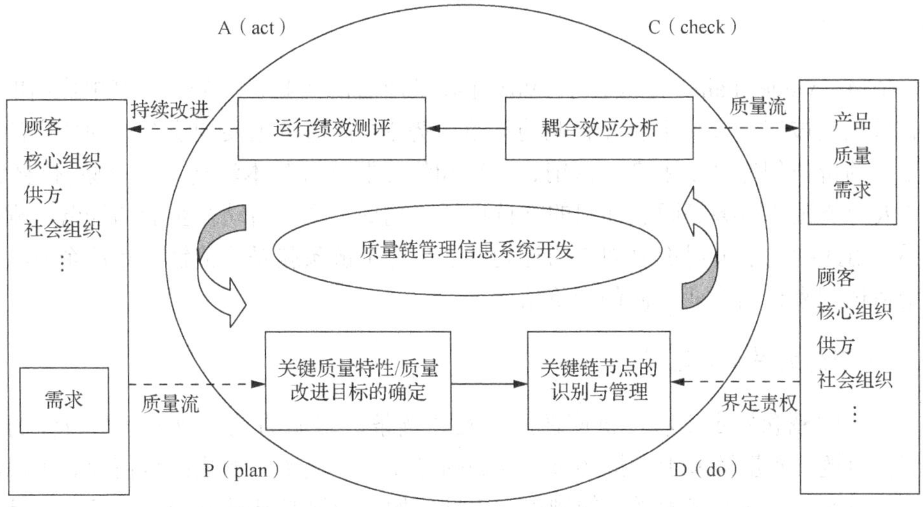

图 2-10　质量链管理的实施框架

首先，此运行模式是在组织群中实现，组织群中的组织包括有合同关系的，也包括无合同关系的，供应链上的任何组织都可以成为核心组织，建立自己的质量链管理模式。其次，此运行模式的两大节点，即关键链节点的识别与管理和耦合效应分析，是两个非常重要的关键点，也是研究的热点。关键链节点的识别是进行质量链管理的基础和核心，其选取的原则是：①质量形成的核心过程，多组织或多要素参与的核心流程上的链节点；②与关键质量特性密切相关；③质量链中的瓶颈或薄弱环节；④要素的集合。质量链控制的关键是进行耦合效应分析。耦合主要发生在相关组织和要素之间相互影响、相互作用的过程中，是组织群、要素集合对质量流的输出所产生的影响，使质量流不断得到稳定和优化，表现为多组织、多要素完成某一过程的协作程度。主要表现为企业与企业之间、企业与社会之间、人与自然之间和要素之间的耦合。

四、质量链与其他链式概念

（一）供应链

供应链（supply chain）最早出现在 20 世纪 80 年代，最早来源于彼得·德鲁克（Peter Drucker）提出的“经济链”，后经由迈克尔·波特（Michael Porter）发展为“价值链”，最终演变成“供应链”。供应链是指围绕核心企业，从采购原材料开始，制成中间产品及最终产品，最后由销售网络把产品送到消费者手中的将供应商、制造商、分销商、零售商，直到最终用户连成一个整体的功能网链结构。物流和信息流在供应链中无处不在。供应链就是通过计划（plan）、获得（obtain）、存储（storage）、分销（distribute）、服务（serve）等活动，在顾客和供应商之间形成一种衔接（interface），从而使企业能满足顾客需求。

（二）价值链

价值链（value chain）是波特于1985年在其所著的《竞争优势》一书中提出的，已作为有效工具被广泛应用于研究企业的竞争优势中。价值链主要围绕企业的生产活动展开，企业的价值创造是由生产、营销、运输和售后服务等基本活动，以及原材料供应、技术、人力资源和财务等职能部门的支持性活动构成。这些活动在企业的经营过程中相互联系，由此构成了公司价值创造的行为链条，这个链条就是价值链，是从企业活动的价值增值过程来说明企业如何创造价值的。

（三）概念的联系与区别

从以上的概念界定来看，供应链属于实体链条，强调的是产业配套与较强的分工性，而价值链、质量链属于虚拟链条，强调的是在实体链条中形成的价值流、信息流和质量流。当然，不同的概念强调的侧重点不同，如供应链是从核心企业的角度，针对多个企业而言，而构成的企业之间的链条连接，其更多的属于物流范畴。价值链主要是从一个企业的角度出发，对企业经营活动状况开展的价值增值分析，其目的是要弄清楚企业的价值形成机理，深入分析价值链的增值环节并优化扩大增值，从而有助于企业竞争优势的形成。质量链基于全球供应链管理基础，就供应商、制造商、销售商乃至最终用户，多用户、多要素共同参与质量形成与实现过程，以质量流、信息流、价值流为对象，通过控制多环节之间的关键链节点，强调不同环节耦合效应的协同，来实现产品质量提升的增值。

第五节　高质量发展理论

一、高质量发展的内涵和要求

党的二十大报告指出："高质量发展是全面建设社会主义现代化国家的首要任务。发展是党执政兴国的第一要务。没有坚实的物质技术基础，就不可能全面建成社会主义现代化强国。必须完整、准确、全面贯彻新发展理念，坚持社会主义市场经济改革方向，坚持高水平对外开放，加快构建以国内大循环为主体、国内国际双循环相互促进的新发展格局。"

高质量发展是指建立在规模、速度、质量、效益、公平、可持续和安全等指标上的高水平发展，其本质在于发展方式由追求数量规模向追求质量效益转变，由外延扩张向内涵提升转变，由要素驱动向创新驱动转变。概括而言，高质量发展就是从"有没有"转向"好不好"。具体而言，高质量发展就是"更高质量、更有效率、更加公平、更可持续、更为安全的发展"。我们可从以下三个方面来把握高质量发展的基本内涵和要求。

1）社会生产力发展达到高水平状态是高质量发展的根本要求，由此构成了高质量发展的客观尺度和物质基础。根据历史唯物主义的观点，生产力是社会发展的主要标准和根本决定力量，资本主义代替封建主义是生产力发展的结果，共产主义的实现正是以生产力的高度发展为前提的。列宁曾指出，生产力的发展是“整个社会发展的主要标准”和“社会进步的最高标准”。当前，我国已进入高质量发展阶段，这是由社会生产力的极大提高所决定的。但同时，我国生产力水平总体上还不够发达，这决定了我国是一个发展中国家，仍处于社会主义初级阶段，正在经历广泛而深刻的社会变革，推进改革发展、调整利益关系往往牵一发而动全身。因此，实现高质量发展首先要使生产力发展达到高水平状态，没有一定的发展水平就很难谈到发展的高质量。

2）高质量发展是强调整体性的高水平发展。在马克思主义哲学看来，“每一个社会中的生产关系都形成一个统一的整体。”整体性可以说是高质量发展的基本要求和表征。就高质量发展而言，整体性主要表现为构成社会系统的诸要素（如政治、经济、文化、社会、生态等）全面和相对均衡的发展进步。因而，高质量发展并不是生产力因素的“独大”或“一枝独秀”，而是“经济、社会、文化、生态等各领域都要体现高质量发展的要求”。换言之，高质量发展追求的是一种全面的、综合的高质量发展。

3）科学技术是高质量发展的关键性驱动要素。马克思曾将科学看成是“历史的有力的杠杆”和“最高意义上的革命力量”。邓小平也曾多次强调：“科学技术是第一生产力。”历史证明，近代以来科学技术日益成为生产力中最为活跃的牵引要素，成为支撑经济社会发展的主导力量，这在世界主要发达国家表现得尤为明显。据统计，在发达国家的国内生产总值增长中，20世纪初科技因素只占5%～20%，到20世纪五六十年代，占比上升为50%，而目前已经达到甚至超过80%。高度重视科技发展、积极抢占世界科技制高点，已成为越来越多国家发展的战略重点，放眼世界，综合国力的竞争也日益表现为科技实力的较量。我国经过改革开放40多年的发展，综合国力迈上了一个新的台阶，但与发达国家相比，我国在许多方面仍存在较大差距，其主要原因在于我国的科技实力还不够强大、科技对整个经济社会发展的战略支撑仍不够充分。因此，要真正实现高质量发展必须提升科技实力、强化科技战略支撑。

二、建筑业高质量发展的内涵

我国经济已由高速增长阶段转向高质量发展阶段，建筑业是我国国民经济的支柱产业，建筑业企业也是我国“走出去”的主力军，其高质量发展不仅是国民经济高质量发展的重要组成部分，也是国民经济其他行业和部门高质量发展的重要前提和保障。在新形势下，建筑业依靠规模快速扩张的传统发展模式难以为继，行业发展面临着前所未有的机遇和挑战，在建设工程质量与安全管理中也要遵循高质量发展理论。

建筑业的高质量发展是行业的发展方式、产业结构持续从高消耗、低产出的粗放型发展，向更高级的可持续发展转变的过程；是衡量建筑业所具有的产品和服务等特性在发展过程中，满足使用、经济、环境、资源等可持续发展需要程度的重要体现。此阶段，不再以单一的建筑业规模和总量作为衡量标准，而要把评判的重心落在“规模数量与效益质量、增长速度与产出效率”的相对关系上，以过度资源投入来实现大规模、快增长，忽视和投入水平相匹配的产出效率与效益的发展，这些都是与高质量发展要求不符的。

作为国民经济发展的支柱产业，建筑业的发展质量关系到我国经济、社会、生态发展的各个方面，其内涵主要体现在以下几方面。

1）解决建筑业的发展矛盾，有助于推动我国社会矛盾的解决。随着人们生活水平的不断提高，使人们对建筑产品有了更高需求，而当前建筑业建造过程投入大，但建筑产品质量不高且企业效益较低，资源投入与产出效益不平衡、传统粗放式发展与持续高质量发展之间的矛盾，影响了建筑业发展质量，成为亟待解决的问题。

2）加快建筑业转型升级，有助于推进我国可持续发展进程。随着信息化建设的推广，追求以数量为衡量标准的经济增长模式成为过去式，当前建筑业需要向BIM（building information modeling，建筑信息模型）、智能建造等方向发展，通过建设方式、产业结构的转型升级，提升建筑产业生产效率、经营与生态效益，提高企业可持续发展能力。

三、建筑业高质量发展的基本途径

建筑业高质量发展离不开政府、行业协会及企业的实际行动，因此，准确把握当前建筑业发展矛盾是有效规划实施路径的前提。建筑业高质量发展有以下四条路径。

1. 深刻践行新发展理念

“创新、协调、绿色、开放、共享”的新发展理念，是高质量发展的基本要求。我们要围绕这些基本要求，打造精品工程，要坚持绿色发展理念，打造绿色、低碳、环保的建筑。要坚持对外交流与合作，吸取国际工程管理经验，坚持和发扬符合新发展理念的工程总承包模式；要坚持成果共享，推动精品工程交流。

2. 紧紧抓住“三造”融合

国家主席习近平在二〇一九年新年贺词中，回顾2018年奋斗历程时提道：“这一年，中国制造、中国创造、中国建造共同发力，继续改变着中国的面貌。嫦娥四号探测器成功发射，第二艘航母出海试航，国产大型水陆两栖飞机水上首飞，北斗导航向全球组网迈出坚实一步。在此，我要向每一位科学家、每一位工程师、每一位“大国工匠”、每一位建设者和参与者致敬！”

对中国建筑业而言，如何借助中国制造、中国创造、中国建造这“三造”融合来推动技术创新与行业变革，将是建筑业实现高质量发展的根本路径。中国创造引领中国制造，中国制造支撑中国建造，中国建造推动中国创造、中国制造更好发展。“三造”融合不但可以改变中国，还将影响世界。

3. 推广新型建造方式

传统建造方式能耗大、效率低，积累的矛盾和问题日益突出，需要通过改革和创新来推动行业转型升级、提质增效，向绿色化、智慧化和工业化程度更高的“新型建造方式”转变。大力推进绿色建造，发展绿色建筑、绿色建材，降低建筑消耗，减少环境污染，朝着“双碳”目标努力。大力推动智慧建造，重视科技信息手段的运用，引导施工企业紧跟数字经济发展步伐。大力推动工业化建造，在装配式建筑、模块化建造及应用中探索“工厂里盖大楼”。

4. 提升建筑产品品质

要强化和突出建筑的“产品”属性，树立品质品牌意识，设计好、建造好、维护好建筑产品属性。在政策方面，要加快工程建设组织模式改革，推行工程总承包；在市场监管方面，要完善招标投标制度；推广建筑师负责制，建立建筑“前策划、后评估”制度。

综上所述，建筑业的高质量发展最终还是要落实和体现到建设工程产品上，无论是发展理念、生产方式，还是采用的新技术、新材料等，最终都是提升建筑产品的品质，使建筑产品更符合人类社会的发展需求和发展趋势。

第三章 设计质量管理

第一节 设计质量管理体系

一、建设工程设计的概念及流程

建设工程设计是指根据建设单位的要求，对建设工程所需的技术、经济、资源、环境等条件进行综合分析、论证，编制建设工程设计文件的活动。建设工程设计主要分为方案设计、初步设计、施工图设计三个阶段。

二、工程设计质量管理的依据

工程设计质量管理的依据如下。

1）有关工程建设及质量管理方面的法律法规、城市规划、国家规定的建设工程勘察设计深度要求。铁路、交通、水利等专业建设工程，还应当依据专业规划的要求。

2）有关工程建设的技术标准，如勘察和设计的工程建设强制性标准规范及规程、设计参数、定额、指标等。

3）项目批准文件，如项目可行性研究报告、项目评估报告及项目选址报告等。

4）体现建设单位建设意图的设计规划大纲、纲要和合同文件。

5）反映项目建设过程中和建成后所需要的有关技术、资源、经济、社会协作等方面的协议、数据和资料。

三、设计管理的内容

（一）设计单位选择

设计单位可以通过招投标、设计方案竞赛、建设单位直接委托等方式进行选择和委托。组织设计招标是用竞争机制优选设计方案和设计单位。采用公开招标方式的，招标人应当按国家规定发布招标公告；采用邀请招标方式的，招标人应向三个以上设计单位发出招标邀请书。

设计招标的目的是选择最适合项目需要的设计单位，设计单位的社会信誉、所选派的主要设计人员的能力和业绩等是主要的考察内容。

（二）起草设计任务书

设计任务书是设计依据之一，是建设单位意图的体现。起草设计任务书的过程，是各方就项目的功能、标准、区域划分、特殊要求等涉及项目的具体事宜不断沟通和深化交流，最终达成一致并形成文字资料的过程，这对于建设单位意图的把握非常重要，可以互相启发、互相提醒，使设计工作少走弯路。

（三）起草设计合同

设计质量目标主要通过项目描述和设计合同反映出来，项目描述和设计合同综合确立设计的内容、深度、依据和质量标准，设计质量目标要尽量避免出现语义模糊和矛盾。设计合同应重点写明设计进度要求、主要设计人员、优化设计要求、限额设计要求、施工现场配合及专业深化设计图配合等内容。

（四）分阶段设计审查

分阶段设计审查是由建设单位组织有关专家或机构进行工程设计评审，目的是控制设计成果质量，优化工程设计，提高效益。设计评审包括方案设计评审、初步设计评审和施工图设计评审等各阶段的内容。

1. 方案设计评审

1）总体方案评审。重点审核设计依据、设计规模、产品方案、工艺流程、项目组成及布局、设备配套、占地面积、建筑面积、建筑造型、协作条件、环保设施、防震防灾、建设期限、投资概算等的可靠性、合理性、经济性、先进性和协调性。

2）专业设计方案评审。重点审核专业设计方案的设计参数、设计标准、设备选型和结构造型、功能和使用价值等。

3）设计方案审核。要结合投资概算资料进行技术经济比较和多方案论证，确保工程质量、投资和进度目标的实现。

2. 初步设计评审

依据建设单位提出的工程设计委托任务和设计原则，逐条对照，审核设计是否均已满足要求。审核设计项目的完整性，项目是否齐全、有无遗漏项；设计基础资料可靠性，以及设计标准、装备标准是否符合预定要求；重点审查总平面布置、工艺流程、施工进度能否实现；总平面布置是否充分考虑方向、风向、采光、通风等要素；设计方案是否全面，经济评价是否合理。

3. 施工图设计评审

施工图设计评审的内容包括：对工程对象物的尺寸、布置、选材、构造、相互关系、施工及安装质量要求的详细设计图和说明，这也是设计阶段质量控制的一个重点。评审的重点是：使用功能是否满足质量目标和标准，设计文件是否齐全、完整，设计深度是否符合规定。

1）总体审核。首先，审核组织的高、中、基层的层级审核施工图纸的完整性及各级的签字盖章。其次，重点审核工艺和总图布置的合理性，项目是否齐全，有无遗漏项，总图在平面和空间布置上是否有交叉和矛盾；工艺流程及装置、设备是否满足标准、规程、规范等要求。

2）设计总说明审查。重点审查所采用的设计依据、参数、标准是否满足质量要求，各项工程做法是否合理，选用设备、材料等是否先进、合理，采用的技术标准是否满足工程需要。

3）施工设计图审查。重点审查施工设计图是否符合现行标准、规程、规范、规定的要求；设计图纸是否符合现场和施工的实际条件，深度是否达到施工和安装的要求，是否达到工程质量的标准；选型、选材、造型、尺寸、节点等设计图纸是否满足质量要求。

4）审查施工图预算和总投资预算。审查预算编制是否符合预算编制要求，工程量计算是否正确，定额标准是否合理，各项收费是否符合规定，总投资预算是否在总概算控制范围内。

5）审查其他要求。审核是否符合勘察提供的建设条件，是否满足环境保护措施，是否满足施工安全、卫生、劳动保护的要求。

4. 审查设计单位提交的设计成果，并提出评估报告

评估报告应包括下列主要内容。

1）设计工作概况。

2）设计深度与设计标准的符合情况。

3）设计任务书的完成情况。

4）有关部门审查意见的落实情况。

5）存在的问题及建议。

5. 审查备案

审查设计单位提出的新材料、新工艺、新技术、新设备在相关部门的备案情况，必要时应协助建设单位组织专家评审。

6. 深化设计的协调管理

对于专业性较强或有行业专门资质要求的项目，目前的通行做法是委托专业设计单位，或由具有专业设计资质的施工单位出具深化设计图纸，由设计单位统一会签，以确认深化设计符合总体设计要求，并对于相应的配套专业能否满足深化设计图纸的要求予以确认。

设计管理对于总体设计单位和深化图纸设计单位的横向管理很重要。

设计质量横向控制的一项重要措施是建立联席会议制度。联席会议是指各专业设计人员全部出席会议，共同研究和探讨设计过程中出现的矛盾，集思广益，提出对矛盾的解决方法，根据项目的具体特性和处于主导地位的专业要求进行综合分析，使矛盾得到合理解决。联席会议可以定期召开，如每周一次，也可以根据设计进展情况不定期召开。

设计质量横向控制的另一个重要措施是明确各专业互提要求。各专业互相提供资料，是进行正常建筑设计工作的客观要求，只有各专业设计配合协调，避免出现相互碰壁的问题，才能保证设计质量。

四、设计审查重点

1. 方案设计审查

审查内容包括：建筑造型是否新颖、美观，能否体现建筑特色；要求的功能是否均得到满足，并合理布置；主要面积指标和容积率、覆盖率、绿化率是否达到规定的范围；建筑总平面设计是否合理；楼层平面功能分区是否清楚，是否有较高的实用率；建筑高度、体量相互关系是否合理；是否满足消防规范要求，包括建筑间距、消防疏散、完备的消防系统等；结构体系选择是否基本合理，设备专业系统设计是否基本合理等。

2. 初步设计审查

审查内容包括：是否按照设计方案审查的意见进行了修改；是否达到初步设计的深度；是否满足消防规范的要求等。

1）建筑专业。建筑面积等指标是否有大的变化；建筑功能分隔是否得到深化，总平面、楼层平面、立面设计是否得到深化；主要装修标准是否明确等。

2）结构专业。结构体系是否选择恰当，基础形式是否合理；各楼层布置是否合理等。

3）设备专业。系统设计是否合理，主要设备选型是否得到明确等。

3. 施工图设计审查

1）施工图的外在形式审查。例如，是否按照设计合同的规定提供足够套数的施工图；是否所有的施工图都加盖了设计单位的出图章，设计人、校对人、专业负责人、设计总负责人的签字是否齐全且有专业会签；施工图图面的线条、字符是否清晰，有无污染等；施工图图号是否连续、没有缺页等；是否分别按需要进行本装和盒装；是否按需要提供电子资料等。

2）施工图的内容审查。审查内容包括：设计深度是否达到国家规定的要求；是否按照初步设计审查的意见进行修改等。从专业的角度，应注意审查以下几方面。

① 建筑专业。建筑面积是否符合政府主管部门批准意见和设计任务书的要求，特别是计入容积率的面积是否核算准确；建筑装饰用料标准是否合理、先进、经济、美观，特别是外立面是否体现了方案设计的特色。内装修标准包括：公共部分和单元内部标准是否符合业主的意图；总平面设计是否充分考虑交通组织、园林景观，竖向设计是否合理；各楼层平面分隔是否合理，是否有较高的平面使用系数；立面、剖面、详图是否表达清楚；门窗表是否能与平面图对应，其统计数量有无差错，分隔形式是否合理；消防设计是否符合消防规范，包括防火分区是否超过规定面积、防火分隔是否达到耐火时限、消防疏散通道是否具有足够的宽度和数量、消防电梯设置是否符合要求等。

② 结构专业。结构设计总说明是否内容准确全面，结构构造要求是否交代清楚；基础设计是否按照初步设计确定的技术方案进行，应对其进行核算；结构形式是否符合初步设计及其审查意见，楼层结构平面梁板墙柱标注是否全面，其配筋是否合理；结构设计是否满足施工要求等。

③ 设备专业。系统是否按照初步设计的审查意见进行布置；设备选型是否合理，管线布置是否合理；与建筑结构专业有否矛盾；消防设计是否满足消防规范的要求，包括火灾报警系统、防排烟系统、消火栓系统、喷淋系统及疏散广播系统等。

第二节　质量功能展开

一、基本内涵

1. 质量功能展开的概念

质量功能展开（quality functional deployment，QFD），是指将顾客需求展开、转化为设计参数以提高产品质量的方法。该方法使产品开发者能清楚准确地理解顾客需求，并能根据所开发产品或服务的性能对顾客需求的满足程度进行系统的评价。

2. 质量屋

“质量屋”（house of quality，HOQ）用于确定顾客期望与公司产品能力之间关系的房屋样的图形工具。它是顾客驱动的产品开发方法。从质量保证的角度出发，通过一定的市场调查方法获取顾客需求，并采用矩阵图解法将顾客需求分解到产品开发的各个阶段和各职能部门，通过协调各部门的工作以保证最终产品质量，使设计产品能真正满足顾客的需求。它也是一种在产品设计阶段进行质量保证的方法，以及使产品开发各职能部门协调工作的方法。其目的是使产品能够以最快的速度、最低的成本和最优的质量占领市场。其构成包括以下几部分。

（1）顾客需求

顾客需求（customer requirements）是用顾客语言描述顾客对建筑产品的实际需求。对顾客需求的描述通常分层次排列，如第一层次需求、第二层次需求、第三层次需求，使顾客需求的分布由抽象到具体。这部分内容实际上是对“what”的回答，即顾客需要什么。

（2）计划矩阵

计划矩阵（planning matrix）的主要核心是顾客需求的相对权重。产品的市场竞争能力评价，即顾客对本产品的满意程度及对竞争者类似产品的满意程度评价。产品的战略目标设定，产品开发小组针对如何满足顾客需求提出自己的目标，目标的设定需要考虑顾客需求的优先权重及竞争对手的能力及改进率。

（3）工程特征

工程特征（engineering characteristics）是用工程技术人员的语言描述产品或服务的技术特征。它实际上是对“how”的回答，即如何满足顾客的需求。如果顾客的需求是目标（ends），那么工程特征就是手段（means）。

（4）关系矩阵

关系矩阵（relationship matrix）是工程特征与顾客需求之间关系的判断矩阵。

（5）技术矩阵

技术矩阵（technology matrix）的主要核心是工程特征的优先权重。技术竞争能力评价，针对每项工程特征对竞争者的技术能力及本企业的技术能力进行评价。技术目标设定，结合各项工程特征的优先权重及竞争者及本企业的技术能力，确定每项工程特征的技术目标。

（6）工程特征相关矩阵

工程特征相关矩阵（engineering feature correlation matrix）是工程特征的自相关矩阵，该矩阵记录了各工程特征之间相互支持或相互阻碍的关系。

上述构成中，核心是顾客需求，特别是如何将识别出的用户或顾客对项目的需求转化为实现顾客需求的质量特性。

一般来说，顾客需求具有以下特点。

1）缺乏系统性。在项目进展过程中，顾客对项目质量的需求和期望是随着各种情况的变化而逐步形成的，在不同的阶段可能有不同的需求，这种需求是支离破碎的、不系统的。

2）模糊性。顾客对项目质量的需求往往无明确的界限，只是一种模糊性的描述。例如，要求某个质量指标再好些，这就是一个非常模糊的描述。

3）矛盾性。顾客的各种需求之间可能是矛盾的。例如，既要求项目质量好，又要求项目费用少，这就是一种矛盾的需求。

4）多样性。顾客的需求往往不是单一的，而是多方面的，可能是对项目本身质量的需求，也可能是对服务质量的需求。

由于上述特点的存在，针对顾客需求开展以下工作就显得非常重要：进行系统分析和权衡；采用科学的方法进行分类；分清顾客需求的主次；在此基础上，将顾客需求转化为质量要素。这一过程可借助质量功能展开来实现。

二、质量功能展开的基本环节

（1）需求语言信息变换

顾客需求的语言信息往往是杂乱无章、不规范的。所以，在进行质量功能展开时，首先应将这些信息提炼为一种能代表这些信息的语言，即将需求信息转换为简单的语言情报，这些语言情报可称为要求项目。语言信息变换可采用头脑风暴法、专家咨询法等进行。

（2）要求项目信息变换

要求项目与需求质量是相对应的，一个要求项目可能对应若干需求质量。因此，需要通过分析、研究，以确定与要求项目相对应的需求质量。在这种变换中主要应考虑以下几个环节。

1）根据要求项目进行推测、类推和抽取，定义需求质量。

2）从一个要求项目中抽取若干需求质量。

3）分析需求质量中是否存在矛盾。

4）充分分析、讨论，形成最终结论。

要求项目信息变换可采用头脑风暴法、专家咨询法等进行。

（3）需求质量聚类

要求项目信息变换的需求质量之间，有些存在区别，有些存在内在联系。这就需要采用一定的方法将其进行聚类，以形成一个清晰的质量改进范围。聚类的方法有两种：KJ 聚类法和模糊聚类法。KJ 聚类法是由日本学者川喜田二郎提出的，该法是将从混乱状态中收集的语言信息，利用相互的亲和性加以归纳并整理，以明确指出所应解决的问题。利用 KJ 聚类法，将顾客的需求质量信息进行聚类，即将混乱状态的问题条理化，使混乱的信息逐渐清晰。

KJ 聚类法是一种以分类者的经验、直觉为依据的分类实际操作法，适用于概念清晰、界限明确情况下的归类问题。但事实上，顾客需求和期望的语言信息往往难以给予明确的定义或确定性的评定标准，这实际上是不确定性问题或称为模糊问题。对于这种不确定性问题，如果不从理论或方法上予以清晰的处理，则会导致不可克服的矛盾。这就需要借助模糊数学方法来解决顾客需求质量的模糊聚类问题。

（4）需求质量重要度的确定

顾客的质量需求多种多样，对其所提出的所有需求并非都应满足，而是需要加以分析，找出重点。需求质量重要度是项目质量策划中用于判断决策的一个重要的数量指标。需求质量重要度的确定应充分体现以顾客为关注焦点的原则，即通过对顾客的调查来获取客观信息，以顾客立场作为评价的重要依据。

需求质量重要度的确定可采用以下两种方法。

1）传统方法。对需求质量的重要度通过若干等级量进行评定，如非常重要、比较重要、一般重要、不重要，要求被访顾客对各个等级做出抉择——取其一且仅取其一，然后根据对若干顾客的调查结果进行综合评价。

2）模糊评价方法。实际上，顾客对需求质量重要度的评价并非是对某一等级的清晰的二元抉择，而是可能在各个等级之间存在事实上的中间过渡。所以，这就需要采用一种模糊调查和模糊评价方法，以放宽对顾客思维范围的局限，允许被调查顾客对需求质量重要度的各个不同等级的从属程度做出判断，根据若干顾客的模糊评价结果对需求质量的重要度做出最终评价。

（5）质量要素的抽取

质量特征应具体明确，具有可操作性，这就需要从需求质量中抽取质量要素，将市场世界变为技术世界。质量要素分为两种类型：可测试的质量要素和不可测试的质量要素。可测试的质量要素也可称为质量特性值，是指可以采用某种测试技术进行测试并能得到定量指标的质量要素。例如，工程项目的规格、墙体的厚度等外观特征；混凝土抗压强度、钢筋的抗拉强度等力学特征。不可测试的质量要素是指不能通过某种测试技术进行测试并定量表达，而只能进行定性描述的质量要素。

质量要素的抽取应组织技术、管理、项目实施、设计等有关方面的人员参加，并考虑具体的项目质量标准、实施状况等因素进行综合分析。

为了对质量要素有一个清楚、系统的认识，需要对抽取的质量要素进行分类，其方法可采用 KJ 聚类法。基本过程是将从需求质量中抽取的质量要素作为三级要素，再将类似的作为一组，每组作为二级质量要素，并冠以适当的名称，然后再将二级质量要素进行分组，并冠以适当的名称。

（6）形成质量表

将需求质量重要度与定量的质量要素结合成矩阵形式，形成质量表，并根据对应关系的强弱标出相对应的符号。质量表明确表达了需求质量与质量要素之间的对应关系。

（7）质量要素重要度的确定

根据需求质量抽取的质量要素有很多，但并非都重要。质量管理的重点对象应是重要的质量要素，因此应对质量要素的重要度加以确定，以明确项目质量管理的关键。质量要素的重要性可用质量要素重要度来衡量。质量要素的重要度与相关需求质量的重要度密切相关。因此，根据已经确定的质量表及需求质量的重要性即可确定质量要素的重要度。

第三节　BIM 在设计质量管理中的应用

一、BIM 技术的内涵

BIM 技术合理地融入了工程学、建筑学、几何学、计算机技术等，该项技术出现之后，通过长期的改进与优化，不断成熟，也发展得更加先进合理，被广泛应用于建筑领域（特别是在建筑工程设计中的应用），取得了不错的应用效果。BIM 技术在应用时主要涉及三维模型、建筑结构几何模型。在该类信息数据库中，不仅需要提高建筑工程结构的整体性和稳定性，还要对建筑工程结构属性、可信性等内容进行精准判断。在建筑设计过程中，通过应用专业三维模型，使相关工作人员的建筑设计更加安全、可靠，从而使建筑项目信息集成度得到提升，构建出一个专业、便捷的应用平台。

科技的快速发展在一定程度上促进了 BIM 技术的发展，这对整个建筑业来说是一个重大进步，既能够确保建筑工程低成本、保质量、按期竣工，也能够实现对各种可能出现风险的有效预防。BIM 技术的优势主要体现在以下几方面。

1. 更加清晰地表达图纸内容

在建筑设计中对 BIM 技术进行应用，能够清晰展示图纸，与 2D 建筑设计图纸相比，可以更加明确自己的设计信息，为各个专业之间的沟通提供便利条件，在设计时不需要反复查询资料，能够大幅度缩短设计时间，可以明确建筑工程中的各个管道是否会发生相互交叉问题。同时，能够精确地将设计目的反馈给施工人员、客户，确保后续工作的顺利进行，以及保证建筑工程质量能够满足应用需求。

2. 精准模拟分析

采用 BIM 技术不仅可以构建一个合理模型，而且能够精准设计各项参数，随时通过调整各项参数、数据，完成对工程数量、节能性能、建筑物理数据等各项内容进行观察，同时，三维视图也使可视化沟通机制取得飞跃式进步。如此强大的便捷功能，都是建立在建筑模型位置精准，建筑材质性能、环境参数设定等精准之上的，从而确保建筑信息质量与可信度都能达到要求的标准。

3. 提供精准材料信息

BIM 技术不仅能够让不同专业人士在同一个平台上沟通，开展相应工作，完成对建筑工程中各项信息、建筑构配件、机电组件等的组合，搜集建筑工程项目内的各项信息，而且能够依据应用者需求对模型和输出视图进行适当调整，采用协作软件完成碰撞检测，从而快速、精准地找到建筑工程中出现的缺漏和冲突，输出建筑工程中采用的材料、构件等各项明细表，提高建筑工程质量。

二、建筑设计中应用BIM技术的意义

（一）提高建筑设计水平

建筑设计人员要提高对设计中各项细节内容的重视，从大量建筑设计经验来看，任何细小失误都会导致建筑整体质量受影响。传统建筑设计要对项目整体情况进行合理控制，但从实际情况来看，避免不了会出现忽略细节现象，这会影响建筑工程整体质量。将BIM技术应用到建筑设计中，可以提高建筑整体质量，这不仅体现在建筑整体设计上，也体现在建筑细节设计上。通过对BIM技术的应用，能够为设计人员获取更加精准的数据模型。例如，保证走廊与楼梯道尺寸与设计标准项目。此外，BIM技术在应用时具有协调性，能够让相关人员获取精准的动态信息，若发现异常，可以通过BIM技术得到数据信息，完成调整工作。同时，加强与施工人员的配合，在加强不同部门之间沟通协作的基础上，提高建筑设计水平。

（二）提升建筑整体质量

将BIM技术应用在建筑设计中，能够提升建筑整体质量，BIM技术具有较高的应用优势，可以使建筑设计人员和施工人员都能精准地感受建筑情况，对建筑出现的各种质量问题加以控制，同时依据建筑施工具体情况进行适当调整。建筑设计人员在对BIM技术进行应用时，一方面要注重建筑整体结构，另一方面要对建筑中的各项细节内容进行优化，让建筑设计与施工可以合理结合，为建筑提供精准数据。将BIM技术应用在建筑设计中，能够实现对建筑建设整体流程的合理模拟，从而及时发现安全隐患，降低风险。

三、BIM在设计质量中的应用

（一）提高设计图纸的可施工性

建筑设计采用传统方式会涉及很多内容，如建筑、机械、结构等。这就导致建筑设计时会发生各种不同类型的冲突，多种冲突在短时间内无法被协调控制。在现阶段进行建筑设计，合理应用BIM模型，要对建筑的不同系统空间进行协调控制，从而实现对设计实践的合理控制，针对设计中存在的各种错误内容采取集中方式控制，消除BIM技术在应用时出现的各种问题。从我国建筑行业的整体发展情况来看，在多数情况下建筑设计人员与施工人员在日常工作中的交流较少，这就导致许多建筑设计人员缺少建筑施工经验。因此，在建筑设计时，经常会忽视建筑施工中遇到的各种问题，从而增加了施工难度，部分施工人员无法严格依据施工设计规定进行施工。然而，将BIM技术应

用到建筑设计中，可以提高设计图纸的可施工性。

（二）设计复杂建筑形体

将 BIM 技术应用在设计复杂建筑形体中意义重大。在设计复杂建筑形体时合理应用 BIM 技术，能够实现对复杂建筑形体中各项数据的合理整合，针对建筑工程中各项多维曲线进行适当设计，从而实现对复杂建筑形体设计成果的全面展示。通过 BIM 技术，对建筑设计进行分析，可以充分体现现代建筑发展优势：一方面能够准确展示真实的建筑构思，另一方面可以充分体现建筑设计在具体应用时的成效。通过 BIM 技术，能够将复杂性较高的内容合理融入三维结构与不同单元中，合理设计建筑模块，集中控制建筑设计中存在的各种问题。

（三）不同专业间的相互协同设计

建筑设计不仅是一项对技术要求较高的工作，而且各项工作的开展十分复杂。在建筑设计时，不同专业间会涉及大量的信息交换、反提资、提资等各种问题。建筑设计中采用的传统 CAD 平台，多数是通过多项技术相互合作实现的，这会导致在建筑设计时，经常会出现各种遗漏问题，造成对建筑最终设计成效的不良影响，最终导致建设的建筑无法满足应用需求。然而，在建筑设计时采用 BIM 技术，即以三维技术为基础，能够确保不同专业部门设计时能够相互协调，保证设计的合理性、平稳性。相关部门的工作人员在开展工作期间，能够从建筑信息模型中获取精准、完整的信息，从而实现对建筑设计中各项数据冗余、错误情况的控制。

（四）设计施工图

建筑建模时要注重对建模步骤的分析，对建筑中的平板、横梁、柱子等各项组件的应用情况加以判断。在完成上述作业后，以参数为基础，对建筑施工图进行准确标记，对建筑中采用的各种组件进行制造与生产。在进行各项组件的创建时，要采用平面法，设计图标图集，构建对应文件，然后组建信息与标签，实现对多项信息内容的合理调控。需要特别注意的是，为了确保 BIM 技术中各项参数与实际现状能够对应，在完成混凝土结构模型与各类文件构建之后，要应用混凝土结构模型软件，针对建筑情况，构建满足建筑需求的楼板、柱子、梁板图纸等各项内容。BIM 技术在建筑设计中主要是以三维模型为基础，同时利用二维抽象符号及线条进行集中表达。这两种信息显示方式之间没有直接冲突，可以相互结合，使表达更加清晰合理。将 BIM 技术应用在建筑结构中构建施工图，能够实现各项参数的集中，这也是优化图形与 BIM 技术的一种合理方法。

（五）BIM 技术在设计效果审核中的应用

现代建筑工程规模不断扩大，结构更加复杂，采用 BIM 技术对于提高建筑审核来说意义重大。在建筑动态化设计期间，合理应用 BIM 技术，能够在建筑现场管理中全面掌握建筑建设的整体进度，以及对建筑施工阶段站点的合理建模与动态监控。在建筑设计期间，完成模型建立后，要分析设计构建现状，完成各项任务。同时，在设计效果审核中对 BIM 技术进行应用，通过合理方式处理各项数据，在确保建筑质量的基础上，加快建设脚步。

第四章　施工质量管理

第一节　施工质量管理体系

一、ISO 9000 系列国际标准介绍

1. ISO 机构简介

ISO 是目前世界上最大的国际标准化机构，属于非政府性国际组织，总部设在瑞士的日内瓦。ISO 机构的宗旨是“在世界上促进标准化及其有关活动的发展，以便于国际物资交流和服务，并发展在知识、科学、技术和经济领域中的合作。”

2. ISO 9000 族标准的产生背景

第二次世界大战期间，因战争扩大所需武器量急剧膨胀，美国军火商面临着如何既要扩大生产量，又要保证产品品质的双重问题。

一方面，美国国防部组织大型企业的技术人员编写技术标准文件，开设培训班，对来自其他相关机械工厂的员工进行训练，把“专用技术”迅速“复制”到其他机械工厂，从而有效地解决了武器生产的“量”的问题。

另一方面，武器装备的复杂程度已不能仅靠事后检验去把关，因此采购军品，顾客不仅提出了产品质量特性要求，而且提出了对生产厂家的质量保证体系和生产过程的质控要求。于是 1959 年，美国军方率先发布了《质量大纲要求》（MIL-Q-9858A）和一系列对生产武器和承包商（供应商）评定的质量保证标准，从而有效地解决了武器生产的“质”的问题。

20 世纪 70 年代初，美国军品生产方面的质量保证活动的成功经验，很快传播到民用产品生产领域和其他发达国家。英国标准协会（British Standards Institution，BSI）率先开展了单独的品质保证体系的认证业务，从而使品质保证活动由第二方审核（顾客）发展到第三方认证。

鉴于取得的良好效果，在 1979 年向 ISO 提交了一项建议。ISO 当年就决定成立“品质保证委员会”，从而导致“ISO 9000 族”标准的诞生。

3. ISO 9000 族标准的发展

自 1986 年开始，ISO 为解决标准使用过程中出现的问题并考虑标准未来的发展，充分满足顾客的需求，不断推陈出新，在第一个版本的基础上，进行了四次修订，共计五个版本，分别为：ISO 9000:1987 版系列标准、ISO 9000:1994 版系列标准、ISO 9000:2000 版系列标准、ISO 9000:2008 版系列标准、ISO 9000:2015 版系列标准。

4. ISO 9000:2015 版系列标准介绍

相比之前的版本，ISO 9001:2015 版系列标准的重要变化包括：①更加强调构建与各个组织特定需求相适应的管理体系，强调个性化；②要求组织中的高层积极参与并承担责任，使质量管理与更广泛的业务战略保持一致；③对标准进行基于风险的通盘考虑，使整个管理体系成为预防工具并鼓励持续改进；④对文档化的规范要求简化，组织现在可以决定其所需的文档化信息及应当采用的文档格式；⑤通过使用通用结构和核心文本与其他主要管理体系标准保持一致；⑥质量管理原则由原先的八项改为七项。

ISO 9000 系列标准主要包括 ISO 9000（质量管理体系：基础和术语）标准、ISO 9001（质量管理体系：要求）标准、ISO 9004（质量管理体系：业绩改进指南）标准和 ISO 19011（管理体系审核指南）标准。ISO 9001 是 ISO 发布的质量管理体系国际标准中最核心的标准，正处于修订阶段的 2025 版有待于正式发布。

我国从 1992 年开始等同采用（idt）ISO 9000 系列各项标准，形成 GB/T 19000 系列标准。

5. ISO 9001:2015（质量管理体系：要求）概述

（1）质量管理体系的设计

采用质量管理体系应该是组织的一项战略性决策。一个健全的质量管理体系可以帮助组织提高集体绩效，是可持续发展计划中不可分割的组成部分。对于组织的具体目标、背景和与目标相关的风险、顾客及其他利益相关方的需求和期望、所提供的产品和服务、采用的过程及其相互作用的复杂程度、人员或代表组织工作的人员能力、组织规模和组织结构，会受组织背景及其背景变化的影响。组织背景可以概括为组织文化的内部因素和社会经济条件下组织运作的外部因素。

（2）过程方法

当活动被理解和作为一个连贯系统功能相互关联的过程管理时，可以实现更有效的一致性和可预测的结果。鼓励在建立、实施质量管理体系及改进其有效性时采用过程方法，通过满足顾客需求来增强顾客满意。

过程方法运用系统的定义和过程管理及其相互作用，以期实现与组织的质量方针和战略方向一致的预期结果。管理流程和系统作为一个主体可以通过使用“策划—实施—检查—处置”（PDCA 方法）与全面关注“基于风险的思维”，达到防止出现不良结果。

在质量管理体系中应用过程方法时，应确保以下事项：理解和不断满足要求，从增值的角度来考虑过程，获得有效的过程绩效和在数据和信息分析的基础上改进过程。

图 4-1 为 ISO 9001 标准第 4 章至第 10 章中所提出的过程联系。图 4-1 反映了在规定组织需要满足其质量管理体系各个阶段的输入要求时，顾客所起的重要作用。此外，其他利益相关方的需求和期望也起着一定的作用。对顾客满意的监测，要求组织对顾客关于组织是否已满足其要求的感受的信息进行评价。图 4-1 虽然覆盖了 ISO 9001 的所有要求，但却未详细反映单个过程。各个过程和此体系作为一个整体，可以使用 PDCA 方法进行管理。

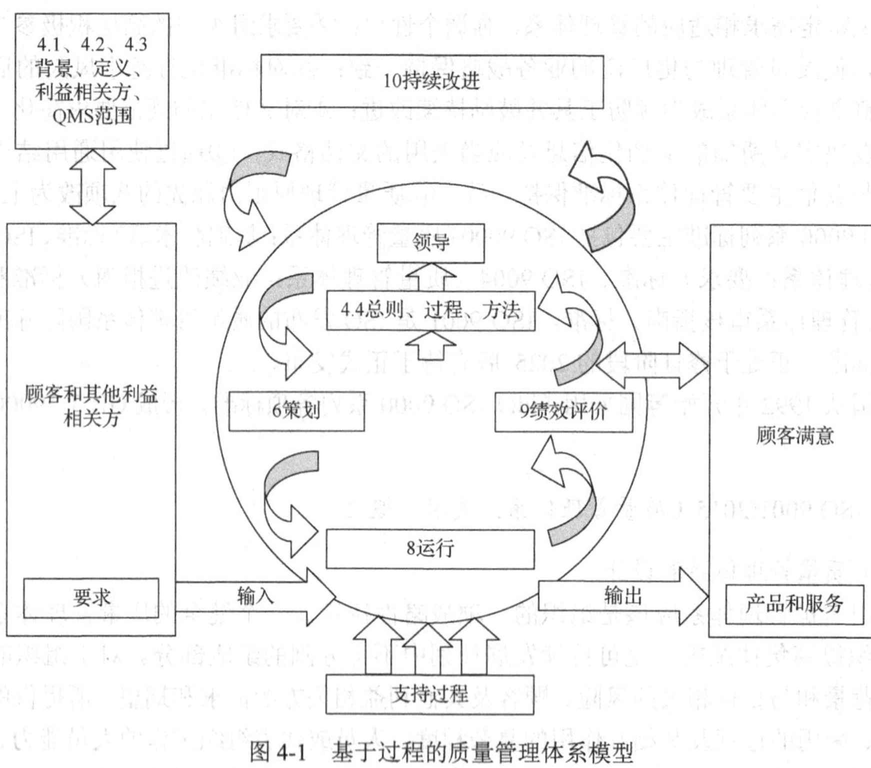

图 4-1　基于过程的质量管理体系模型

（3）PDCA 循环

PDCA 方法可适用于所有过程和作为一个整体的质量管理体系。ISO 9001:2015 的条款大致遵循的 PDCA 循环可简述如下：P-策划，根据顾客的要求和组织的方针，为提供结果建立体系目标及其组成过程和所需的资源；D-实施，实施策划的过程；C-检查，根据方针、目标和要求，对过程和产品及服务的结果进行监视和在有需要的地方测量，并报告结果；A-处置，必要时采取措施改进过程绩效。图 4-2 示意性地展示了质量管理体系内单个过程如何使用 PDCA 循环进行管理。

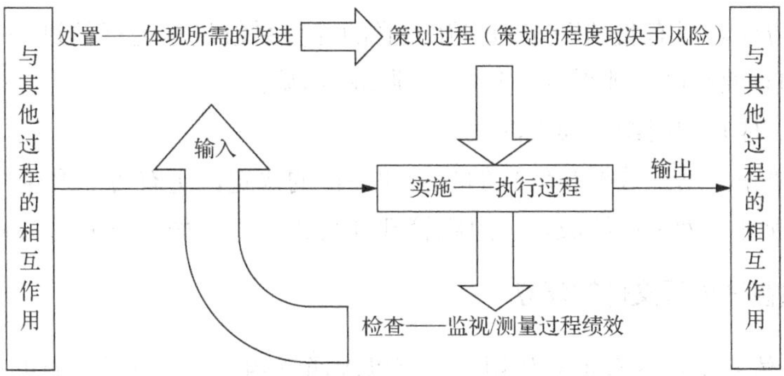

图 4-2　质量管理体系内单个过程的示意图

（4）基于风险的思维

风险是指不确定性对预期结果的影响。“基于风险的思维”观念一直隐含在 ISO 9001 中，且该思维更明确，并使建立、实施、保持和持续改进质量管理体系的要求具体化。组织可以选择开发一个比 ISO 9000 要求更广泛的基于风险的方法，且 ISO 31000《风险管理：原则与指南》标准提供了可以适合特定组织环境的正式风险管理指导方针。

并不是所有质量管理体系的过程都代表相同的风险水平，根据组织的能力实现其目标、过程、结果、产品、服务或体系不合格对所有组织都是不一样的。对于一些组织，交付不合格产品和服务的后果可能相对较轻，如给顾客带来暂时的不便，但对于另外一些组织，这种后果可能是深远的、致命的。

因此，在考虑风险的定性和依靠组织背景的定量时，需考虑质量管理体系及其他过程和活动因素。

（5）与其他管理体系标准的相容性

ISO 9001 系列标准采用“高层次结构”（条款顺序常见的文本和常见的术语由 ISO 制定），以提高管理体系在国标标准中的一致性。

ISO 9001 系列标准不包括其他管理体系，如环境管理、职业健康与安全管理或财务管理的特定要求；然而，ISO 9001 系列标准使组织能够使用过程方法，PDCA 方法和基于风险的思维协调或整合自身的质量管理体系与其他管理体系标准的要求是相互适合的。

二、七大质量管理原则

为了确保质量目标的实现，ISO 9000 系列标准明确了以下七项质量管理原则。

1）以顾客为关注焦点。质量管理的关注焦点是满足顾客要求且努力超越顾客期望。

2）领导作用。各级领导建立统一的宗旨和方向，并创造全员积极参与的环境，以实现组织的质量目标。

3）全员参与。在整个组织内各级人员的胜任、被授权和积极参与是提高组织创造和提供价值能力的必要条件。

4）过程方法。只有将活动作为相互关联的连贯系统进行运行的过程来理解和管理时，才能更加有效和高效地得到一致、可预知的结果。

5）改进。成功的组织持续关注改进。

6）循证决策。基于数据和信息的分析和评价的决定，更有可能产生期望的结果。

7）关系管理。为了持续成功，组织管理其与相关方（如供方）的关系。

三、企业质量管理体系文件的建立

质量管理体系文件具有重要作用，它可以沟通意图、统一行动，有助于保证各项活动的重复性和可追溯性，并提供产品符合要求、过程管理规范的客观证据，因此“成文信息（即形成文件的信息）”是质量管理体系建立和实施的重要基础。

为增强组织的自主性和灵活性，相对以往的版本，2015 版 ISO 9001 系列标准进一步弱化了文件编写的强制要求，文件的多少、详略程度可以由组织结合自身的特点决定，以过程受控和满足需求为标准。

一般来说，质量管理体系文件包括质量手册（含质量方针、质量目标）、程序文件、作业指导书三个层次（非标准规定要求）。

1. 质量手册

质量手册是对组织质量管理体系进行总体描述的文件。对内，可以规范质量管理体系的总体活动安排和过程接口职能分工等；对外，可以显示质量管理体系的存在，让人们初步了解组织的质量保障能力。质量手册的内容通常包含质量方针、质量目标、有关术语、组织概况及质量管理体系覆盖的范围、主要过程职责权限分配、相关记录要求等。

2. 程序文件

程序是为进行某项活动或过程所规定的途径，包含程序的文件称为程序文件。程序文件是质量管理体系标准的叫法，在 ISO 9001:2015 标准中已经取消这个说法，而变成更加概括性的“文件化信息”。程序文件通常包括活动的目的、范围、职责权限、工作程序、相关文件、记录、附录等。

3. 作业指导书

作业指导书是指导一个具体过程或活动如何实施的文件，是程序文件的细化和补充，主要用于阐明具体的工作方法和要求（如工艺标准检验规程图纸、样板等），其内容通常包括作业的名称、作业的资源条件、作业的标准、作业的方法与步骤、作业的管理要点与注意事项、安全环保要求及应急准备与响应等。

质量管理体系文件编制过程，既是落实标准要求的过程，也是对原有活动进行规范和完善的过程，因此，对组织来说是一个重要的增值过程。

四、建筑业企业质量管理体系的实施

质量管理体系文件编制完成后，质量管理体系的各项活动可按如下步骤在整个组织内系统有序地展开。

1）实施准备。包括宣贯培训和资源准备。要使全体员工知道组织的质量方针、目标，明确自己的岗位职责及工作要求；同时，要检查质量管理体系运行所需的资源，如质量管理体系文件及记录表是否发放到位、人力资源配备是否能够胜任部门/岗位职责要求、基础设备设施的运行能力是否稳定、工作环境是否满足过程要求等。有些企业为了保证质量管理体系运行成功，还会在文件编制完成后进行一段试运行，为正式实施质量管理体系做准备。

2）贯彻实施。它是指正式发布质量管理体系，按策划形成的管理制度、程序等，系统地开展组织的质量管理活动。此阶段的重点是运行控制，组织要严格执行体系的各项规范要求，并按照 PDCA 模式做好监测和测量工作，注意收集质量管理体系符合性、有效性的证据，遇到问题要及时采取改进措施，使质量管理体系的各项活动协调进行，保证质量目标的实现。

3）质量管理体系的评价及持续改进。质量管理体系的运行效果，可通过顾客满意程度、测量产品和服务过程中符合要求的情况及过程受控情况等来衡量；同时，要通过质量管理体系内部审核、管理评审对质量管理体系进行全面、系统的评价，以促进其持续地满足要求，并得到不断改进。

① 质量管理体系内部审核，是在质量管理体系运行的一定阶段，对质量管理体系的适用性、符合性和有效性进行检查。

② 管理评审由最高管理者主持，各职能部门领导参加，针对质量管理体系有关方面的信息进行分析评审，对质量管理体系持续的适宜性、充分性和有效性进行评价的管理活动。管理评审和内部审核是质量管理体系重要的持续改进机制，针对内部审核和管理评审识别出的问题和改进空间，组织均须制订计划，采取相应措施，对质量管理体系实施改进，并对改进效果进行跟踪，确保质量管理体系持续的适宜性、充分性和有效性。

五、企业质量管理体系的认证

质量管理体系由公正的第三方认证机构，依据质量管理体系的要求和标准，审核企业质量管理体系要求的符合性和实施的有效性，并进行独立、客观、科学、公正的评价，从而得出结论。质量管理体系的认证应按申请、审核、审批与注册发证等程序进行。

六、施工质量管理流程

质量管理工作流程如图 4-3 所示。

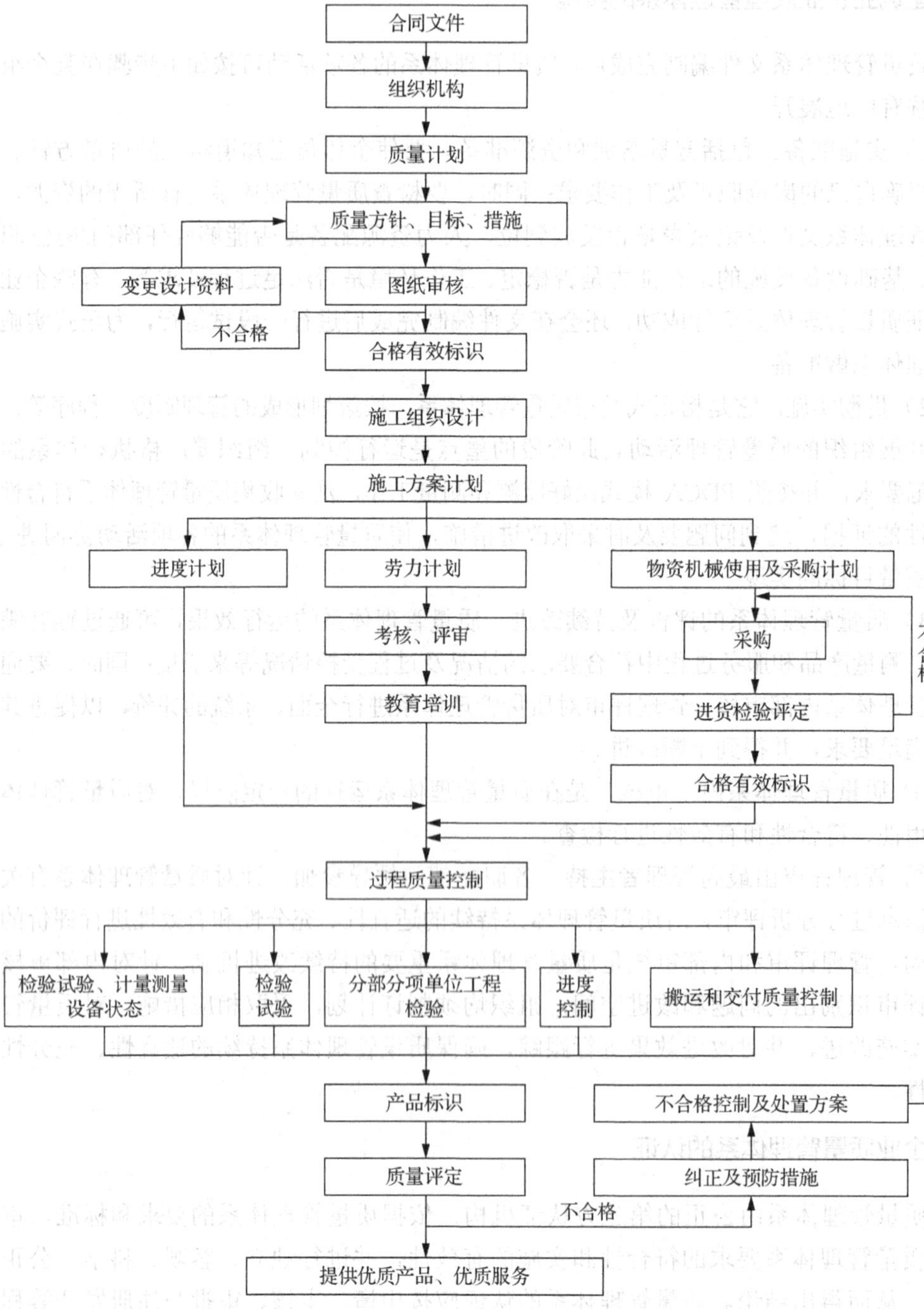

图 4-3　质量管理工作流程图

第二节　建设工程项目施工质量影响因素分析

生产要素是建设工程项目施工质量形成的物质基础，其质量的含义包括：作为劳动主体的施工人员，即直接参与施工的管理者、作业者的素质及其组织效果；作为劳动对象的建筑材料、半成品、工程设备等的质量；作为劳动方法的施工工艺及技术措施的水平；作为劳动手段的施工机械、设备、工具、模具等的技术性能，以及施工环境，如现场水文、地质、气象等自然环境，通风、照明、安全防护设施等作业环境及协调配合的管理环境。

一、人的因素

施工人员的质量包括参与工程施工的各类人员的施工技能、文化素养、生理体能、心理行为等方面的个体素质，以及经过合理组织和激励发挥个体潜能综合形成的群体素质。因此，企业应通过择优录用、加强思想教育及技能方面的教育培训，合理组织、严格考核并辅以必要的激励机制，使企业员工的潜在能力得到充分的发挥和最好的组合，使施工人员在质量控制系统中发挥主体自控作用。

二、机械的因素

施工机械是指施工过程中使用的各类机械设备，包括起重运输设备、人货两用电梯、加工机械、操作工具、测量仪器、计量器具及专用工具、施工安全设施等。施工机械设备是所有施工方案和施工方法得以实施的重要物质基础，合理选择和正确使用施工机械设备是保证施工质量的重要措施。

三、材料的因素

建筑材料、半成品及工程设备是工程实体的构成部分，其质量是建设工程项目实体质量的基础。加强原材料、半成品及工程设备的质量控制，不仅是提高建设工程质量的必要条件，也是实现建设工程项目投资目标和进度目标的前提。

四、施工方法的因素

施工工艺的先进合理是直接影响工程质量、工程进度及工程造价的关键因素，施工工艺的合理可靠也直接影响施工安全。因此，在工程项目质量控制系统中，制定和采用技术先进、经济合理、安全可靠的施工工艺方案，是工程质量控制的重要环节。

五、环境的因素

环境因素主要包括施工现场自然环境、施工质量管理环境和施工作业环境等。环境因素对工程质量的影响，具有复杂多变和不确定性的特点。要减少其对施工质量的不利影响，应采取预防风险控制的方法。

1. 对施工现场自然环境因素的控制

对地质、水文等影响因素，应根据设计要求，分析工程岩土地质资料，预测不利因素，并会同设计等方面制定相应的措施，如基坑降水、排水、加固围护等技术方案。

对气象方面的影响因素，应在施工方案中制订专项紧急预案，明确在不利条件下的施工措施，落实人员、器材等方面的准备，加强施工过程中的监控与预警。

2. 对施工质量管理环境因素的控制

施工质量管理环境因素是指建筑业企业质量保证体系、质量管理制度和各参建单位之间的协调等。要根据工程承发包的合同结构，理顺管理关系，建立统一的现场施工组织系统和质量管理的综合运行机制，确保质量保证体系处于良好状态，创造良好的质量管理环境和氛围，使施工顺利进行，保证施工质量。

3. 对施工作业环境因素的控制

施工作业环境因素是指施工现场的给水排水条件，各种能源介质供应，施工照明、通风、安全防护设施、施工场地空间条件和通道，以及交通运输和道路条件等。要认真实施经过审批的施工组织设计和施工方案，落实保证措施，严格执行相关管理制度和施工纪律，保证上述环境条件良好，使施工顺利进行且施工质量得到保证。

六、实测实量的因素

建设工程实测实量是根据相关质量验收规范，在项目发展的各个阶段，如地基与基础、主体结构、砌筑抹灰和精装修阶段，应用回弹仪、水平尺、游标卡尺、空鼓槌及各种光学仪器等测量工具经过实地勘测，得到能真实反映产品质量的数据，把建设工程质量数据误差控制在国家规范允许范围内的一种方法。

1）制度因素。为保证实测实量过程控制的有效性，需根据项目实际情况制定完善的实测实量制度标准及组织体系，严格控制操作流程，定岗定责，将标准要求落到实处。

2）设备因素。为确保测量数据的有效性，加强实测实量过程控制，应配置完备的专业检测仪器。

3）组织因素。首先，制定实测实量细则，对技术交底、施工材料进场、现场砌体、抹灰、水电安装等阶段分别作出详细方案。然后，在实测实量过程中对所有检测的构件或部位进行编号，检测完成后工作小组组织会议分析结果，并根据结果制订整改方案，明确整改时间。

4）过程控制严格。现场工序繁多，对每道工序都应严格控制质量并进行实体检测，过程控制是实测实量质量控制工作的决定因素。例如，在砼结构中：①墙柱砼表面平整度偏差检测，即利用 2m 靠尺及塞尺，测量墙柱表面平整度，每次测量时靠尺一端应伸至墙柱顶部或者墙柱根部，对于大面积墙体中部存在模板“十”字交叉的，靠尺应通过模板“十”字交叉位置；②墙柱砼表面垂直度偏差检测，即利用 2m 靠尺，测量墙柱垂直度，每次测量时靠尺一端应伸至墙柱顶部或者墙柱根部等。

实测实量工作除了上述内容外，还应对工程施工材料等部分进行控制。为提高建筑施工质量，通过在施工过程中采取实测实量检查方式，须建立健全质量管理体系，改进质量控制方法，完善质量保证内容。重视过程前防范检查、过程中方法控制、过程后认真总结经验教训，促进工程质量的持续改进与提升。

第三节　施工准备阶段的质量控制

一、施工技术准备的主要工作质量控制

施工技术准备是指在正式开展施工作业活动前进行的技术准备工作。这类工作内容繁多，主要在室内进行。例如，熟悉施工图纸，组织设计交底和图纸审查；进行建设工程项目检查验收的项目划分和编号；审核相关质量文件，细化施工技术方案和施工人员、机具的配置方案，编制施工作业技术指导书，绘制各种施工详图（如测量放线图、大样图及配筋、配板、配线图表等），进行必要的技术交底和技术培训。如果施工准备工作出错，则会影响施工进度和作业质量，甚至直接导致质量事故的发生。

（一）图纸会审

建设单位、监理单位、施工单位等相关单位，在收到施工图审查机构审查合格的施工图设计文件后，在设计交底前应进行全面细致地审查施工图纸的活动。建设单位应及时主持召开图纸会审会议，组织项目监理机构、施工单位等相关人员进行图纸会审，并整理成图纸会审问题清单，由建设单位在设计交底前在约定时间内提交设计单位。图纸会审由施工单位整理会议纪要，与会各方进行会签。

（二）设计交底

设计单位交付工程设计文件后，按法律规定的义务就工程设计文件的内容向建设单位、施工单位和监理单位做出详细说明。帮助施工单位和监理单位正确贯彻设计意图，加深对设计文件特点、难点、疑点的理解，掌握工程关键部位的质量要求，以确保工程质量。

在工程开工前，建设单位应组织并主持召开工程设计技术交底会。首先由设计单位进行设计交底，然后转入图纸会审问题解释，设计单位应对图纸会审问题清单予以解答。通过建设单位、设计单位、监理单位、施工单位及其他相关单位研究协商，确定图纸中存在的各种技术问题的解决方案。设计交底会议纪要由设计单位负责整理，与会各方进行会签。

（三）施工组织设计的编审

施工组织设计是施工单位在开工前以施工项目为对象编制的，用以指导施工的技术、经济和管理的综合性文件。开工前由项目负责人主持编制，施工单位技术负责人审批后，交由项目监理机构审查。当符合要求时，应由总监理工程师签认后报建设单位。施工单位按已批准的施工组织设计组织施工。

施工组织设计需要调整时，项目监理机构应按程序重新审查。

（四）施工方案

施工方案是以分部分项工程或专项工程为主要对象编制的施工技术与组织方案，用以具体指导其施工过程。主要内容包括：工程概况、施工安排、施工进度计划、施工准备与资源配置计划、施工方法及工艺要求等。

总监理工程师应组织专业监理工程师审查施工单位报审的施工方案，符合要求后予以签认。

二、施工现场准备的主要工作质量控制

（一）计量控制

计量控制是施工质量控制的一项重要基础工作。施工过程中的计量，包括施工生产时的投料计量、施工测量、监测计量，以及对项目、产品或过程的测试、检验、分析计量等。开工前要建立和完善施工现场计量管理的规章制度；明确计量控制责任者和配置必要的计量人员；严格按规定对计量器具进行维修和校验；统一计量单位，组织量值传递，保证量值统一，从而保证施工过程中计量的准确。

另外，施工单位还有一些用于现场计量的设备，包括施工中使用的衡器、量具、计量装置等。施工单位应按有关规定定期对计量设备进行检查、检定，确保计量设备的精确性和可靠性。专业监理工程师应定期审查施工单位提交的影响工程质量的计量设备的检查和检定报告。

（二）测量控制

工程测量放线是建设工程产品由设计转化为实物的第一步。工程测量质量的好坏，直接决定工程定位和标高是否正确，并制约施工过程中有关工序的质量。因此，施工

单位在开工前应编制测量控制方案，经项目技术负责人批准后实施。要对建设单位提供的原始坐标点、基准线和水准点等测量控制点进行复核，并将复核结果上报监理工程师，经审核批准后，施工单位才能建立施工测量控制网，并进行工程定位和标高基准的控制。

监理工程师在进行查验施工控制测量成果时，检查、复核的内容包括：施工单位测量人员的资格证书及测量设备检定证书；施工平面控制网、高程控制网和临时水准点的测量成果及控制桩的保护措施等，还应审查施工单位的测量依据、测量人员资格和测量成果是否符合规范及标准要求，对符合要求的，应予以签认。

（三）施工平面图控制

建设单位应按合同约定充分考虑施工的实际需要，事先划定并提供施工用地和现场临时设施用地的范围，协调平衡和审查批准各施工单位的施工平面设计。施工单位要严格批准施工平面布置图，科学合理地使用施工场地，正确安装设置施工机械设备和临时设施，维护现场施工道路畅通无阻和通信设施完好，合理控制材料的进场与堆放，保持良好的防洪排水能力，保证充分的给水和供电。建设（监理）单位应会同施工单位制定严格的施工场地管理制度、施工纪律和相应的奖惩措施，严禁乱占场地和擅自断水、断电、断路，及时制止和处理各种违纪行为，并做好施工现场的质量检查记录。

（四）建立健全施工现场质量管理制度

工程开工前，项目监理机构应审查施工单位现场的质量管理组织机构、管理制度及专职管理人员和特种作业人员的资格，主要内容包括：项目部质量管理体系；现场质量责任制；主要专业工种操作岗位证书；分包单位管理制度；图纸会审记录；地质勘察资料；施工技术标准；施工组织设计、施工方案编制及审批；物资采购管理制度；施工设施和机械设备管理制度；计量设备配备；检测试验管理制度；工程质量检查验收制度等。

（五）分包单位的选择

施工单位应严格按照要求选择合适的分包商，并在分包工程开工前，将分包单位资格及有关资料报送项目监理机构。报送内容主要包括：①营业执照、企业资质等级证书；②安全生产许可文件；③类似工程业绩；④专职管理人员和特种作业人员的资格。

（六）施工试验室

专业监理工程师还应检查施工单位为本工程提供服务的试验室。试验室的检查应包括下列内容：①试验室的资质等级及试验范围；②法定计量部门对试验设备出具的计量检定证明；③试验室管理制度；④试验人员资格证书。

根据有关规定，为工程提供服务的试验室应具有政府主管部门认定的资质等级证书及相应的试验范围。试验室的资质等级和试验范围必须满足工程需要；试验设备应由法定计量部门出具符合规定要求的计量检定证明；试验室还应具有相关管理制度，以保证试验、检测过程和结果的规范性、准确性、有效性、可靠性及可追溯性，试验室管理制度应包括试验人员工作记录、人员考核及培训制度、资料管理制度、原始记录管理制度、试验检测报告管理制度、样品管理制度、仪器设备管理制度、安全环保管理制度、外委试验管理制度、对比试验，以及能力考核管理制度、施工现场（搅拌站）试验管理制度、检查评比制度、工作会议制度及报表制度等。从事试验、检测工作的人员应按规定具备相应的上岗资格证书。专业监理工程师应对以上制度逐一进行检查，符合要求后予以签认。

（七）工程材料、构配件、设备的质量控制

1. 工程材料、构配件、设备质量控制的基本内容

项目监理机构收到施工单位报送的工程材料、构配件、设备报审表后，应审查施工单位报送的用于工程的材料、构配件、设备的质量证明文件，并按有关规定及建设监理合同的约定，对用于工程的材料进行见证取样。用于工程的材料、构配件、设备的质量证明文件，包括出厂合格证、质量检验报告、性能检测报告及施工单位的质量抽检报告等。对于工程设备应同时附有设备出厂合格证、技术说明书、质量检验证明、有关图纸、配件清单及技术资料等。对于已进场但经检验不合格的工程材料、构配件、设备等，应要求施工单位限期将其撤出施工现场。

2. 工程材料、构配件、设备质量控制的要点

1）对用于工程的材料，在材料进场时应由专业监理工程师核查厂家生产许可证、出厂合格证、材质化验单及性能检测报告，对于审查不合格者一律不准用于工程。专业监理工程师应参与建设单位组织的对施工单位负责采购的原材料、半成品、构配件的考察，并提出考察意见。对于半成品、构配件和设备，应按经过审批认可的设计文件和图纸要求采购订货，质量应满足有关标准和设计的要求。对于某些材料，如瓷砖等装饰材料，应要求订货时最好一次性备足货源，以免由于分批次采购而出现色泽不一等质量问题。

2）在现场配制的材料，施工单位应进行级配设计与配合比试验，试验合格后才能使用。

3）对于进口材料、构配件和设备，专业监理工程师应要求施工单位报送进口商检证明文件，并会同建设单位、施工单位、供货单位等相关单位有关人员按合同约定进行联合检查验收。联合检查由施工单位提出申请，项目监理机构组织，建设单位主持。

4）除了工程采用新设备、新材料外，还应核查相关部门鉴定证书或工程应用证明材料、实地考察报告或专题论证材料。

5）原材料、半成品、构配件进场时，专业监理工程师应检查其尺寸、规格、型号、产品标志、包装等外观质量，并判定其是否符合设计、规范、合同等要求。

6）工程设备验收前，设备安装单位应提交设备验收方案，包括验收方法、质量标准、验收依据等，经专业监理工程师审查同意后实施。

7）对进场的设备，专业监理工程师应会同设备安装单位、供货单位等有关人员进行开箱检验，检查其是否符合设计文件、合同文件和规范等所规定的厂家、型号、规格、数量、技术参数等，检查设备图纸、说明书、配件是否齐全。

8）由建设单位采购的主要设备则由建设单位、施工单位、项目监理机构进行开箱检查，并由三方在开箱检查记录上签字。

9）质量合格的原材料、构配件进场后，到其使用或安装时通常要经过一定的时间间隔。在此期间，专业监理工程师应对施工单位在原材料、半成品、构配件的存放、保管及使用期限实行监控。

（八）工程开工的条件

1）设计交底和图纸会审已完成。

2）施工组织设计已由总监理工程师签认。

3）施工单位现场质量、安全生产管理体系已建立，管理及施工人员已到位，施工机械具备使用条件，主要工程材料已落实。

4）现场道路及水、电、通信等已满足开工要求。

在完成上述工作的基础上，施工单位应按照《建设工程监理规范》的要求填写开工报审表及相关资料，报送项目监理机构审查。总监理工程师应组织专业监理工程师审查，同时具备要求条件的，应由总监理工程师签署审查意见，并报建设单位批准后，总监理工程师签发工程开工令。施工单位应在开工日期后尽快施工。

三、BIM 介入的施工准备的工作质量控制

随着建筑业的快速发展，企业对于建筑项目的管理要求也越来越高。过去，建筑业过多的关注成本管理和进度管理而忽视了质量管理，直接导致建筑质量管理水平落后。同时，由于建筑业自身的特点，使得建筑工程项目的管理水平，尤其是质量管理水平也与其他工业部门相比有较大差距，其中很重要的原因是质量管理信息化水平低。因此，在工程项目质量管理中引入信息技术尤为重要。

基于BIM技术项目质量管理是指基于BIM模型对项目质量实施情况的监督和管理。这项工作的主要内容包括项目质量实际情况的度量、项目质量实际与项目质量标准的比较、项目质量误差与问题的确认、项目质量问题的原因分析和采取纠偏措施以消除项目质量差距与问题等一系列活动。

（一）BIM 在图纸会审管理中的应用

在质量管理工作中，图纸会审是常用的一种施工质量预控手段。图纸会审是指施工方在收到施工图设计文件后，在进行设计交底前，对施工图设计文件进行全面而细致地审核工作。其基本目的是：将图纸中可能引发质量问题的设计错误、设计问题在施工开始前予以暴露、发现，以便及时进行变更和优化，从而确保工程项目的施工质量。在传统工作模式下，图纸会审工作中存在以下困难。

1. 查找错误较为困难

传统工作模式是基于二维图纸和纸质记录文件进行图纸会审工作的。随着我国社会经济水平的发展，大型、综合、超高层的工程项目日益增多。现代工程项目涉及的图纸文件数量多、图幅大，一些复杂的施工节点往往需要更多的图纸文件才能表达清晰。这种现状增加了图纸会审工作的难度，对图纸会审工作提出了更高的要求。

2. 沟通较为困难

传统工作模式下，工程项目的各参与方之间就图纸中的问题进行沟通也会存在诸多问题。例如，施工方同其他参与方进行图纸沟通时，需要让其他参与方先对大量的二维图纸进行理解后再进行沟通，耗时耗力。同时，二维图纸中的信息存在不完整和不关联性，这种现状增加了施工过程中不可预见的技术风险和成本风险。

BIM 模型的绘制过程就是在计算机环境下，对工程项目进行虚拟建造的过程。因此，必须把图纸读全、读透，才能确保 BIM 模型的精确性。同时，一些在施工过程中才能发现的图纸问题，可能在模型的绘制过程中就能得以暴露。可见，采用 BIM 技术进行图纸会审工作，能够把图纸中的问题在施工开始前就予以暴露、发现，可以显著提升图纸会审工作的质量和效率。因此，传统工作模式下很多施工难度大的区域，如果仅仅依据二维图纸，没有将相互关联的图纸读全，则很难发现其中的施工难度。

采用 BIM 技术，在模型的绘制过程中结合技术人员、施工人员的施工经验，可以很容易地发现这些施工难度大的区域，在提前做好相应策划工作的同时，彻底改变传统工作模式下的弊端。

此外，BIM 模型绘制完成后，借助虚拟漫游功能，工程项目的各参与方可以在计算机环境下，对工程项目中不符合规范要求、不合理的区域进行整体的审核、协商、变更。在提升图纸会审工作质量和效率的同时，显著降低了各参与方之间的沟通难度。图纸会审管理 BIM 应用方案如图 4-4 所示。

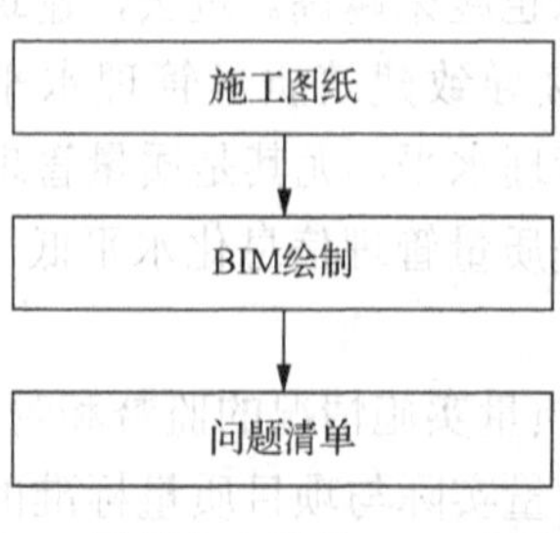

图 4-4　图纸会审管理 BIM 应用方案

（二）专项施工方案模拟 BIM 应用方案

工程项目施工前进行专项施工方案的模拟及优化能起到准确的指导作用，合理的专项施工方案使项目规划具有可实施性和高细致程度的基础。随着社会的发展，现代工程项目中常常会使用一些新材料和新工艺，但是工程项目的技术人员和施工人员并不知道如何使用这些新材料和新工艺，传统模式的工程项目主要依靠二维图纸及一些必要的文字来编制工程项目的专项施工方案，很难将新材料和新工艺的使用步骤和工序介绍清楚，施工人员和技术人员理解起来也非常困难。然而，使用 BIM 技术的工程项目在进行专项施工方案的模拟时，会针对不同材料的特性，对施工步骤和需要注意的地方直观地表现出来，并在此基础上配有必要的文字，不仅大大增强了施工人员和设计人员对项目中材料使用的理解程度，而且使专项施工方案的实用性得到保障。专项施工方案模拟 BIM 应用方案如图 4-5 所示。

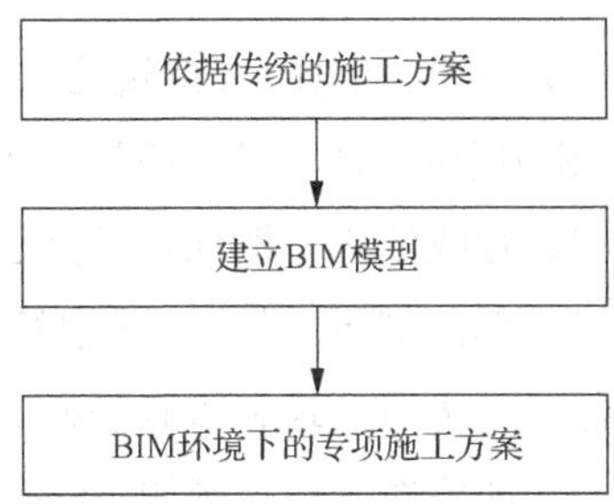

图 4-5　专项施工方案模拟 BIM 应用方案

在某工程中，对钢结构模拟如图 4-6 所示。

图 4-6　钢结构模拟

第四节　施工过程的质量控制

一、施工质量控制的依据

（一）勘察设计文件

工程勘察包括工程测量、工程地质和水文地质勘查等内容。工程勘察成果文件既是工程项目选址、工程设计和施工的科学可靠依据，又是项目监理机构审批工程施工组织设计或施工方案、工程地基基础验收等工程质量控制的重要依据。经过批准的设计图纸和技术说明书等设计文件，是质量控制的重要依据。施工图审查报告与审查批准书、施工过程中设计单位出具的工程变更设计都属于设计文件的范畴，是进行质量控制的重要依据。

（二）合同文件

合同文件包括建设单位与施工单位签订的施工承包合同、与材料设备供应单位签订的材料设备采购合同等。

（三）有关质量管理方面的法律法规、部门规章与规范性文件

1）法律。例如，《建筑法》、《中华人民共和国刑法》（以下简称《刑法》）、《中华人民共和国消防法》（以下简称《消防法》）等。

2）行政法规。例如，《建设工程质量管理条例》《民用建筑节能条例》等。

3）部门规章。例如，《建筑工程施工许可管理办法》《实施工程建设强制性标准监督规定》《房屋建筑和市政基础设施工程质量监督管理规定》等。

4）规范性文件。例如，《房屋建筑工程施工旁站监理管理办法（试行）》《建设工程质量责任主体和有关机构不良记录管理办法（试行）》等。

（四）质量标准与技术规范（规程）

质量标准与技术规范（规程）是针对不同行业、不同质量控制对象而制定的，包括各种有关的标准、规范或规程。根据适用性，标准分为国家标准、行业标准、地方标准和企业标准。它们既是建立和维护正常生产和工作秩序应遵守的准则，又是衡量工程、设备和材料质量的尺度。对于国内工程，国家标准是必须执行与遵守的最低要求，行业标准、地方标准和企业标准的要求不能低于国家标准的要求。企业标准是企业生产与工作的要求与规定，适用于企业的内部管理。

在工程建设国家标准与行业标准中，有些条文用粗体字表示，它们被称为工程建设强制性标准（条文），是指直接涉及工程质量、安全、卫生及环境保护等方面的工程建设标准强制性条文。国家规定，在中华人民共和国境内从事新建、扩建、改建等工程建设活动，必须执行工程建设强制性标准。工程质量监督机构对工程建设施工、监理、验收等执行强制性标准的情况实施监督，项目监理机构在质量控制中不得违反工程建设标准强制性条文的规定。质量控制依据的质量标准与技术规范（规程）主要有以下几类。

1. 建设工程项目施工质量验收标准

这类标准主要由国家或部门统一制定的，用以作为检验和验收工程项目质量水平所

依据的技术法规性文件。例如，《建筑工程施工质量验收统一标准》（GB 50300—2013）、《混凝土结构工程施工质量验收规范》（GB 50204—2015）、《建筑装饰装修工程质量验收规范》（GB 50210—2018）等。对于其他行业（如水利、电力、交通等工程项目）的质量验收，也有与之类似的相应质量验收标准。

2. 有关工程材料、半成品和构配件质量控制方面的专门技术法规性依据

1）有关材料及其制品质量的技术标准。例如，水泥、木材及其制品、钢材、砌块、石材、石灰、砂、玻璃、陶瓷及其制品；涂料、保温及吸声材料、防水材料、塑料制品；建筑五金、电缆电线、绝缘材料及其他材料或制品的质量标准。

2）有关材料或半成品等的取样、试验等方面的技术标准或规程。例如，木材的物理力学试验方法、钢材的机械及工艺试验取样法、水泥安定性检验方法等。

3）有关材料验收、包装、标志方面的技术标准和规定。例如，型钢的验收、包装、标志及质量证明书的一般规定；钢管的验收、包装、标志及质量证明书的一般规定等。

3. 控制施工作业活动质量的技术规程

例如，电焊施工操作规程、塔吊操作规程、砌体操作规程等。它们是为了保证施工作业活动质量在作业过程中应遵照执行的技术规程。

凡采用新工艺、新技术、新材料的工程，事先应进行试验，并应取得权威技术部门的技术鉴定书及有关的质量数据、指标，在此基础上制定相应的质量标准和施工工艺规程，以此作为判断与控制质量的依据。如果拟采用的新工艺、新技术、新材料，不符合现行强制性标准规定的，应当由拟采用单位提请建设单位组织专题技术论证，报标准的建设行政主管部门或者国务院有关主管部门审定。

二、施工质量控制的工作程序

施工过程的质量控制，是在工程项目质量实际形成过程中的事中质量控制。

建设工程项目施工是由一系列相互关联、相互制约的作业过程（工序）构成，因此施工质量控制，必须对全部作业过程（即各道工序）的作业质量持续进行控制。从项目管理的立场看，首先，是质量生产者（即作业者）的自控，在施工生产要素合格的条件下，作业者能力及其发挥的状况是决定作业质量的关键。其次，是来自作业者外部的各种作业质量检查、验收和对质量行为的监督，它是不可缺少的设防和把关的管理措施。建设工程项目施工质量控制的工作程序如图 4-7 所示。

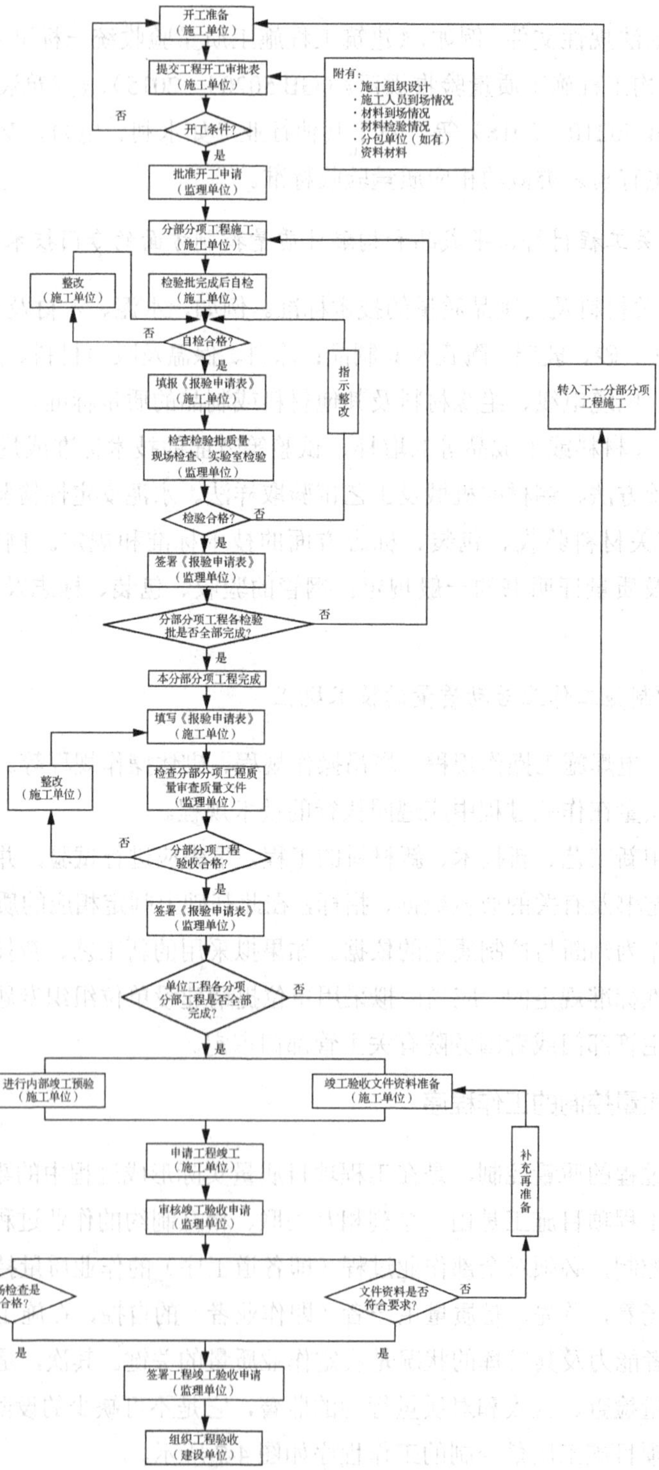

图 4-7　施工质量控制的工作程序

在工程开始前，施工单位须做好开工准备，只有开工准备条件具备了，施工单位才能正式开工，而开工准备条件的具备需要得到项目监理机构的审核，审核合格后报建设单位批准，总监理工程师签发工程开工令；否则，施工单位应进一步做好施工准备，待条件具备时再次向项目监理机构进行申请。

在施工过程中，施工单位应加强内部质量管理，严格质量控制，每一道工序均应按规定的工艺和技术要求进行。在每一道工序完成后，施工单位应进行自检，只有上一道工序被确认质量合格后，方能准许进入下一道工序施工。当隐蔽工程、检验批、分项工程完成后，施工单位应自检合格，然后向项目监理机构进行报审。经专业监理工程师现场检查及对相关资料审核后，符合要求的予以签认；反之，则指令施工单位进行整改或返工处理。施工单位按照施工进度计划完成分部工程施工，且分部工程所包含的分项工程全部检验合格后，附相关资料报送项目监理机构进行验收。

在施工质量验收过程中，涉及结构安全的试块、试件及有关材料，应按规定进行见证取样检测，对涉及结构安全和使用功能的重要分部工程，应进行抽样检测。按照单位工程施工总进度计划，施工单位完成施工合同所约定的所有工程量并完成自检工作，且工程验收资料已整理完毕，应报送项目监理机构进行竣工验收。项目监理机构应组织进行竣工预验收，并签署意见。预验收通过后，再由建设单位组织正式的竣工验收。

三、施工过程质量控制关键工序

（一）工序施工质量控制

工序是指在施工过程中，由一定的人、材料、机械设备、施工方法和环境因素综合作用的过程。它是施工活动的基本单元，是工程质量形成的基础。所以对施工过程进行质量控制，必须以工序施工质量控制为基础和核心。因此，工序施工质量控制是施工阶段质量控制的重点。只有严格控制工序施工质量，才能确保施工项目的实体质量。工序施工质量控制主要包括工序施工条件质量控制和工序施工效果质量控制。

1. 工序施工条件质量控制

工序施工条件是指从事工序活动的各生产要素质量及生产环境条件。工序施工条件质量控制就是控制工序活动的各种投入要素质量和环境条件质量。控制的手段主要有检查、测试、试验、跟踪监督等。控制的依据主要是设计质量标准、材料质量标准、机械设备技术性能标准、施工工艺标准及操作规程等。

2. 工序施工效果质量控制

工序施工效果主要反映工序产品的质量特征和特性指标。对工序施工效果质量的控制就是控制工序产品的质量特征和特性指标能否达到设计质量标准及施工质量验收标准的要求。工序施工效果质量控制属于事后质量控制，其控制的主要途径有实测获取数据、统计分析所获取的数据、判断认定质量等级和纠正质量偏差。

按有关施工验收规范规定，本道工序质量必须进行现场质量检测，合格后才能进入下一道工序。

3. 地基基础工程

（1）地基及复合地基承载力检测

对于灰土地基、砂和砂石地基、土工合成材料地基、粉煤灰地基、强夯地基、注浆地基、预压地基，竣工后的结果（地基强度或承载力）必须达到设计要求标准。检验数量标准为，每单位工程不应少于3点；1000m^{2}以上工程，每100m^{2}至少应有1点；3000m^{2}以上工程，每300m^{2}至少应有1点。每一独立基础下至少应有1点；基槽每20延长米应有1点。

对水泥土搅拌桩复合地基、高压喷射注浆桩复合地基、砂桩地基、振冲桩复合地基、土和灰土挤密桩复合地基、水泥粉煤灰碎石桩复合地基及夯实水泥土桩复合地基，其承载力检验数量为总数的0.5%～1%，但不应少于3处。有单桩强度检验要求时，数量为总数的0.5%～1%，但不应少于3处。

（2）工程桩的承载力检测

对于地基基础设计等级为甲级或地质条件复杂，成桩质量可靠性低的灌注桩，应采用静载荷试验方法进行检验，检验桩数不应少于总数的1%，且不应少于3根，当总桩数少于50根时，不应少于2根。

设计等级为甲级、乙级的桩基或地质条件复杂，桩施工质量可靠性低，本地区采用的新桩型或新工艺的桩基应进行桩的承载力检测。检测数量在同一条件下不应少于3根，且不宜少于总桩数的1%。

（3）桩身质量检验

对设计等级为甲级或地质条件复杂，成桩质量可靠性低的灌注桩，抽检数量不应少于总数的30%，且不应少于20根；其他桩基工程的抽检数量不应少于总数的20%，且不应少于10根；对混凝土预制桩及地下水位以上且终孔后经过核验的灌注桩，检验数量不应少于桩数的10%，且不得少于10根。每根柱子承台下不得少于1根设计要求。

4. 主体结构工程

（1）混凝土、砂浆、砌体强度现场检测

检测同一强度等级同条件养护的试块强度，以此检测结果代表工程实体的结构强度。

1）混凝土。按统计方法评定混凝土强度的基本条件是，同一强度等级的同条件养护试件的留置数量不宜少于10组，按非统计方法评定混凝土强度时，留置数量不应少于3组。

2）砂浆。每一检验批且不超过250m^{3}砌体的各种类型及强度等级的砌筑砂浆（含预拌湿砂浆），每台搅拌机应至少抽检一次。

3）砌体。普通砖 15 万块、多孔砖 5 万块、灰砂砖及粉灰砖 10 万块，各为一个检验批次，抽检数量为一组。

（2）钢筋保护层厚度检测

钢筋保护层厚度检测的结构部位，应由监理（建设）、施工等各方根据结构构件的重要性共同选定。

对梁类、板类构件，应各抽取构件数量的 2%且不少于 5 个构件进行检验。

（3）混凝土预制构件结构性能检测

对于成批生产的构件，应按同一工艺正常生产的不超过 1000 件且不超过 3 个月的同类型产品为一批。在每批构件中应随机抽取一个构件作为试件进行检验。

5. 建筑幕墙工程

1）铝塑复合板的剥离强度检测。

2）石材的弯曲强度，室内用花岗石的放射性检测。

3）玻璃幕墙用结构胶的邵氏硬度、标准条件拉伸黏结强度、相容性试验；石材用结构胶黏结强度及石材用密封胶的污染性检测。

4）建筑幕墙的气密性、水密性、风压变形性能、层间变位性能检测。

5）硅酮结构胶相容性检测。

6. 钢结构及管道工程

1）钢结构及钢管焊接质量无损检测。对有无损检验要求的焊缝，竣工图上应标明焊缝编号、无损检验方法、局部无损检验焊缝的位置、底片编号、热处焊缝位置及编号、焊缝补焊位置及施焊焊工代号；焊缝施焊记录及检查、检验记录应符合相关标准的规定。

2）钢结构、钢管防腐及防火涂装检测。

3）钢结构节点、机械连接用紧固标准件及高强度螺栓力学性能检测。

（二）施工作业质量的自控

1. 施工作业质量自控的意义

施工作业质量的自控，从经营层面来说，其强调的是作为建筑产品生产者和经营者的施工企业，应全面履行企业的质量责任，向顾客提供质量合格的工程产品；从生产过程来说，其强调的是施工作业者的岗位质量责任，向后一道工序提供合格的作业成果（中间产品）。因此，施工方是施工阶段质量自控主体。施工方不能因为监控主体的存在和监控责任的实施而减轻或免除其质量责任。《建筑法》和《建设工程质量管理条例》规定，建筑施工企业对工程的施工质量负责，建筑施工企业必须按照工程设计要求、施工技术标准和合同的约定，对建筑材料、建筑构配件和设备进行检验，不合格的不得使用。

2. 施工作业质量的自控程序

施工作业质量的自控过程是由施工作业组织的成员进行的，其基本控制程序包括：施工作业技术的交底、施工作业活动的实施和施工作业质量的检验等。

（1）施工作业技术的交底

技术交底是施工组织设计和施工方案的具体化，施工作业技术交底的内容必须具有可行性和可操作性。

从项目的施工组织设计到分部分项工程的作业计划，在实施之前都必须逐级进行交底，其目的是使管理者的计划和决策意图被实施人员所理解。施工作业技术交底是最基层的技术和管理交底活动，施工总承包方和工程监理机构都要对施工作业技术交底进行监督。作业技术交底的内容包括作业范围、施工依据、作业程序、技术标准和要领、质量目标，以及其他与安全、进度、成本、环境等目标管理有关的要求和注意事项。

（2）施工作业活动的实施

施工作业活动是由一系列工序所组成的。为了保证工序质量的受控，首先要对作业条件进行再确认，即按照作业计划检查作业准备状态是否落实到位，其中包括对施工程序和作业工艺顺序的检查和确认。在此基础上，严格按作业计划的程序、步骤和质量要求展开工序作业活动。

（3）施工作业质量的检验

施工作业的质量检查，是贯穿整个施工过程的最基本的质量控制活动，包括施工单位内部的工序作业质量自检、互检、专检和交接检查，以及现场监理机构的旁站检查、平行检验等。施工作业质量检查是施工质量验收的基础，已完工检验批及分部分项工程的施工质量，必须在施工单位完成质量自检并确认合格后，才能报请现场监理机构进行检查验收。

前道工序作业质量经验收合格后，方可进入下一道工序施工。未经验收合格的工序，不得进入下一道工序施工。

3. 施工作业质量自控的要求

工序作业质量是直接形成工程质量的基础，为达到对工序作业质量控制的效果，在加强工序管理和质量目标控制方面应坚持以下要求。

（1）预防为主

严格按照施工质量计划的要求，进行各分部分项施工作业的部署。同时，根据施工作业内容、范围和特点，制订施工作业计划，明确作业的质量目标和作业的技术要领，认真进行作业技术交底，落实各项作业技术组织措施。

（2）重点控制

在施工作业计划中，一方面要认真贯彻实施施工质量计划中的质量控制点的控制措施；另一方面，要根据作业活动的实际需要，进一步建立工序作业控制点，深化工序作业的重点控制。

（3）坚持标准

工序作业人员在工序作业过程中应严格进行质量自检，通过自检不断改善作业，并创造条件开展作业质量互检，通过互检加强技术与经验的交流。对已完成工序作业的产品，即检验批或分部分项工程，应严格坚持质量标准。对不合格的施工作业质量，不得进行验收签证，必须按照规定的程序进行处理。

《建筑工程施工质量验收统一标准》（GB 50300—2013）及配套使用的专业质量验收规范，是施工作业质量自控的合格标准。有条件的施工企业或项目经理部应结合自身条件编制高于国家标准的企业内控标准或工程项目内控标准，或采用施工承包合同明确规定的更高标准，列入质量计划中，努力提升工程质量水平。

（4）记录完整

施工图纸、质量计划、作业指导书、材料质保书、检验试验及检测报告、质量验收记录等，是形成可追溯性质量保证的依据，也是工程竣工验收不可缺少的质量控制资料。因此，对工序作业质量，应有计划、有步骤地按照施工管理规范的要求进行填写记录，做到及时、准确、完整、有效，并具有可追溯性。

（5）施工作业质量自控的制度

根据实践经验的总结，施工作业质量自控的有效制度有：①质量自检制度；②质量例会制度；③质量会诊制度；④质量样板制度；⑤质量挂牌制度；⑥每月质量讲评制度等。

（三）施工作业质量的监控

1. 施工作业质量的监控主体

为了保证项目质量，设计单位、建设单位、监理单位及政府的工程质量监督部门，在施工阶段依据法律、法规和工程施工承包合同，对施工单位的质量行为和项目实体质量实施监督控制。

设计单位应当就审查合格的施工图设计文件向施工单位作出详细说明；应当参与建设工程质量事故分析，并对因设计造成的质量事故，提出相应的技术处理方案。

建设单位在领取施工许可证或开工报告前，应当按照国家有关规定办理工程质量监督手续。

作为监控主体之一的项目监理机构，在施工作业实施过程中，根据其监理规划与细则，采取现场旁站、巡视、平行检验等方式，对施工作业质量进行监督检查，如发现工程施工不符合工程设计要求、施工技术标准和合同约定的，有权要求建筑施工企业改正。项目监理机构应进行检查，没有检查或没有按规定进行检查的，给建设单位造成损失时应承担赔偿责任。

必须强调的是，施工质量的自控主体和监控主体，在施工全过程中相互依存、各尽其责，共同推动施工质量控制过程的展开和工程项目质量总目标的最终实现。

2. 现场质量检查

现场质量检查是施工作业质量监控的主要手段。

（1）现场质量检查的内容

现场质量检查的内容如下。

1）开工前的检查。主要检查是否具备开工条件，开工后是否能够保持连续正常的施工，能否保证工程质量。

2）工序交接检查。对于重要的工序或对工程质量有重大影响的工序，应严格执行“三检”制度（即自检、互检、专检），未经监理工程师（或建设单位本项目技术负责人）检查认可，不得进入下一道工序的施工。

3）隐蔽工程的检查。施工中，凡是隐蔽工程必须检查认证后方可进行隐蔽掩盖。

4）停工后复工的检查。因客观因素停工或处理质量事故等停工后复工时，经检查认可后方能复工。

5）分项分部工程完工后的检查。经检查认可并签署验收记录后，才能进入下一个工程项目的施工。

6）成品保护的检查。检查成品有无保护措施及保护措施是否有效可靠。

（2）现场质量检查的方法

1）目测法。该法是凭感官进行检查的方法，又称为观感质量检验，其手段可概括为“看、摸、敲、照”四个字。

“看”，即根据质量标准要求进行外观检查。例如，清水墙面是否洁净，喷涂的密实度颜色是否良好、均匀，内墙抹灰的大面及口角是否平直，混凝土外观是否符合要求等。

“摸”，即用手触摸物体表面进行检查、鉴别。例如，油漆的光滑度、浮浆是否掉粉等。

“敲”，即运用敲击工具敲击物体进行音感检查，判断内部结构是否紧密。例如，对地面工程、装饰工程中的水磨石、面砖、石材饰面等进行敲击检查。

“照”，即通过人工光源或反射光照射，检查难以看到或光线较暗部位的质量。例如，管道井、电梯井等内部管线、设备安装质量、装饰吊顶内连接及设备安装质量等。

2）实测法。该法是通过实测数据与施工规范、质量标准的要求及允许偏差值进行对照，以此判断质量是否符合要求，其手段可概括为“靠、量、吊、套”四个字。

“靠”，即用直尺、塞尺检查。例如，墙面、地面、路面等的平整度。

“量”，即用测量工具和计量仪表等检查断面尺寸、轴线、标高、湿度、温度等的偏差。例如，大理石板拼缝尺寸、摊铺沥青拌合料的温度、混凝土坍落度的检测等。

“吊”，即利用托线板及线坠吊线检查垂直度。例如，砌体垂直度检查、门窗安装等。

"套"，即以方尺套方，辅以塞尺检查。例如，对阴阳角的方正、踢脚线的垂直度、预制构件的方正、门的窗口及构件的对角线进行检查等。

3）试验法。该法是指通过必要的试验手段对质量进行判断的检查方法。该法主要包括如下内容。

① 理化试验。工程中常用的理化试验包括物理力学性能方面的检验、化学成分及化学性质的测定两个方面。物理力学性能方面的检验，包括各种力学指标的测定，如抗拉强度、抗压强度、抗弯强度、抗折强度、冲击韧性、硬度、承载力等，以及各种物理性能方面的测定，如密度、含水量、凝结时间、安定性及抗渗、耐磨、耐热性能等。化学成分及化学性质的测定，如钢筋中的磷、硫含量，混凝土中粗骨料中的活性氧化硅成分，以及耐酸、耐碱、抗性等。此外，根据规定有时还须进行现场试验。例如，对桩或地基的静载试验、下水管道的通水试验、压力管道的耐压试验、防水层的蓄水或淋水试验等。

② 无损检测。利用专门的仪器仪表从表面探测结构物、材料、设备的内部组织结构或损伤情况。常用的无损检测方法有超声波探伤、X 射线探伤、γ 射线探伤等。

（四）技术核定、见证取样送检及隐蔽工程质量验收与施工成品质量保护

1. 技术核定

在建设工程项目施工过程中，因施工方对施工图纸的某些要求不甚明白，或图纸本身存在某些问题，或工程材料调整与代用，改变建筑节点构造、管线位置或走向等，或需要通过设计单位明确或确认的，施工方必须以技术核定单的方式向监理工程师提出，报送设计单位核准确认。

2. 见证取样送检

为了保证建设工程质量，我国规定对工程所使用的主要材料、半成品、构配件，以及施工过程留置的试块、试件等实行现场见证取样送检。见证人员由建设单位及工程监理机构中有相关专业知识的人员担任；送检的试验室应具备经国家或地方工程检验检测主管部门核准的相关资质；见证取样送检必须严格按执行规定的程序进行，包括取样见证并记录、样本编号、填单、封箱、送试验室、核对、交接、试验检测、报告等。

检测机构应当建立档案管理制度。例如，检测合同、委托单、原始记录、检测报告等应当按年度统一编号，编号应当连续，不得随意抽撤、涂改。

3. 隐蔽工程质量验收与施工成品质量保护

（1）隐蔽工程质量验收

凡被后续施工所覆盖的施工内容，如地基基础工程、钢筋工程、预埋管线等均属于隐蔽工程。加强隐蔽工程的质量验收，是施工质量控制的重要环节。质量验收程序要求施工方首先应完成自检并合格，然后填写专用的《隐蔽工程验收单》。该验收单所列的

验收内容应与已完成的隐蔽工程实物相一致，并事先通知监理机构及有关方面，按约定时间进行验收。验收合格的隐蔽工程，由各方共同签署验收记录；验收不合格的隐蔽工程，应按验收整改意见进行整改后重新验收。严格隐蔽工程的验收程序和记录，对于预防工程质量隐患，提供可追溯质量记录具有重要作用。

（2）施工成品质量保护

施工成品质量保护的目的是避免施工成品受到来自后续施工及其他方面的污染或损坏。施工成品保护问题和相应措施，应该在施工组织设计与计划阶段从施工顺序上进行考虑，防止施工顺序不当或交叉作业造成相互干扰、污染和损坏。施工成品形成后，可采取防护、覆盖、封闭、包裹等相应措施进行保护。

四、BIM 在施工过程质量控制中的应用

（一）技术交底管理 BIM 应用

技术交底的基本目的是：使一线技术人员、施工人员对工程项目的技术要求、质量要求、安全要求、施工方法等方面有一个细致的理解，便于科学地组织施工，避免技术质量事故的发生。在传统工作模式下，大多依据一系列二维图纸（平、立、剖面图）结合文字进行技术交底。同时，由于技术交底内容晦涩难懂，增加了技术人员、施工人员对技术交底内容的理解难度，造成技术交底不彻底，在施工过程中无法达到预期效果。采用 BIM 技术进行技术交底，可以将各施工步骤、施工工序之间的逻辑关系直观地加以展示，再配合简单的文字描述。在降低技术人员、施工人员理解难度的同时，能够进一步确保技术交底的可实施性。技术交底管理 BIM 应用方案如图 4-8 所示。

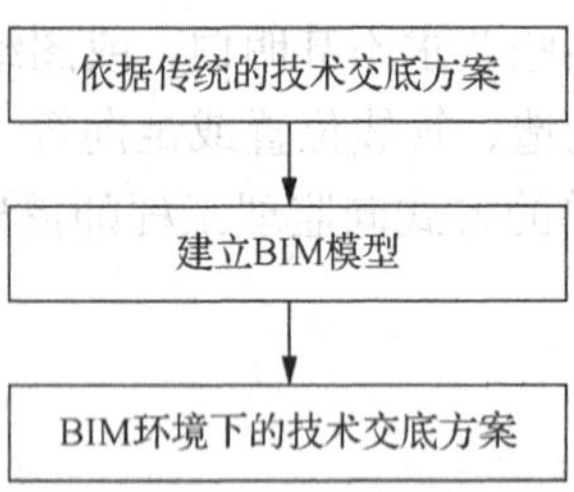

图 4-8　技术交底管理 BIM 应用方案

在某工程中，砌体工程交底采用 BIM 技术，如图 4-9 所示。

图 4-9　砌体工程交底

（二）碰撞检测及深化设计管理 BIM 应用方案

碰撞检测的基本目的是在 BIM 环境下，对工程项目中各专业（如建筑、结构、给水排水、暖通、电气等）在空间中存在的问题（错、漏、碰、缺）进行检测。在传统工作模式下，大多依据一系列二维图纸（平、立、剖面图）进行碰撞检测。图纸之间缺乏必要的关联性，无法实现“一处修改，处处修改”的联动，增加了碰撞检测工作的难度。在传统工作模式下，碰撞检测工作的不足主要有：对管线交汇的区域难以进行全面分析和辨识；针对碰撞点所进行的调整通常为局部调整。也就是说，没有考虑管线整体的连贯性，容易造成“顾此失彼”，在解决一处碰撞点的同时，会引发新的碰撞点。由于空间结构的复杂性，在某些情况下（如对净空的要求较高时），传统工作模式难以实现因地制宜地对管线的排布方式进行调整。采用 BIM 技术的碰撞检测及深化设计技术的优势有：可以实现碰撞点的自动检测，且速度快、效率高；可以实现硬碰撞检测；可以实现软碰撞检测。碰撞检测及深化设计管理 BIM 应用方案如图 4-10 所示。

某工程涉及 20 多种专业，管线比较复杂，碰撞专业涉及通风、喷淋、消火栓、给排水、电缆桥架、建筑结构、空调水、消防 8 个专项及 23 种碰撞关系，碰撞总次数达 1128 次。某工程局部碰撞如图 4-11 所示。

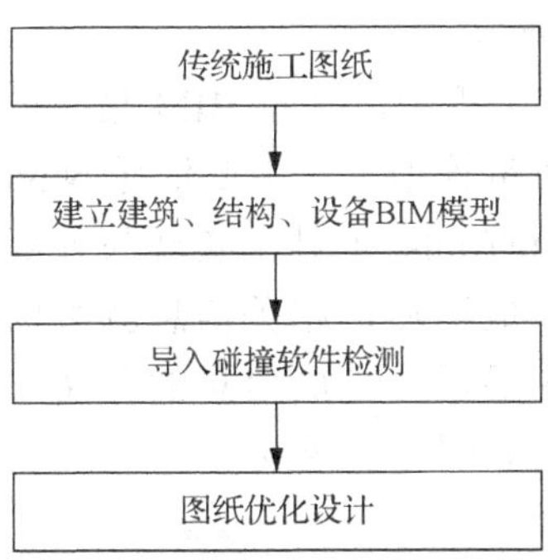

图 4-10　碰撞检测及深化设计管理 BIM 应用方案

图 4-11　某工程局部碰撞

（三）BIM 技术在施工质量校核中的应用

BIM 技术可以作为施工现场质量校核的依据。将 BIM 技术同其他硬件系统相结合（如三维激光扫描仪），可以对施工现场进行实测实量分析，对潜在的质量问题进行及时的监控和解决。通过将 BIM 技术和云技术相结合，可以将 BIM 技术的应用范围从办公室扩展到施工现场。同时，降低了 BIM 模型在使用过程中对计算机硬件设备的要求。BIM 技术在施工质量校核中的应用如图 4-12 所示。

在某工程中应用了三维扫描技术，如图 4-13 所示。

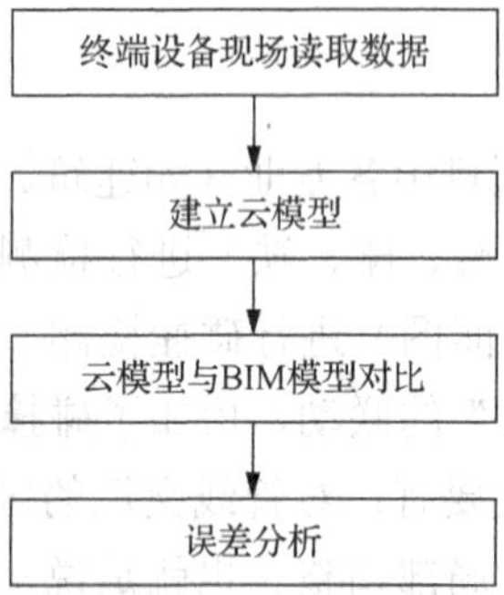

图 4-12　BIM 技术在施工质量校核中的应用

图 4-13　三维扫描

（四）BIM 技术在质量资料管理中的应用

质量管理工作是整个工程项目管理工作的重中之重。与传统的工作模式相比，采用 BIM 技术进行质量管理的显著优势在于：BIM 技术可以对实际施工过程进行模拟，并对施工过程中涉及的海量施工信息进行存储和管理。通过建立 BIM 模型同外部数据库（施工质量资料）之间的链接关系，可以实现 BIM 环境下的施工质量资料管理。以 Navisworks 为例，BIM 技术在质量资料管理中的应用如图 4-14 所示。

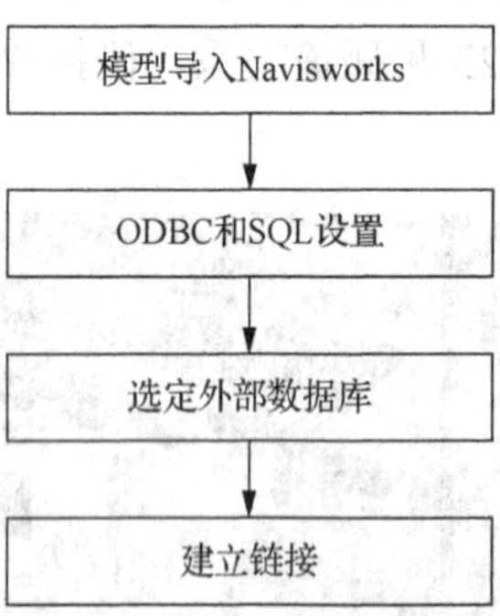

图 4-14　BIM 技术在质量资料管理中的应用

在某工程中，基于 BIM 技术外接数据库进行的质量管理，其主要依托 Navisworks 软件的 DataTools 工具来实现与外部数据的关联，关联成功后，相关信息就可以在构件的特性栏中显示，完成信息的存储，以便传递和交流，如图 4-15 所示。

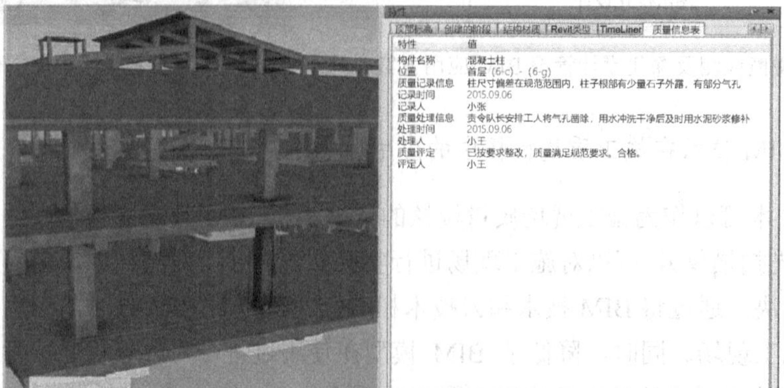

图 4-15　数据库挂接

第五节　工程质量问题及事故处理

一、工程质量问题及处理

（一）质量问题及相关概念

1. 质量问题

质量问题是指不能全部实现或者仅能部分实现质量功能或质量特性的情况。其应用范围较广，如常见质量问题（质量通病），代表所有的不符合质量要求的情况，但不一定是不合格工程。例如，质量技术规范要求混凝土浇筑后要等 120h 后才能继续在上面施工，而实际只等了 115h，经检测混凝土强度等性能达标，可以说是一个质量问题，但不是质量缺陷。当然，有质量缺陷肯定就有质量问题。

2. 质量缺陷

根据《质量管理体系——基础和术语》（ISO 9000:2015）规定，质量不合格是指未满足规定要求的情况。在工程领域，工程质量不合格是指工程产品未满足某个规定的要求（包括规定的要求、特定的要求、法律法规要求、明示的要求、通常隐含的要求、相关方的要求或必须履行的需求或期望）。凡是未满足与预期或规定用途有关的要求，称为质量缺陷（quality defect）。

根据《混凝土结构工程施工质量验收规范》（GB 50204—2021）术语定义，质量缺陷是指混凝土结构施工质量不符合要求的检验项或检验点，按其程度可分为严重缺陷和一般缺陷。严重缺陷是指对结构构件的受力性能、耐久性能或安装、使用功能有决定性影响的缺陷。一般缺陷是指对结构构件的受力性能、耐久性能或安装、使用功能无决定性影响的缺陷。

根据《房屋建筑工程质量保修办法》（中华人民共和国建设部令第 80 号，2000 年 6 月 30 日发布）第三条规定，质量缺陷是指房屋建筑工程的质量不符合工程建设强制性标准及合同的约定。

3. 质量合格

根据《建筑工程施工质量验收统一标准》（GB 50300—2013）术语定义，建筑工程施工质量验收合格应符合下列规定：一是符合工程勘察、设计文件的要求；二是符合本标准和相关专业验收规范的规定。

（二）常见质量问题

房屋建筑工程常见的质量问题有：基础不均匀下沉，墙身开裂；现浇钢筋混凝土工程出现蜂窝、麻面、露筋；现浇钢筋混凝土阳台、雨篷根部开裂或倾覆、坍塌；砂浆、混凝土配合比控制不严，任意加水，强度得不到保证；屋面、厨房、卫生间渗水、漏水；墙面抹灰起壳、裂缝、起麻点、不平整；地面及楼面起砂、起壳、开裂；门窗变形、缝隙过大、密封不严；水暖电工安装粗糙，不符合使用要求；结构吊装就位偏差过大；预制构件裂缝、预埋件移位、预应力张拉不足、砖墙接槎或预留脚手眼不符合规范要求；金属栏杆、管道、配件锈蚀；墙纸粘贴不牢，空鼓、褶皱，压平起光；饰面砖拼缝不平、不直、空鼓、脱落；喷浆不均匀、脱色、掉粉等。

（三）工程质量问题成因

1）非法承包，偷工减料。由于社会腐败现象对施工领域的侵袭，非法承包、偷工减料、“豆腐渣”工程，成为近年来重大施工质量事故的首要原因。

2）违背基本建设程序。《建设工程质量管理条例》规定，从事建设工程活动，必须严格执行基本建设程序，坚持先勘察、后设计、再施工的原则。但现实情况是，违反基本建设程序的现象屡禁不止，无立项、无报建、无开工许可、无招投标、无资质、无监理、无验收的“七无”工程，边勘察、边设计、边施工的“三边”工程屡见不鲜，几乎所有的重大施工质量事故都能从这些方面找到原因。

3）勘察设计的失误。地质勘察过于疏略，勘察报告不准不细，致使地基基础设计采用不正确的方案；或结构设计方案不正确，计算失误，构造设计不符合规范要求等。这些勘察设计的失误在施工中显现出来，导致地基不均匀沉降，结构失稳、开裂甚至倒塌。

4）施工的失误。施工管理人员及实际操作人员的思想、技术素质差，是造成施工质量事故的普遍原因。缺乏基本业务知识，不具备上岗技术资质，不懂装懂瞎指挥，胡乱施工盲目干；施工管理混乱，施工组织、施工工艺技术措施不当；不按图纸施工，不遵守相关规范，违章作业；使用不合格的工程材料、半成品、构配件；忽视安全施工，发生安全事故等，这些都可能引发施工质量事故。

5）自然条件的影响。建筑施工露天作业多，恶劣天气或其他不可抗力都可能引发施工质量事故。

二、工程质量事故及处理

（一）工程质量事故的概念及等级划分

根据《关于做好房屋建筑和市政基础设施工程质量事故报告和调查处理工作的通知》（建质〔2010〕111 号）的规定，工程质量事故是指由于建设、勘察、设计、施工、监理等单位违反工程质量有关法律法规和工程建设标准，使工程产生结构安全、重要使用功能等方面的质量缺陷，造成人身伤亡或者重大经济损失的事故。

根据工程质量事故造成的人员伤亡或者直接经济损失，工程质量事故分为以下四个等级。

1）特别重大事故，是指造成30人以上死亡，或者100人以上重伤，或者1亿元以上直接经济损失的事故。

2）重大事故，是指造成10人以上30人以下死亡，或者50人以上100人以下重伤，或者5000万元以上1亿元以下直接经济损失的事故。

3）较大事故，是指造成3人以上10人以下死亡，或者10人以上50人以下重伤，或者1000万元以上5000万元以下直接经济损失的事故。

4）一般事故，是指造成3人以下死亡，或者10人以下重伤，或者100万元以上1000万元以下直接经济损失的事故。

上述等级划分中所称的“以上”包括本数，所称的“以下”不包括本数。

（二）工程质量事故的处理

1. 工程质量事故处理的依据

（1）工程质量事故的实况资料

工程质量事故的实况资料包括工程质量事故发生的时间、地点；工程质量事故状况的简要描述，以及事故发展变化情况的观测记录、事故现场状态的照片或录像；工程质量事故调查组调查研究所获得的第一手资料。

（2）相关的合同文件

相关的合同文件主要包括工程承包合同、设计委托合同、设备购销合同、监理合同及分包合同等。

（3）有关的技术文件和档案

有关的技术文件和档案主要是有关的设计文件（如施工图纸和技术说明）、与施工有关的技术文件、档案和资料。

（4）相关的建设法规

相关的建设法规主要包括《建筑法》、《建设工程质量管理条例》和《关于做好房屋建筑和市政基础设施工程质量事故报告和调查处理工作的通知》（建质〔2010〕111号）等与工程质量及质量事故处理有关的法规，勘察、设计、施工、监理等单位资质管理方面的法规，从业者资格管理方面的法规，建筑市场方面的法规，建筑施工方面的法规，以及标准化管理方面的法规等。

2. 工程质量事故的处理程序

（1）事故报告

1）工程质量事故发生后，事故现场有关人员应当立即向工程建设单位负责人报告；工程建设单位负责人接到报告后，应于1h内向事故发生地县级以上人民政府住房和城乡建设主管部门及有关部门报告。当情况紧急时，事故现场有关人员可直接向事故发生地县级以上人民政府住房和城乡建设主管部门报告。

2）住房和城乡建设主管部门接到事故报告后，应当依照下列规定上报事故情况，并同时通知公安、监察机关等有关部门。

① 较大、重大及特别重大事故逐级上报至国务院住房和城乡建设主管部门，一般事故逐级上报至省级人民政府住房和城乡建设主管部门，必要时可以越级上报事故情况。

② 住房和城乡建设主管部门上报事故情况，应当同时报告本级人民政府；国务院住房和城乡建设主管部门接到重大和特别重大事故的报告后，应当立即报告国务院。

③ 住房和城乡建设主管部门逐级上报事故情况时，每级上报时间不得超过2h。

（2）事故报告的内容

事故报告的内容包括：事故发生的时间、地点、工程项目名称、工程各参建单位名称；事故发生的简要经过、伤亡人数（包括下落不明的人数）和初步估计的直接经济损失；事故的初步原因；事故发生后采取的措施及事故控制情况；事故报告单位、联系人及联系方式和其他应当报告的情况。

事故报告后出现新情况，以及事故发生之日起 30 日内伤亡人数发生变化的，应当及时补报。

（3）事故调查

1）住房和城乡建设主管部门应当按照有关人民政府的授权或委托，组织或参与事故调查组对事故进行调查，并履行下列职责：

① 核实事故基本情况，包括事故发生的经过、人员伤亡情况及直接经济损失；

② 核查事故项目基本情况，包括项目履行法定建设程序情况、工程各参建单位履行职责的情况；

③ 依据国家有关法律法规和工程建设标准分析事故的直接原因和间接原因，必要时组织对事故项目进行检测鉴定和专家技术论证；

④ 认定事故的性质和事故责任；

⑤ 依照国家有关法律法规提出对事故责任单位和责任人员的处理建议；

⑥ 总结事故教训，提出防范和整改措施；

⑦ 提交事故调查报告。

2）事故调查报告应当包括下列内容：

① 事故项目及各参建单位概况；

② 事故发生经过和事故救援情况；

③ 事故造成的人员伤亡和直接经济损失；

④ 事故项目有关质量检测报告和技术分析报告；

⑤ 事故发生的原因和事故性质；

⑥ 事故责任的认定和事故责任者的处理建议；

⑦ 事故防范和整改措施。

事故调查报告应当附具有关证据材料。事故调查组成员应当在事故调查报告上签名。

（4）事故处理

1）住房和城乡建设主管部门应当依据有关人民政府对事故调查报告的批复和有关法律法规的规定，对事故相关责任者实施行政处罚。处罚权限不属于本级住房和城乡建设主管部门的，应当在收到事故调查报告批复后 15 个工作日内，将事故调查报告（附具有关证据材料）、结案批复、本级住房和城乡建设主管部门对有关责任者的处理建议等转送有权限的住房和城乡建设主管部门。

2）住房和城乡建设主管部门应当依据有关法律法规的规定，对事故负有责任的建设、勘察、设计、施工、监理等单位和施工图审查、质量检测等有关单位分别给予罚款、停业整顿、降低资质等级、吊销资质证书其中的一项或多项处罚，对事故负有责任的注册执业人员分别给予罚款、停止执业、吊销执业资格证书、终身不予注册其中的一项或多项处罚。

（5）其他要求

1）事故发生地住房和城乡建设主管部门接到事故报告后，其负责人应立即赶赴事故现场，组织事故救援；发生一般及以上事故，或者领导有批示要求的，设区的市级住房和城乡建设主管部门应派人员赶赴现场了解事故有关情况；发生较大及以上事故，或者领导有批示要求的，省级住房和城乡建设主管部门应派人员赶赴现场了解事故有关情况；发生重大及以上事故，或者领导有批示要求的，国务院住房和城乡建设主管部门应根据相关规定派人员赶赴现场了解事故有关情况。

2）没有造成人员伤亡，直接经济损失没有达到 100 万元，但社会影响恶劣的工程质量问题，参照有关规定执行。

3. 工程质量事故处理的基本要求

工程质量事故处理的基本方法包括工程质量事故处理方案的确定及工程质量事故处理后的鉴定验收。其目的是消除质量缺陷，以达到建筑物的安全可靠和正常使用功能及寿命要求，并保证后续施工的正常进行。其一般处理原则是：正确确定事故性质，是表面性还是实质性、是结构性还是一般性、是迫切性还是可缓性；正确确定处理范围，除直接发生部位，还应检查事故相邻影响作用范围的结构部位或构件。其处理基本要求是：安全可靠，不留隐患；满足建筑物的功能和使用要求；技术可行，经济合理。

4. 工程质量事故处理方案的确定

工程质量事故处理方案的确定，以分析事故调查报告中事故原因为基础，结合实地勘察成果，并尽量满足建设单位的要求。因同类和同一性质的事故常可以选择不同的处理方案，在确定处理方案时，应审核其是否遵循一般处理原则和要求，尤其应重视工程实际条件，如建筑物实际状态、材料实测性能、各种作用的实际情况等，以确保做出正确的判断和选择。

工程质量事故的技术处理方案多种多样，根据质量事故的情况可归纳为修补处理、返工处理和不做处理三种类型。监理人员应从中选择最适用的处理方法，方能对相关单位上报的事故处理方案作出正确的审核结论。

（1）工程质量事故处理方案类型

1）修补处理。它是最常用的一类处理方案。通常，当工程的某个检验批、分项分部工程的质量虽未达到规定的规范、标准或设计要求，且存在一定的缺陷，但通过修补或更换构配件、设备后可达到要求的标准，又不影响使用功能和外观要求的，则在此情况下可以进行修补处理。

属于修补处理类的方案有很多，如封闭保护、复位纠偏、结构补强、表面处理等。例如，某些事故造成的结构混凝土表面裂缝，可根据其受力情况仅作表面封闭处理；某些混凝土结构表面的蜂窝、麻面，经调查分析后可进行剔凿、抹灰等表面处理，一般不会影响其使用和外观。

对于较严重的质量缺陷，可能影响结构的安全性和使用功能的，必须按一定的技术方案进行加固补强处理，这样往往会造成一些永久性缺陷，如改变结构和外形尺寸，影响一些次要的使用功能等。

2）返工处理。当工程质量未达到规定的标准和要求，存在严重的质量缺陷，对结构的安全构成重大影响，且又无法通过修补处理的情况下，可对检验批、分项分部工程甚至整个工程进行返工处理。例如，某防洪堤坝填筑压实后，其压实土的干密度未达到规定值，经核算将影响土体的稳定且不满足抗渗能力要求，可挖除不合格土，重新填筑，进行返工处理。对于某些存在严重质量缺陷，且无法采用加固补强等修补处理或修补处理费用比原工程造价还高的工程，应进行整体拆除，全面返工。

3）不做处理。某些工程质量缺陷虽然不符合规定的要求和标准构成质量事故，但经论证、法定检测单位鉴定和设计等有关单位认可，对工程或结构使用及安全影响不大，也可不做专门处理。通常，不做专门处理的情况有以下几种。

① 不影响结构安全和正常使用。例如，有的建筑物出现放线定位偏差，且严重超过规范标准规定，若要纠正会造成重大经济损失，但经过分析、论证，其偏差不影响生产工艺和正常使用，在外观上也无明显影响，可不做处理。又如，某些隐蔽部位结构混凝土表面裂缝，经检查分析，属于表面养护不够的干缩微裂，不影响使用和外观，也可不做处理。

② 有些质量缺陷，经过后续工序可以弥补。例如，混凝土墙表面轻微麻面，可通过后续的抹灰、喷涂或刷白等工序弥补，也可不做专门处理。

③ 经法定检测单位鉴定合格。例如，某检验批混凝土试块强度值不满足规范要求，强度不足，在法定检测单位对混凝土实体采用非破损检验方法，测定其实际强度已达规范允许和设计要求值时，可不做处理。对虽经检测未达到要求值，但相差不多，经分析论证，只要使用前经再次检测达到设计强度，也可不做处理。

④ 出现的质量缺陷，经检测鉴定达不到设计要求，经原设计单位核算，仍能满足结构安全和使用功能。例如，某一结构构件截面尺寸不足，或材料强度不足，影响结构承载力，但经按实际检测所得截面尺寸和材料强度复核验算，仍能满足设计的承载力，可不进行专门处理。这是因为：一般情况下，规范标准给出了满足安全和功能的最低限度要求，而设计往往在此基础上留有一定余量，这种处理方式实际上是挖掘了设计潜力或降低了设计的安全系数。

不论哪种情况，特别是不做处理的质量缺陷，均要备好必要的书面文件，对技术处理方案、不做处理结论和各方协商文件等有关档案资料进行认真组织签认。对责任方应承担的经济责任和合同中约定的罚则应正确判定。

（2）选择最适用工程质量事故处理方案的辅助方法

选择工程质量处理方案是复杂而重要的，它直接关系到工程的质量、费用和工期。若处理方案选择不合理，则不仅劳民伤财，严重的还会留有隐患，危及人身安全，特别是对需要返工或不做处理的方案，更应慎重对待。下面给出一些可采取的选择工程质量事故处理方案的辅助决策方法。

1）试验验证。即对某些有严重质量缺陷的项目，可采取合同规定的常规试验以外的试验进行验证，以便确定缺陷的严重程度。例如，公路工程的沥青面层厚度误差超过了规范允许的范围，可采用弯沉试验、检查路面的整体强度等。监理人员可根据对试验验证结果的分析、论证，再研究选择最佳的处理方案。

2）定期观测。某些工程在发现其质量缺陷时，其状态可能尚未达到稳定，一般不宜过早作出决定，可以对其进行一段时间的观测，然后再根据进展情况作出最终决定。例如，桥墩或其他工程的基础在施工期间发生的沉降超过预计或规定的标准；混凝土表面发生裂缝，并处于发展状态等。有些有缺陷的工程，短期内的影响可能不十分明显，需要较长时间的观测才能得出结论。对此，项目监理机构应与建设单位及施工单位协商，是否可以留待责任期解决或采取修改合同来延长责任期的办法。

3）专家论证。对于某些工程质量缺陷，可能涉及的技术领域比较广泛，或问题很复杂，有时仅根据合同规定难以决策，这时可提请专家论证。然而，在采取这种办法时，应事先做好充分准备，及时为专家提供尽可能详尽的情况和资料，以便专家能够进行较充分、全面和细致地分析、研究，提出切实可行的意见与建议。实践证明，采取这种方法对于监理人员正确选择重大工程质量缺陷的处理方案十分有益。

4）方案比较。这是比较常用的一种方法。同类型和同一性质的事故可先设计多种处理方案，然后结合当地的资源情况、施工条件等逐项给出权重，作出对比，从而选择具有较高处理效果且便于施工的处理方案。例如，结构构件承载力达不到设计要求时，可采用改变结构构造来减少结构内力、结构卸荷或结构补强等不同处理方案，将其每一种方案按经济、工期、效果等指标列项并分配相应权重值，进行对比，辅助决策。

5. 工程质量事故处理的鉴定验收

质量事故的技术处理是否达到了预期目的，是否消除了工程质量不合格和工程质量缺陷，是否仍留有隐患，项目监理机构应通过检查验收、必要的鉴定和验收结论，予以最终确认。

（1）检查验收

工程质量事故处理完成后，项目监理机构在施工单位自检合格的基础上，应严格按照施工验收标准及有关规范的规定进行检查，依据质量事故技术处理方案设计要求，通过实际量测，检查各种资料数据并进行验收，同时应办理验收手续，组织各有关单位会签。

（2）必要的鉴定

为确保工程质量事故的处理效果，凡涉及结构承载力等使用安全和其他重要性能的处理工作，常须做必要的试验和检验鉴定工作。如果质量事故处理施工过程中建筑材料及构配件保证资料严重缺乏，或各参与单位对检查验收结果有争议时，则必须委托具有资质的法定检测单位进行鉴定。

（3）验收结论

对所有质量事故，无论是经过技术处理、通过检查鉴定验收的，还是不需要专门处理的，均应有明确的书面结论。若对后续工程施工有特定要求，或对建筑物使用有一定的限制条件，则应在结论中提出。验收结论通常有以下几种。

1）事故已排除，可以继续施工。

2）隐患已消除，结构安全有保证。

3）经修补处理后，完全能够满足使用要求。

4）基本满足使用要求，但使用时应有附加限制条件，如限制荷载等。

5）对耐久性的结论。

6）对建筑物外观影响的结论。

7）对短期内难以作出结论的，可提出进一步观测检验意见。

对于处理后符合《建筑工程施工质量验收统一标准》（GB 50300—2013）规定的，监理人员应予以验收、确认，并应注明责任方承担的经济责任。对经加固补强或返工处理仍不能满足安全使用要求的分项分部工程及单位（子单位）工程，应拒绝验收。

第五章　工程质量持续改进

第一节　工程质量验收

一、工程质量验收概述

建设工程项目的质量验收，主要是指工程施工质量的验收。施工质量验收应按照《建筑工程施工质量验收统一标准》（GB 50300—2013）进行。该标准是建筑工程各专业工程施工质量验收规范编制的统一准则，各专业工程施工质量验收规范应与该标准配合使用。所谓“验收”，是指建筑工程在施工单位自行质量检查测定的基础上，参与建设活动的有关单位共同对检验批、分项、分部、单位工程的质量进行抽样复验，根据相关标准以书面形式对工程质量达到合格与否做出确认。

正确地进行工程项目质量的检查评定和验收，是施工质量控制的重要环节。施工质量验收包括施工过程的质量验收和工程项目竣工质量验收两个部分。

一个建设工程项目从施工准备开始到竣工交付使用，要经过若干工序、工种的配合施工。施工质量的优劣，取决于各个施工工序、工种的管理水平和操作质量。因此，为了便于控制、检查、评定和监督每个工序和工种的工作质量，就要把整个项目逐级划分为若干子项目，并分级进行编号，在施工过程中据此来进行质量控制和检查验收。这是进行施工质量控制的一项重要准备工作，应在项目施工开始之前进行。项目划分越合理、越明细，就越有利于分清质量责任，便于施工人员进行质量自控和检查监督人员检查验收，也有利于质量记录等资料的填写、整理和归档。

根据规定，建筑工程施工质量验收应划分为单位工程、分项工程、分部工程和检验批。

（1）单位工程的划分应按下列原则确定

1）具备独立施工条件并能形成独立使用功能的建筑物及构筑物为一个单位工程。

2）对于建筑规模较大的单位工程，可将其能形成独立使用功能的部分划分为一个子单位工程。

（2）分项工程的划分

分项工程是分部工程的组成部分。分项工程可按主要工种、材料、施工工艺、设备类别等进行划分。以地基与基础分部工程为例，分项工程划分如表 5-1 所示，完整部分详见《建筑工程施工质量验收统一标准》（GB 50300—2013）附录 B 部分。

表 5-1　建筑工程的分部工程、子分部工程和分项工程划分

分部工程	子分部工程	分项工程
地基与基础	土方	土方开挖，土方回填，场地平整
	基坑支护	灌注桩排桩围护墙，重力式挡土墙，板桩围护墙，型钢水泥土搅拌墙，土钉墙与复合土钉墙，地下连续墙，咬合桩围护墙，沉井与沉箱，钢或混凝土支撑，锚杆（索），与主体结构相结合的基坑支护，降水与排水
	地基处理	素土、灰土地基，砂和砂石地基，土工合成材料地基，粉煤灰地基，强夯地基，注浆加固地基，预压地基，振冲地基，高压喷射注浆地基，水泥土搅拌桩地基，土和灰土挤密桩地基，水泥粉煤灰碎石桩地基，夯实水泥土桩地基，砂桩地基
	桩基础	先张法预应力管桩，钢筋混凝土预制桩，钢桩，泥浆护壁混凝土灌注桩，长螺旋钻孔压灌桩，沉管灌注桩，干作业成孔灌注桩，锚杆静压桩
	混凝土基础	模板，钢筋，混凝土，预应力，现浇结构，装配式结构
	砌体基础	砖砌体，混凝土小型空心砌块砌体，石砌体，配筋砌体
	钢结构基础	钢结构焊接，紧固件连接，钢结构制作，钢结构安装，防腐涂料涂装
	钢管混凝土结构基础	构件进场验收，构件现场拼装，柱脚锚固，构件安装，柱与混凝土梁连接，钢管内钢筋骨架，钢管内混凝土浇筑
	型钢混凝土结构基础	型钢焊接，紧固件连接，型钢与钢筋连接，型钢构件组装及预拼装，型钢安装，模板，混凝土
	地下防水	主体结构防水，细部构造防水，特殊施工法结构防水，排水，注浆

（3）分部工程的划分应按下列原则确定

1）可按专业性质、工程部位确定。例如，一般的建筑工程可划分为地基与基础、主体结构、建筑装饰装修、建筑屋面、建筑给排水，以及采暖、建筑电气、智能建筑、通风与空调、电梯等分部工程。

2）当分部工程较大或较复杂时，可按材料种类、施工特点、施工程序、专业系统及类别等划分为若干子分部工程。

（4）检验批的划分

检验批可根据施工质量控制和专业验收需要，按工程量、楼层、施工段、变形缝等进行划分。

通常，多层及高层建筑的分项工程可按楼层或施工段来划分检验批，单层建筑的分项工程可按变形缝等划分检验批；地基与基础的分项工程一般划分为一个检验批，有地下层的基础工程可按不同的地下层划分检验批；屋面工程的分项工程可按不同楼层屋面划分为不同的检验批；其他分部工程中的分项工程，一般按楼层划分检验批；对于工程量较少的分项工程可划分为一个检验批；安装工程一般按一个设计系统或设备组别划分为一个检验批；室外工程一般划分为一个检验批；散水、台阶、明沟等含在地面检验批中。

室外工程可根据专业类别和工程规模划分为子单位工程、分部工程和分项工程，如表 5-2 所示。

表 5-2　室外工程的划分

子单位工程	分部工程	分项工程
室外设施	道路	路基、基层、面层、广场与停车场、人行道、人行地道、挡土墙、附属构筑物
	边坡	土石方、挡土墙、支护
附属建筑及室外环境	附属建筑	车棚、围墙、大门、挡土墙
	室外环境	建筑小品、亭台、水景、连廊、花坛、场坪绿化、景观桥

施工前，应由施工单位制订分项工程和检验批的划分方案，并由监理单位审核。对于表 5-2 及相关专业验收规范未涵盖的分项工程和检验批，可由建设单位组织监理、施工单位等协商确定。

二、施工过程质量验收

《建筑工程施工质量验收统一标准》（GB 50300—2013）与各个专业工程施工质量验收规范，明确规定了各分项工程施工质量的基本要求，规定了分项工程检验批的抽查办法和抽查数量，规定了检验批主控项目、一般项目的检查内容和允许偏差，规定了对主控项目、一般项目的检验方法，规定了各分部工程验收的方法和需要的技术资料等，同时对涉及人民生命财产安全、人身健康、环境保护和公共利益的内容以强制性条文做出规定，要求必须坚决、严格地遵照执行。

检验批和分项工程是质量验收的基本单元。分部工程是在所含全部分项工程验收的基础上进行验收的，在施工过程中边完工边验收，并留下完整的质量验收记录和资料。单位工程作为具有独立使用功能的完整建筑产品，进行竣工质量验收。

（一）施工现场质量管理检查

1）施工现场应具有健全的质量管理体系、相应的施工技术标准、施工质量检验制度和综合施工质量水平评定考核制度。施工现场质量管理可依照《建筑工程施工质量验收统一标准》（GB 50300—2013）附录 A 的规定进行检查记录。

2）未实行监理的建筑工程，建设单位相关人员应履行本标准涉及的监理职责。

3）建筑工程的施工质量控制应符合下列规定。

① 建筑工程采用的主要材料、半成品、成品、建筑构配件、器具和设备应进行进场检验。凡涉及安全、节能、环境保护和主要使用功能的重要材料、产品，应按各专业工程施工规范、验收规范和设计文件等规定进行复验，并应经监理工程师检查认可。

② 各施工工序应按施工技术标准进行质量控制，每道施工工序完成后，经施工单位自检符合规定后，才能进入下一道工序的施工。各专业工种之间的相关工序应进行交接检验，并应记录。

③ 对于监理单位提出检查要求的重要工序，应经监理工程师检查认可，才能进入下一道工序的施工。

4）符合下列条件之一时，可按相关专业验收规范的规定适当调整抽样复验、试验数量，调整后的抽样复验、试验方案应由施工单位编制，并报监理单位审核确认。

① 同一项目中由相同施工单位施工的多个单位工程，使用同一生产厂家的同品种、同规格、同批次的材料、构配件、设备。

② 同一施工单位在现场加工的成品、半成品、构配件用于同一项目中的多个单位工程。

③ 在同一项目中，针对同一抽样对象已有检验成果可以重复利用。

5）当专业验收规范对工程中的验收项目未做出相应规定时，应由建设单位组织监理、设计、施工等相关单位制定专项验收要求。涉及安全、节能、环境保护等项目的专项验收要求应由建设单位组织专家论证。

6）建筑工程施工质量应按下列要求进行验收。

① 工程质量验收均应在施工单位自检合格的基础上进行。

② 参加工程施工质量验收的各方人员应具备相应的资格。

③ 检验批的质量应按主控项目和一般项目验收。

④ 对涉及结构安全、节能、环境保护和主要使用功能的试块、试件及材料，应在进场时或施工中按规定进行见证检验。

⑤ 隐蔽工程在隐蔽前应由施工单位通知监理单位进行验收，并应形成验收文件，验收合格后方可继续施工。

⑥ 对涉及结构安全、节能、环境保护和使用功能的重要分部工程应在验收前按规定进行抽样检验。

⑦ 工程的观感质量应由验收人员现场检查，并应共同确认。

7）建筑工程施工质量验收合格应符合下列规定。

① 符合工程勘察、设计文件的要求。

② 符合本标准和相关专业验收规范的规定。

8）检验批的质量检验，可根据检验项目的特点在下列抽样方案中选取。

① 计量、计数或计量-计数的抽样方案。

② 一次、二次或多次抽样方案。

③ 对重要的检验项目，当有简易快速的检验方法时，应选用全数检验方案。

④ 根据生产连续性和生产控制稳定性的情况，采用调整型抽样方案。

⑤ 经实践证明有效的抽样方案。

9）检验批抽样样本应随机抽取，满足分布均匀、具有代表性的要求，抽样数量应符合有关专业验收规范的规定。当采用计数抽样时，最小抽样数量应符合表 5-3 的要求。

表 5-3 检验批容量和最小抽样数量

检验批的容量	最小抽样数量	检验批的容量	最小抽样数量
2～15	2	151～280	13
16～25	3	281～500	20
26～90	5	501～1200	32
91～150	8	1201～3200	50

明显不合格的个体可不纳入检验批，但应进行处理，使其满足有关专业验收规范的规定，对处理的情况应予以记录并重新验收。

10）计量抽样的错判概率 α 和漏判概率 β 可按下列规定采取。

① 主控项目：对应于合格质量水平的 α 和 β 均不宜超过 5%。

② 一般项目：对应于合格质量水平的 α 不宜超过 5%，β 不宜超过 10%。

其中，错判概率是指合格批被判为不合格批的概率，即合格批被拒收的概率，用 α 表示；漏判概率是指不合格批被判为合格批的概率，即不合格批被误收的概率，用 β 表示。

（二）检验批质量验收

检验批是指按相同的生产条件或按规定的方式汇总起来供抽样检验用的，由一定数量样本组成的检验体。检验批是工程验收的最小单位，是分项工程乃至整个建筑工程质量验收的基础。检验批应由专业监理工程师组织施工单位项目专业质量检查员、专业工长等进行验收。

检验批质量验收合格应符合下列规定。

1）主控项目的质量经抽样检验均应合格。

2）一般项目的质量经抽样检验合格。

3）具有完整的施工操作依据、质量验收记录。

主控项目是指建筑工程中对安全、卫生、环境保护和主要使用功能起决定性作用的检验项目。主控项目的验收必须从严要求，不允许有不符合要求的检验结果，主控项目的检查具有否决权。除主控项目以外的检验项目称为一般项目。

检验批质量验收记录可根据现场检查原始记录按《建筑工程施工质量验收统一标准》（GB 50300—2013）附录 E 填写，现场检查原始记录应在单位工程竣工验收前保留，并可追溯。

（三）分项工程质量验收

分项工程质量验收在检验批验收的基础上进行。一般情况下，两者具有相同或相近的性质，只是批量的大小不同而已。分项工程可由一个或若干个检验批组成。

分项工程应由专业监理工程师组织施工单位项目专业技术负责人等进行验收。

分项工程质量验收合格应符合下列规定。

1）所含检验批的质量均应验收合格。

2）所含检验批的质量验收记录应完整。

分项工程质量验收记录可按《建筑工程施工质量验收统一标准》（GB 50300—2013）附录 F 填写。

（四）分部工程质量验收

分部工程质量验收在其所含各分项工程验收的基础上进行。

分部工程应由总监理工程师组织施工单位项目负责人和项目技术、质量负责人等进行验收；勘察、设计单位项目负责人和施工单位技术、质量部门负责人应参加地基与基础分部的验收；设计单位项目负责人和施工单位技术、质量部门负责人应参加主体结构、节能分部工程的验收。

分部工程质量验收合格应符合下列规定。

1）所含各分项工程的质量均应验收合格。

2）质量控制资料应完整。

3）有关安全、节能、环境保护和主要使用功能的抽样检验结果应符合相应规定。

4）观感质量应符合要求。

必须注意的是，由于分部工程所含的各分项工程性质不同，它并不是在所含分项验收基础上的简单相加，即所含分项验收合格且质量控制资料完整，只是分部工程质量验收的基本条件，还必须在此基础上对涉及安全、节能、环境保护和主要使用功能的地基基础、主体结构和设备安装分部工程进行见证取样试验或抽样检测，而且还须对其观感质量进行验收，并综合给出质量评价，对于评价为“差”的检查点应通过返修处理等进行补救。

分部工程质量验收记录可按《建筑工程施工质量验收统一标准》（GB 50300—2013）附录 G 填写。

（五）单位工程质量竣工验收

单位工程是工程项目竣工质量验收的基本对象。单位工程质量验收合格应符合下列规定。

1）所含分部工程的质量均应验收合格。

2）质量控制资料应完整。

3）所含分部工程中有关安全、节能、环境保护和主要使用功能的检验资料应完整。

4）主要使用功能的抽查结果应符合相关专业质量验收规范的规定。

5）观感质量应符合要求。

单位工程中的分包工程完工后，分包单位应对所承包的工程项目进行自检，并应按规定的程序进行验收。验收时，总包单位应派人参加。分包单位应将所分包工程的质量控制资料整理完整，并移交给总包单位。

单位工程完工后，施工单位应组织有关人员进行自检。总监理工程师应组织各专业监理工程师对工程质量进行竣工预验收。当存在施工质量问题时，应由施工单位整改。整改完毕后，由施工单位向建设单位提交工程竣工报告，申请工程竣工验收。建设单位收到工程竣工报告后，应由建设单位项目负责人组织监理、施工、设计、勘察等单位项目负责人进行单位工程验收。

单位工程质量竣工验收记录、质量控制资料核查记录、安全和功能检验资料核查及主要功能抽查记录、观感质量检查记录应按《建筑工程施工质量验收统一标准》（GB 50300—2013）附录 H 填写。

单位工程质量竣工验收记录应按《建筑工程施工质量验收统一标准》（GB 50300—2013）附录 H.0.1-1 记录，表 H.0.1-1 中的验收记录由施工单位填写，验收结论由监理单位填写。综合验收结论经参加验收各方共同商定，由建设单位填写，应对工程质量是否符合设计文件和相关标准的规定及总体质量水平做出评价。

单位工程质量控制资料核查应按《建筑工程施工质量验收统一标准》（GB 50300—2013）附录 H.0.1-2 记录，单位工程安全和功能检验资料核查及主要功能抽查应按《建筑工程施工质量验收统一标准》（GB 50300—2013）附录 H.0.1-3 记录，单位工程观感质量检查应按《建筑工程施工质量验收统一标准》（GB 50300—2013）附录 H.0.1-4 记录。

三、工程竣工质量验收

工程竣工质量验收由建设单位负责组织实施，它是施工质量控制的最后一个环节，是对施工过程质量控制成果的全面检验，是从终端把关方面进行质量控制。未经验收或验收不合格的工程，不得交付使用。

（一）工程竣工验收要求

1）完成工程设计和合同约定的各项内容。

2）施工单位在工程完工后对工程质量进行检查，确认工程质量符合有关法律法规和工程建设强制性标准，符合设计文件及合同要求，并提出工程竣工报告。工程竣工报告应经项目经理和施工单位有关负责人审核签字。

3）对于委托监理的工程项目，监理单位对工程进行质量评估，具有完整的监理资料，并提出工程质量评估报告。工程质量评估报告应经总监理工程师和监理单位有关负责人审核签字。

4）勘察、设计单位对勘察、设计文件及施工过程中由设计单位签署的设计变更通知书进行检查，并提出质量检查报告。质量检查报告应经该项目勘察、设计负责人和勘察、设计单位有关负责人审核签字。

5）有完整的技术档案和施工管理资料。

6）有工程使用的主要建筑材料、建筑构配件和设备的进场试验报告，以及工程质量检测和功能性试验资料。

7）建设单位已按合同约定支付工程款。

8）有施工单位签署的工程质量保修书。

9）对于住宅工程，进行分户验收并验收合格，建设单位按户出具《住宅工程质量分户验收表》。

10）建设主管部门及工程质量监督机构责令整改的问题全部整改完毕。

11）法律、法规规定的其他条件。

（二）工程竣工验收程序

1）工程完工后，施工单位向建设单位提交工程竣工报告，申请工程竣工验收。实行监理的工程，工程竣工报告须经总监理工程师签署意见。

2）建设单位收到工程竣工报告后，对符合竣工验收要求的工程，组织勘察、设计、施工、监理等单位组成验收组，制订验收方案。对于重大工程和技术复杂工程，根据需要可邀请有关专家参加验收组。

3）建设单位应当在工程竣工验收 7 个工作日前将验收的时间、地点及验收组名单书面通知负责监督该工程的工程质量监督机构。

4）建设单位组织工程竣工验收。

① 建设、勘察、设计、施工、监理单位分别汇报工程合同履约情况和在工程建设各个环节执行法律、法规和工程建设强制性标准的情况。

② 审阅建设、勘察、设计、施工、监理等单位的工程档案资料。

③ 实地查验工程质量。

④ 对工程勘察、设计、施工、设备安装质量和各管理环节等方面做出全面评价，形成经验收组人员签署的工程竣工验收意见。

当参与工程竣工验收的建设、勘察、设计、施工、监理等各方不能形成一致意见时，应当协商提出解决方案，待意见一致后，重新组织工程竣工验收。

（三）工程竣工验收报告

工程竣工验收合格后，建设单位应当及时提出工程竣工验收报告。工程竣工验收报告主要包括工程概况，建设单位执行基本建设程序情况，对工程勘察、设计、施工、监理等方面的评价，工程竣工验收时间、程序、内容和组织形式，工程竣工验收意见等内容。

工程竣工验收报告还应附有下列文件。

1）施工许可证。

2）施工图设计文件审查意见。

3）施工单位提出工程竣工报告。工程竣工报告应经项目经理和施工单位有关负责人审核签字。

4）监理单位提出工程质量评估报告。工程质量评估报告应经总监理工程师和监理单位有关负责人审核签字。

5）勘察、设计单位对勘察、设计文件及施工过程中由设计单位签署的设计变更通知书进行检查，并提出质量检查报告。质量检查报告应经该项目勘察、设计负责人和勘察、设计单位有关负责人审核签字。

6）有施工单位签署的工程质量保修书。

7）验收组人员签署的工程竣工验收意见。

8）法规、规章规定的其他有关文件。

负责监督该工程的工程质量监督机构应当对工程竣工验收的组织形式、验收程序、执行验收标准等情况进行现场监督，发现有违反建设工程质量管理规定行为的，应责令改正，并将对工程竣工验收的监督情况作为工程质量监督报告的重要内容。

建设单位应当自工程竣工验收合格之日起 15 日内，依照《房屋建筑和市政基础设施工程竣工验收备案管理办法》（住房和城乡建设部令第 2 号）的规定，向工程所在地的县级以上地方人民政府建设行政主管部门备案。

四、施工过程质量验收不符合要求的处理

施工过程的质量验收是以检验批的施工质量为基本验收单元。检验批质量不合格可能是由于使用的材料不合格、施工作业质量不合格、质量控制资料不完整等原因所致，其处理方法如下。

1）在检验批验收时，发现存在严重缺陷的应返工，有一般缺陷的可通过返修或更换器具、设备消除缺陷后重新进行验收。

2）个别检验批发现某些项目或指标（如试块强度等）不满足要求难以确定是否验收时，应请有资质的检测单位检测鉴定，当鉴定结果能够达到设计要求时，应予以验收。

3）当检测鉴定达不到设计要求，但经原设计单位核算仍能满足结构安全和使用功能的检验批，可予以验收。

4）严重质量缺陷或超过检验批范围内的缺陷，经法定检测单位检测鉴定后，认为不能满足最低限度的安全储备和使用功能，则必须进行加固处理，虽然改变外形尺寸，但仍能满足安全使用要求，可按技术处理方案和协商文件进行验收，责任方应承担经济责任。

5）经过返修或加固处理后仍不能满足安全使用要求的分部工程应严禁验收。

第二节　工程项目质量保修

一、质量保修期限

我国《建筑法》第六十二条规定：“建筑工程实行质量保修制度。”建设工程质量保修制度是指建设工程在办理交工验收手续后，在规定的保修期限内，因勘察、设计、施工、材料等原因造成的质量缺陷，应当由施工承包单位负责维修、返工或更换，由责任单位负责赔偿损失。质量问题是指工程不符合国家工程建设强制性标准、设计文件及合同中对质量的要求。

建设工程承包单位在向建设单位提交工程竣工验收报告时，应当向建设单位出具质量保修书。质量保修书中应当明确建设工程的保修范围、保修期限和保修责任等。

在正常使用条件下，建设工程的最低保修期限如下。

1）基础设施工程、房屋建筑的地基基础工程和主体结构工程，为设计文件规定的该工程的合理使用年限。

2）屋面防水工程、有防水要求的卫生间、房间和外墙面的防渗漏，为 5 年。

3）供热与供冷系统，为两个采暖期、供冷期。

4）电气管线、给排水管道、设备安装和装修工程，为 2 年。

其他项目的保修期限由发包方与承包方约定。建设工程的保修期，自竣工验收合格之日起计算。

二、保修期限质量问题的处理

房屋建筑工程在保修期限内出现质量缺陷，建设单位或者房屋建筑所有人应当向施工单位发出保修通知。施工单位接到保修通知后，应当到现场核查情况，在保修书约定的时间内予以保修。发生涉及结构安全或者严重影响使用功能的紧急抢修事故，施工单位接到保修通知后，应当立即到达现场进行抢修。发生涉及结构安全的质量缺陷，建设单位或者房屋建筑所有人应当立即向当地建设行政主管部门报告，由原设计单位或者具有相应资质等级的设计单位提出保修方案，施工单位实施保修，原工程质量监督机构负责监督。保修完成后，由建设单位或者房屋建筑所有人组织验收。涉及结构安全的，应当报当地建设行政主管部门备案。施工单位不按工程质量保修书约定保修的，建设单位可以另行委托其他单位保修，由原施工单位承担相应责任。保修费用由质量缺陷的责任方承担。

在保修期限内，因房屋建筑工程质量缺陷造成房屋所有人、使用人或者第三方人身、财产损害的，房屋所有人、使用人或者第三方可以向建设单位提出赔偿要求。建设单位向造成房屋建筑工程质量缺陷的责任方追偿。

（一）保修责任

因保修人未及时履行保修义务，导致建筑物毁损或者造成人身、财产损害的，保修人应当承担赔偿责任。保修人与建筑物所有人或者发包人对建筑物毁损均有过错的，应各自承担相应的责任。

建设工程保修的质量责任问题是指在保修范围和保修期限内的质量问题。对于保修义务的承担和维修的经济责任承担应当按下述原则处理。

1）施工单位未按照国家有关标准规范和设计要求施工所造成的质量缺陷，由施工单位负责返修并承担经济责任。

2）因设计问题导致的质量缺陷，先由施工单位负责维修，其经济责任按有关规定通过建设单位向设计单位索赔。

3）因建筑材料、构配件和设备质量不合格引起的质量缺陷，先由施工单位负责维修，其经济责任属于施工单位采购的或经其验收同意的，由施工单位承担经济责任；属于建设单位采购的，由建设单位承担经济责任。

4）因建设单位（含监理单位）错误管理而造成的质量缺陷，先由施工单位负责维修，其经济责任由建设单位承担；若属于监理单位责任，则由建设单位向监理单位索赔。

5）因使用单位使用不当导致的损坏，先由施工单位负责维修，其经济责任由使用单位自行负责。

6）因地震、台风、洪水等自然灾害或者其他不可抗力造成的损坏，先由施工单位负责维修，建设参与各方再根据国家具体政策分担经济责任。

（二）建设工程质量保证金

建设工程质量保证金（以下简称“保证金”）是指发包人与承包人在建设工程承包合同中约定，从应付的工程款中预留，用以保证承包人在缺陷责任期内对建设工程出现的缺陷进行维修的资金。质量缺陷是指建设工程质量不符合工程建设强制性标准、设计文件及承包合同的约定。缺陷责任期一般为 1 年，最长不超过 2 年，由发包、承包双方在合同中约定。发包人应按照合同约定方式预留保证金，保证金总预留比例不得高于工程价款结算总额的 3%。合同约定由承包人以银行保函替代预留保证金的，保函金额不得高于工程价款结算总额的 3%。

1．保证金管理方式

1）政府投资项目。在缺陷责任期内，实行国库集中支付的政府投资项目，保证金的管理应按国库集中支付的有关规定执行。其他政府投资项目，保证金可以预留在财政部门或发包方。在缺陷责任期内，如发包方被撤销，保证金随交付使用资产一并移交使用单位管理，由使用单位代行发包人职责。

2）社会投资项目。采用预留保证金方式的，发包、承包双方可以约定将保证金交由第三方金融机构托管。

2. 保证金方式

推行银行保函制度，承包人可以银行保函替代预留保证金。在工程项目竣工前，已经缴纳履约保证金的，发包人不得同时预留工程质量保证金。采用工程质量保证担保、工程质量保险等其他保证方式的，发包人不得再预留保证金。

（1）缺陷责任期期限

缺陷责任期从工程通过竣工验收之日起计算。因承包人导致工程无法按规定期限进行竣工验收的，缺陷责任期从实际通过竣工验收之日起计算。因发包人导致工程无法按规定期限进行竣工验收的，在承包人提交竣工验收报告 90 天后，工程自动进入缺陷责任期。

（2）缺陷责任期责任

在缺陷责任期内，因承包人导致的缺陷，承包人应负责维修，并承担鉴定及维修费用。如承包人不维修也不承担费用，发包人可按合同约定从保证金或银行保函中扣除，费用超出保证金额的，发包人可按合同约定向承包人进行索赔。承包人维修并承担相应费用后，不免除对工程的损失赔偿责任。

因他人导致的缺陷，发包人负责组织维修，承包人不承担费用，且发包人不得从保证金中扣除费用。

在缺陷责任期内，承包人认真履行合同约定的责任，到期后，承包人向发包人申请返还保证金。

（3）工程质量保证金的返还

发包人在接到承包人返还保证金申请后，应于 14 日内会同承包人按照合同约定的内容进行核实。如无异议，发包人应当按照约定将保证金返还给承包人。对返还期限没有约定或者约定不明确的，发包人应当在核实后 14 日内将保证金返还承包人，逾期未返还的，依法承担违约责任。发包人在接到承包人返还保证金申请后 14 日内不予答复，经催告后 14 日内仍不予答复的，视同认可承包人的返还保证金申请。

第三节　知识管理在工程质量管理中的应用

随着对知识管理研究的不断深入，人们研究的重点已从知识管理意义、概念界定等理论范畴，向现实可行的科学管理方法体系开发、认知工具的研究及具体应用发展。加强项目质量管理，提高工程质量，是工程技术人员的重要课题。知识管理与质量管理的融合，为工程项目质量改进提供了新的保障，注入了新的活力。

一、知识管理及知识管理技术的概念

（一）知识管理的概念

知识管理的定义至今尚未统一，本书引用英国学者洛丽（Rowley）的概念：知识管理关注的是在促进实现组织发展目标观念的指导下，如何对现有组织内部的知识资产进行开发和利用。知识管理的对象包括外显的、文档化的显性知识和内隐的、主观化的隐性知识。知识管理的过程包括知识的识别、共享和创造等过程。它要求创建和共享知识体系，培养和促进组织学习。成功开展知识管理的组织都将知识作为资产来管理，发展支持知识创造与共享的组织理念与价值观。美国学者达文波特（Davenport）认为，知识管理的需求和应用可分为知识库、知识通道、知识环境和知识资产四类。简言之，知识管理是协助组织内所有的人或单位，通过有效的信息技术与管理制度，针对组织中的知识资本进行系统的获取、储存、应用、扩散、创新等活动，进而达到提高企业经济效益和核心竞争力的过程。

（二）知识管理技术的概念

知识管理技术是一个广泛的概念，是指生产、存储、提炼和传递知识的技术，能够协助人们获取、存储、传递及应用知识；它并不是指某项技术，而是一种技术体系，包括的技术内容繁多，覆盖知识活动的各个环节。知识管理技术并不限于基于计算机的技术，其他如编辑出版技术、发行技术等均是知识传播的传统技术，仍在发挥重要作用。但现代信息技术才是产生知识管理的真正催化剂，也是知识管理得以有效实现的基本前提。因此，更多谈论的知识管理技术是基于计算机的现代信息技术，以及计算机网络技术、软件技术、工作流技术、人工智能技术、知识发现技术、知识库技术等，它们在知识管理系统技术体系中占有非常重要的地位。

二、知识管理在工程项目质量管理中的应用

现代信息技术的飞速发展及其在企业管理和生产中的广泛应用，极大地影响了工程项目质量管理。以现代信息技术为基础的知识管理，在工程项目质量管理中的应用不只用于生产过程在线控制，还越来越多地用于整个经营系统与质量有关的决策和控制。知识管理组织结构是学习型组织，组织显性、隐性知识共享，强调团队精神，对全面质量管理全员参与和QC小组提出了更高要求。知识管理与质量管理结合应用具有广阔前景，提升了质量管理内涵，成为工程项目质量改进的促进力量。通过实施知识管理实现对质量管理思想和方式的变革，促进工程项目质量提高，并有利于质量与成本、进度管理紧密结合，取得了更好的效益。

（一）在工程项目质量管理各个过程中的应用

工程项目质量管理贯穿于工程项目的整个生命周期，从工程项目的方案论证、设计、施工到竣工验收，可以根据各阶段的不同特点实施相应的知识管理：①在工程项目方案论证和设计阶段，主要是进行知识管理规划与设计，包括进行教育训练凝聚共识，建立知识管理中心并成立专业工作组来负责知识社群分类，建立知识库储存和筛选知识等。②在工程项目施工阶段，主要是建立质量知识管理系统，并根据质量知识管理系统进行知识获取、存储、传播及运用；施工企业收集、整理施工质量管理的各种知识，通过网络传送给工程质量知识管理中心，由中心组织专家组从众多的质量管理备案信息和异常质量信息中进行质量知识管理的知识挖掘，然后对专家意见进行评估、试点；在创新的管理知识成熟时，提出修改标准知识库的要求。③在工程项目竣工验收阶段，工程质量知识管理中心根据施工工艺、工程类型等对相应的质量管理方法进行评估，及时推广效果好的方法并修改相应的标准知识库，然后通过知识社群进行知识创新和扩散，如通过讨论区、留言板、聊天室、公布栏等虚拟知识社群，将最好的实践案例和实践知识推给同行，并互相交流，改善其工程项目质量管理体系，进而达到知识型质量改进的目的。

（二）在工程项目质量影响因素方面的应用

影响工程项目质量的主要因素有人、材料、施工方法和机械等。通过知识管理有效地运用这些要素，对提高工程质量能产生显著作用。首先，必须建立学习型组织结构，培养整个组织的学习气氛，建立起符合人性的、有机的、扁平化的柔性组织，以此为平台实施知识管理。可以建立团队式工作学习小组，实现知识交流和共享。在质量管理中创造良好的工作环境，营造鼓励学习、崇尚创新的管理文化氛围，不仅在知识管理中心，而且在整个企业形成尊重知识、保护知识、管理知识、共享知识的质量管理文化。对材料、施工方法和机械等应用现代信息技术，通过建立专家知识库，指导材料、施工方法和机械等的采购、应用和管理。通过知识管理实现对这些要素的有效控制，使其符合工程质量管理的要求是运用知识管理的核心思想。

（三）在质量管理各主体及管理方法上的应用

工程项目的参与方有很多，主要有业主、项目管理和施工、设计、监理单位。构建的质量知识管理系统必须满足参与项目不同主体的要求，可以辅助它们预防和及时处理由于某方面的专业知识局限而造成的与工程质量有关的问题。在整个工程质量管理中使用的方法和工具有多种，而其中一些很难轻而易举地使用；知识管理应用现代信息技术可以使项目参与人员有效地提高这些方法和工具的利用效率和处理效率，从而去管理和控制工程项目质量。

三、知识库

知识管理最核心的部分是知识库，知识库水平直接决定了其应用好坏。工程质量知识管理内容广泛、形式多样，但也存在一些共同的地方。应用知识管理的关键是建立工程质量管理的知识库。对于大型工程投资公司，其知识管理系统中应建立共性领域知识库及元知识库，以节省建造知识库的费用。建立工程质量管理共性领域知识库和元知识库，是应用知识管理的基础性工作，也是其成功的关键所在。

建立工程质量知识管理的知识库，要坚持建库原则，如易于扩充、维护与修改，考虑对其内容做各种处理的时间效率和知识在库中存放的空间效率等，还必须根据质量管理知识库的特性，坚持知识共享和知识独立。知识共享是建库时首先要考虑的问题。对于整个在工程质量管理领域有共性的知识，可以在所有及部分工程质量管理中使用，不仅避免了知识库冗余，还能提高知识库的使用效率。对于这类共性知识，可以建立一个工程质量知识管理的共性数据库，供不同工程项目调用。

建立工程质量知识管理的知识库，包括三部分：一是共性领域知识库，是指各个项目质量管理在知识管理时均可使用的知识库，包括质量管理基本概念、基本过程、质量指标及工程质量相关因素等；二是个性领域知识库，是指专门的、特定的知识管理的知识库，如专家系统可进行分部工程评价、混凝土裂缝诊断等，这些知识是工程质量管理领域内某一特定问题所有相关知识组成的知识库；三是元知识库，是指由那些对领域知识起指导作用的知识组成的知识库，一般用产生式规则表示；它对共性知识库和个性知识库都有指导意义，可用于指导规则选择、记录与领域知识有关的事实、规则论证和检查等，具有较大的通用性，可适用于工程质量管理领域以外的方面。以上三个知识库是相互关联的，而不是相互独立的，其规划和设计要充分考虑它们的关联性，这样才能提高它们的相对整体性和数据库的操作效率。

中篇

建设工程安全管理

第六章　建设工程安全管理概论

第一节　安全管理概述

一、安全管理的内涵

（一）安全与危险

安全与危险是相对的概念，是指人们对生产、生活中可能遭受健康损害和人身伤亡的综合认识。

1．安全

安全的定义在许多著作中有着不同的论述。美国安全工程师协会（American Society of Safety Engineers，ASSE）认为：安全意味着可以容忍的风险程度。该定义蕴含三层含义：①人对系统的认识；②建立在当时社会与经济基础之上的安全判别标准；③认识与标准的比较过程。

通常，安全是指不受威胁，没有危险、危害和损失。人类的整体与生存环境资源的和谐相处，互不伤害，不存在危险、危害的隐患，是免除了不可接受的损害风险的状态。安全是在人类生产过程中，将系统的运行状态对人类的生命、财产、环境可能产生的损害控制在人类能接受的水平以下的状态。

2．危险

危险是指系统中存在特定危险事件发生的可能性与后果的总称。根据系统安全工程的观点，危险是在系统中存在导致发生不期望后果的可能性超过了人们的承受程度。从危险的概念可以看出，危险是人们对事物的具体认识，必须指明具体对象，如危险环境、危险条件、危险状态、危险物质、危险场所、危险人员、危险因素等。一般用风险度表示具有严重后果事件发生的可能性。在安全生产管理中，风险可以表示为生产系统中事故发生的可能性与严重性的函数关系式，即

$$R = f(F,C) \tag{6-1}$$

式中：R——风险；

F——事故发生的可能性或概率；

C——事故发生的严重性或损失。

从广义上讲，风险可以分为自然风险、社会风险、政治风险、经济风险和技术风险五类。然而，对于建设工程安全生产管理，也可分为人、机、材料、环境、管理等风险。

3. 安全许可

安全许可是指国家对矿山企业、建设施工企业和危险化学品、烟花爆竹、民用爆破器材生产企业实行安全许可制度。企业未取得安全生产许可证的，不得从事生产经营活动。

（二）事故与事故隐患

1. 事故

事故是指生产、工作中发生的意外损失或灾祸。在生产过程中，事故是指造成人员死亡、伤害、财产损失或其他损失的意外事件。

2. 事故隐患

隐患是指潜藏着的祸患。《安全生产事故隐患排查治理暂行规定》（国家安全生产监督管理总局令第 16 号）将“安全生产事故隐患”定义为：生产经营单位违反安全生产法律、法规、规章、标准、规程和安全生产管理制度的规定，或者因其他因素在生产经营活动中存在可能导致事故发生的物的危险状态、人的不安全行为和管理上的缺陷。

（三）管理、安全生产与安全管理

1. 管理

管理是指通过计划、组织、领导、控制及创新等职能活动或手段，结合人力、物力、财力、信息等资源并高效达到组织目标的过程。在借鉴中外学者对管理概念认识的基础上，把管理定义为：在社会活动中，一定的人和组织依据所拥有的权利，通过一系列职能活动，对人力、物力、财力及其他资源进行协调或处理，以达到预期目标的活动过程。

2. 安全生产

《辞海》将“安全生产”解释为：为预防生产过程中发生人身、设备事故，形成良好劳动环境和工作秩序而采取的一系列措施和活动。《中国大百科全书》将“安全生产”解释为：旨在保护劳动者在生产过程中安全的一项方针，也是企业管理必须遵循的一项原则，要求最大限度地减少劳动者的工伤和职业病，保障劳动者在生产过程中的生命和身体健康。后者将“安全生产”解释为企业生产的一项方针、原则和要求，前者则解释为企业生产的一系列措施和活动。根据现代系统安全工程的观点，安全生产在一般意义上讲，是指在社会生产活动中，为了使生产过程在符合物质条件和工作程序下进行，防止发生人身伤亡、财产损失等事故，通过人、机、物料、环境的协调运作，而采取的消除或控制危险及有害因素、保障人身健康安全、设备设施免遭损坏、环境免遭破坏的一系列措施和活动。从广义上讲，安全生产是为了保证生产过程中不伤害劳动者和周围人员的生命和身体健康，不使相关财产遭受损失的一切行为。安全生产是由社会科学和自然科学两个科学范畴相互渗透、相互交织构成的保护人类生命和财产安全的政策性和技术性的综合学科。

3. 安全管理

安全管理（safety management）是管理科学的一个重要组成部分，是安全科学的一个分支。它是针对人类在生产过程中的安全问题，运用有效的资源，发挥人类的智慧、知识及技能，通过人类的努力，进行决策、计划、组织和控制等活动，实现生产过程中人与机器设备、物料、环境之间的和谐，达到安全生产的目标。

安全管理可以通过减少和控制危害（人的不安全行为、物的不安全状态及环境变化的应对等），减少和预防事故的发生，尽量避免生产过程中因事故造成的人身伤害、财产损失、环境污染及其他损失。安全管理包括安全生产法制管理、行政管理、监督检查、工艺技术管理、设备设施管理、作业环境和条件管理等内容。

安全管理是企业生产管理的重要组成部分，是一门综合性的系统科学。安全管理的对象是生产中的一切人、物、环境的状态管理与控制，它是一种动态管理，其内容包括安全生产管理组织机构和安全生产管理人员、安全生产责任制、安全生产管理规章制度、安全生产策划、安全培训教育、安全档案资料管理等。

二、建设工程安全管理概述

（一）工程项目安全管理的定义

广义的工程项目安全管理，是指在工程项目的全生命周期内，为保证实现生产人员、使用人员的生命健康、财产安全所进行的组织、计划、指挥、协调和控制等一系列管理活动。狭义的工程项目安全管理（又称为建设工程安全管理），是指为了保证工程的生产安全所进行的一系列管理活动，其主要目的在于保护建筑业企业职工在工程建设过程中的安全与健康，保证国家和人民的财产不受损失，保证建设生产任务的顺利完成。本书重点讲述狭义的工程项目安全管理，即建设工程安全管理。

建设工程的实施是由不同的利益相关者参与，并承担不同的责任。因此，从不同参与主体的角度，建设工程安全管理应当包括：建设行政主管部门对建设活动过程中安全生产的行业管理；安全生产行政主管部门对建设活动过程中安全生产的综合性监督管理；从事建设活动的主体（施工企业、勘察单位、设计单位、建设单位和监理单位）对建设活动过程中安全生产所进行的管理。

（二）建设工程安全管理的特点

1）范围大、控制面广。由于工程规模较大、生产工艺复杂、不确定因素多等特点，建设工程安全管理涉及的范围大、控制面广。

2）动态性。由于建设工程项目一次性的特点，每个工程项目都有不同的条件、不同的危险因素及防范措施，使建设工程安全管理具有动态性的特点。

3）交叉性。建设工程项目是开放性的系统，受自然环境和社会环境的影响很大，安全控制需要把工程系统和环境系统及社会系统结合起来，具有交叉性的特点。

4）严谨性。安全状态具有触发性，一旦失控后果严重，所以安全管理必须具有严谨性的特点，以实现工程建设系统的安全目标。

（三）建设工程安全管理的手段

建设工程安全管理的手段有多种形式，包括安全法规、安全技术、经济手段、安全检查、安全评价和安全文化教育。不同形式的安全管理手段在管理的价值观念、管理体制、管理措施等层面发挥不同的作用。

1. 安全法规

安全法规是指用立法的手段制定保护职业安全生产的政策、规程、条例、规范和制度。它对改善劳动条件、确保建筑业生产领域中职工身体健康和生命安全，维护财产安全，起着法律保护的作用。

2. 安全技术

安全技术是指在建设过程中为防止和消除伤亡事故，或减轻繁重及危险劳动所采取的措施，其基本内容是预防伤亡事故的工程技术措施，作用在于从技术上落实安全生产。

3. 经济手段

经济手段是指各类责任主体通过各种安全投入（如各类保险）为自己编织一个安全网，维护自身利益，同时运用经济杠杆使信誉好、建设产品质量高的企业获得较高的经济效益，对违章行为进行惩罚。经济手段主要有工伤保险、意外伤害保险、经济惩罚制度、提取安全费用等内容。

4. 安全检查

安全检查是指在建设工程项目施工生产过程中，为及时发现事故隐患，排除施工中的不安全因素，纠正违章作业，监督安全技术措施的执行，堵塞漏洞，防患于未然，对安全生产过程中易发生事故的主要环节、部位、工艺完成情况，由专门安全生产管理机构进行全过程的动态检查，及时发现和治理建设过程中的安全隐患，预防和减少事故的发生。

5. 安全评价

安全评价是指采用系统科学的方法，辨别和分析系统中存在的危险因素，并根据其形成事故的风险大小，采取相应的安全措施，以达到系统安全的目的。安全评价的一般过程是辨别危险性、评价风险、采取措施，直到实现安全目标。安全评价的形式主要有定性安全评价和定量安全评价两种。

6. 安全文化教育

安全文化教育是指通过提高行业、企业人员对安全的认识，树立“安全高于一切”的正确安全生产价值观，增强安全意识与安全技能，减少建设工程项目施工作业过程中的不安全行为，保障建设工程项目施工的顺利进行。

（四）建设工程安全管理组织

建设工程安全管理组织是设计并建立一种责任与权力机制，以形成建设工程安全的工作环境的过程。在建设工程安全管理的工作环境中能形成一种建筑业企业的安全文化。然而，建筑业企业安全文化又会反作用于建设工程安全工作的各个方面，包括影响个人和建筑业企业的行为、安全项目的计划和实施。组织管理需要从良好的安全文化中汲取营养，而安全文化的培养也需要组织行为的推动。

促进建筑业企业安全文化对于政策的正确实施和持续发展具有重要作用，这样的文化需要时间来孕育，但却是影响个人行为的有效方式。每个建筑业企业都有其内部独特的文化，这种文化既能为建筑业企业员工所公认，又能引导建筑业企业员工对安全问题进行共同思考并形成良好的工作方式。因此，建筑业企业应建立一种积极的安全文化。

建设工程安全管理组织措施可分为以下四个方面内容。

1）建筑业企业内部控制方法。

2）保证专职安全员、班组和个人顺利合作的方式。

3）建筑业企业内部交流的方式。

4）员工能力培养。

以上四个方面互相联系、互相依赖，通过建筑业企业在上述四个方面的不懈努力，可以创建积极的安全文化，构建合理的安全管理组织，从而实现安全目标。

第二节 我国建设工程安全管理的发展

一、我国古代建设工程安全管理

我国安全科学的实践和研究历史悠久，内容丰富。长久以来，安全问题一直是人类历史的一部分。建筑业一直是一个高风险的行业。因此，为保护建筑业从业人员的人身安全而采取的措施古已有之。

我国是世界四大文明古国之一，有关建筑劳动保护的记载已有上千年的历史。例如，北宋初年的木工喻皓，曾在东京（今开封）建造一座高塔，每建一层都在塔的周围安设帷幕（类似安全网）遮挡，避免施工伤人，又便于操作。这种保护措施一直沿用至今。明朝大兴土木，南、北两京造宗庙、宫殿、王府等，征用了30多万名建筑工匠。当时，类似的安全生产保护已有极大的改善，由屯土改为使用机械，主要有三种起重方式：一是独杆螺旋式；二是滑轮式；三是轱辘把式。这些方式显著减少了工匠的伤亡。明朝《农政全书》《本草纲目》等著作，不仅提到了"缒灯火"到井下测试毒气的方法，还详细记述了职业病和职业中毒及其预防措施。隋代巢元方所著的《诸病源候论》中记载："凡古井、冢及深坑阱中，多有毒瓦斯，不可辄入，五月、六月间最甚，以其郁气盛故也。若事辄必须入者，先下鸡、鸭毛试之，若毛旋转不下，即是有毒，便不可入。"古人在生产实践中积累的许多劳动保护经验，都比较符合现代科学技术原理。只是由于当时生产力水平比较低下，劳动保护措施十分简陋。古代对火灾的防范也比较成熟。根据《大清会典》记载，故宫一共有308口大缸，每个大殿门前都有几口大缸，这些大缸被称为"门海"，设置在宫殿前是专门为灭火准备的。每口大缸可储水3000多升，由专人负责管理。从清朝康熙年间开始，紫禁城内设立了"防范火班"，1889年又专门成立了消防队，叫武英殿激桶队，人数约为200人，使用了很多当时十分先进的救火器具，包括云梯、火钩、激桶、木制抬龙等。

二、新中国成立后的建设工程安全管理

新中国成立后，大规模的经济建设给建筑业的发展提供了机会，我国建筑业取得了突飞猛进的发展和巨大成就。党和政府十分关心建筑业企业的安全生产工作，采取了一系列有效的措施加强安全技术工作和安全立法工作。在"安全第一，预防为主，综合治理"的安全生产方针和"管生产必须管安全"的安全生产原则指导下，切实地保护了劳动者的安全和健康。新中国成立以来，建设工程安全管理的发展过程可分为以下两个阶段。

第一阶段（1949～1976年）是制度的建立和发展阶段。在20世纪50年代，中国主要借鉴苏联劳动保护的实践和研究成果。例如，工人出版社（现为中国工人出版社）

1952 年编辑出版了《苏联的劳动保护工作》一书。1953 年，中华全国总工会、中华人民共和国劳动部联合创办了中国第一个有关安全生产与劳动保护研究的学术刊物《劳动保护通讯》（现称《劳动保护》）。从三年恢复时期到“一五”期间，1956 年国务院颁布了劳动保护“三大规程”，即《工厂安全卫生规程》《建筑安装工程安全技术规程》《工人职员伤亡事故报告规程》。“三大规程”的制定是一个重要的里程碑，极大地推动了劳动保护工作的开展。这三个规程主要是根据三年恢复时期和“一五”期间建设的实践，同时借鉴苏联的一些工作经验制定的。

1961～1966 年，我国共编制和颁布了 16 个设计、施工标准和规范。这些标准和规范是我国第一批正式颁布的国家建设标准和规范，较好地指导了建设工程领域的安全生产。

第一阶段的安全科学在我国尚未得到应用，没有大学或其他研究机构专门研究安全科学，也没有引入安全科学的理论和方法。与此相反，研究者和从业人员开始重视劳动保护，安全研究以工业安全技术为主，劳动保护科学技术得到空前发展。

第二阶段（1978 年至今）是恢复、提高和快速发展阶段。在这一阶段，我国正式提出并应用了安全科学，引进了国外安全科学的理论和方法。我国学者联合呼吁在中国创建和发展安全科学，安全科学研究逐渐取代了之前的劳动保护研究。安全科学逐渐被认为是预防事故和伤害的一门独立学科。我国开始大力发展安全科学研究和教育，高等院校和其他安全科学研究机构大幅增加，建立了中国特色的安全生产法律法规组织体系。在我国安全科学快速发展的背景下，建设领域的安全科学作为其中一个分支，对助力建筑业可持续发展是势在必行的。

1. 建设工程安全管理的法规体系

改革开放之后，我国建筑业迎来蓬勃发展的黄金时期，建设领域的安全科学逐步系统地发展起来。建筑业安全生产法律、法规也经历了从无到有，不断发展和完善的过程。《刑法》、《建筑法》、《中华人民共和国安全生产法》（以下简称《安全生产法》）、《建设工程安全生产管理条例》等法律、法规及部门规章、技术标准和规范的相继出台，为保障我国建筑业的安全生产提供了有力的法律武器，在建设安全生产管理工作方面做到有法可依。

我国建设工程安全生产法律体系是一个由多个位阶法律规范性文件所组成的集合法群形态，主要由《建筑法》《安全生产法》《建设工程安全生产管理条例》，以及相关的法律、行政法规、部门规章、规范性文件、工程建设标准、国际公约等构成。

（1）法律

这里所说的法律是狭义的法律，是指全国人民代表大会及其常务委员会制定的规范性文件，在全国范围内施行，其地位和效力仅次于宪法。在法律层面上，《建筑法》和《安全生产法》是构建建设工程安全生产法律体系的两大基础和上位法。

《建筑法》是我国第一部规范建筑活动的部门法律，它的颁布施行强化了建筑工程质量和安全的法律保障。《建筑法》共八十五条，通篇贯穿了质量、安全问题，具有很强的针对性，对影响建筑质量、安全的各方面因素做了较为全面的规范。

《安全生产法》是安全生产领域的综合性基本法，它是我国第一部全面规范安全生产的专门法律，是我国安全生产法律体系的主体法，是各类生产经营单位及其从业人员实现安全生产所必须遵循的行为准则，是各级人民政府及其有关部门进行监督管理和行政执法的法律依据，是制裁各种安全生产违法犯罪的有力武器。

另外，还有其他一些法律关系到建设安全生产，如《中华人民共和国劳动法》《消防法》《中华人民共和国环境保护法》《中华人民共和国固体废物污染环境防治法》《中华人民共和国行政处罚法》《中华人民共和国行政复议法》《中华人民共和国行政诉讼法》等。

（2）行政法规

行政法规是由国务院制定的规范性文件，颁布后在全国范围内施行。《中华人民共和国立法法》第六十五条规定："国务院根据宪法和法律，制定行政法规。"

在行政法规层面上，《安全生产许可证条例》和《建设工程安全生产管理条例》是建设工程安全生产法规体系中主要的行政法规。在《安全生产许可证条例》中，我国第一次以法律的形式确立了企业安全生产的准入制度，是强化安全生产源头管理，全面落实"安全第一，预防为主，综合治理"安全生产方针的重大举措。《建设工程安全生产管理条例》是根据《建筑法》和《安全生产法》制定的第一部关于建设工程安全生产的专项法规。它确立了我国关于建设工程安全生产监督管理的基本制度，明确了参加建设工程活动各方责任主体的安全责任，确保了建设工程参与各方责任主体安全生产利益及建筑业从业人员安全与健康的合法权益，为维护建筑市场秩序，加强建设工程安全生产监督管理提供了重要的法规依据。

此外，国家还颁布了《国务院关于特大安全事故行政责任追究的规定》《特种设备安全监察条例》《国务院关于进一步加强安全生产工作的决定》《生产安全事故报告和调查处理条例》《地方党政领导干部安全生产责任制规定》等相关行政法规。

（3）部门规章

规章是行政性法律规范文件，根据其制定机关的不同可分为部门规章和地方政府规章，在各自的权限范围内施行。为此，国家颁布了《建设行政处罚程序暂行规定》（建设部令第 66 号）、《实施工程建设强制性标准监督规定》（住建部令第 52 号）、《建筑施工企业主要负责人、项目负责人和专职安全生产管理人员安全生产管理规定》（住建部令第 17 号）、《建筑施工特种作业人员管理规定》（建质〔2008〕75 号）、《安全生产培训管理办法》（国家安全生产监督管理总局令第 44 号）、《建筑业企业资质管理规定》（住建部令第 22 号）、《建筑施工企业安全生产许可证管理规定》（住建部令第 23 号）、《危险性较大的分部分项工程安全管理规定》（住建部令第 37 号）等规章制度。

（4）规范性文件

规范性文件是各级机关、团体、组织制定的各类文件中最主要的一类，因其内容具有约束和规范人们行为的性质，故称为规范性文件。目前，我国法律法规对于规范性文件的含义、制定主体、制定程序和权限及审查机制等，尚无全面、统一的规定。

规范性文件主要用于部署工作，通知特定事项、说明具体问题。例如，《关于加强建筑意外伤害保险工作的指导意见》《关于开展建筑施工安全质量标准化工作的指导意见》《关于落实建设工程安全生产监理责任的若干意见》《关于加强重大工程安全质量保障措施的通知》《危险性较大的分部分项工程安全管理办法》《住房和城乡建设部 应急管理部关于加强建筑施工安全事故责任企业人员处罚的意见》等都属于规范性文件。

（5）工程建设标准

工程建设标准是做好安全生产工作的重要技术依据，对规范建设工程活动各方责任主体的行为、保障安全生产工作具有重要意义。根据《中华人民共和国标准化法》（以下简称《标准化法》）的规定，标准包括国家标准、行业标准、地方标准和企业标准。

另外，按照《标准化法》的规定，国家标准和行业标准的性质可分为强制性标准和推荐性标准。《安全生产法》《建设工程质量管理条例》《建设工程勘察设计管理条例》《建设工程安全生产管理条例》均把工程建设强制性标准的效力与法律、法规并列起来，使工程建设强制性标准在法律效力上与法律、法规同等，明确了违反工程建设强制性标准就是违法，就要依法承担法律责任。

目前，我国工程建设标准主要有《安全标志及其使用导则》（GB 2894—2008）、《用电安全导则》（GB/T 13869—2017）、《企业安全生产标准化基本规范》（GB/T 33000—2016）、《建筑基坑工程监测技术标准》（GB 50497—2019）、《施工现场临时用电安全技术规范》（JGJ 46—2019）、《建筑施工安全检查标准》（JGJ 59—2011）、《施工企业安全生产评价标准》（JGJ/T 77—2010）、《建筑施工高处作业安全技术规范》（JGJ 80—2016）、《建筑施工土石方工程安全技术规范》（JGJ 180—2021）等。

（6）国际公约

国际公约是指我国作为国际法主体同外国缔结的双边、多边协议和其他具有条约、协定性质的文件。国际惯例是指以国际法院等各种国际裁决机构的判例所体现或确认的国际法规则和国际交往中形成的共同遵守的不成文习惯。

为进一步完善我国有关建筑业安全卫生的立法，建立健全建筑业安全卫生保障体系，提高我国建筑业安全卫生水平，建设部于 1996 年开始申办在我国执行第 167 号公约，于 2001 年 10 月 27 日由全国人民代表大会常务委员会通过，成为国际上实施第 167 号公约的第 15 个成员国。

《建筑业安全卫生公约》也称“第 167 号公约”，它是建设施工安全卫生的国际标准，分为五章，共四十四条，它在实施的过程中，强调了政府、雇主、工人相结合的原则。对于任何一项标准、措施在制定、实施和奖惩时都要由三方共同商议，以三方都能接受的原则确定后共同执行。

2. 建设工程安全管理体制

体制是一个社会组织系统的结构组成、管理权限划分、事务运作机制等方面的综合概念。体制是相对静态的，主要体现在规章制度和组织架构上。为了理顺各层次安全生产管理体制的关系，有必要根据我国的实际情况，制定一个有关安全生产管理的总体制，也就是宏观体制。

国务院在 1983 年 5 月发布的《国务院批转劳动人事部、国家经委、全国总工会关于加强安全生产和劳动安全监察工作的报告的通知》（国发〔1983〕85 号）中明确规定：在“安全第一，预防为主”思想指导下搞好安全生产，是经济管理、生产管理部门和企业领导的本职工作，也是不可推卸的责任。必须坚决贯彻“管生产的必须管安全”的原则，特别是在经济体制改革中要加强安全生产工作，讲效益必须讲安全。劳动部门要尽快建立健全劳动安全监察制度，加强安全监察机构，充实安全监察干部，监督检查生产部门和企业对各项安全法规的执行情况，认真履行职责，充分发挥应有的监察作用。工会组织要加强群众监督，对于企业行政领导忽视安全生产，工会要提出批评和建议，督促有关方面及时改进。此文件确定了我国在安全生产工作中实行国家劳动安全监察、行政管理和群众（工会）监督相结合的工作体制，通常将这个工作体制称为安全生产管理的“三结合”体制。

20 世纪 90 年代，随着企业管理制度的改革和安全管理实践的不断深入，人们逐渐认识到“三结合”的安全生产管理工作体制并不完善，其中主要是“行政管理”的提法欠妥。从我国 20 世纪 90 年代以前的经济运行机制来看，企业要受行业主管部门和经济管理部门的管理，包括企业领导人事安排、经营计划的制订、原材料的供应、利润的分配等。因此，企业与行业主管部门之间具有行政上的隶属关系，行业主管部门是连接政府与企业的主要环节，企业的安全生产管理工作也要受行业主管部门的领导和控制。在安全生产管理体制中，“行政管理”应该包含行业管理和企业自我管理两个层次，这两个层次的安全生产管理机制、对象和职责等并不相同。为了使安全生产管理体制更加符合实际，《国务院关于加强安全生产工作的通知》（国发〔1993〕50 号）中确定我国安全生产实行“企业负责、行业管理、国家监察、群众监督”的安全生产管理体制。这一体制将原“三结合”体制中的“行政管理”分为“企业负责”和“行业管理”两部分，形成“四结合”的体制。

进入 21 世纪，我国更加重视安全生产监督管理体制的建设，提出了构建“政府统一领导、部门依法监管、企业全面负责、群众监督参与、社会广泛支持”的安全生产工作新格局的要求，一方面强调了“政府统一领导、部门依法监管”在安全生产管理方面的作用，另一方面提出了“企业全面负责”的要求，也开始意识到“群众监督参与、社会广泛支持”在安全生产管理方面的重要性。这一阶段的体制格局中，将“政府统一领导、部门依法监管”放在“企业全面负责”前面，反映出以行政监管为主要手段的工作思路。

在充分总结我国安全生产管理经验的基础上，坚持依法治国，加强政府监督管理，落实企业安全生产主体责任、实施安全生产社会化管理等理念得到强化。根据2021年6月10日修订的《安全生产法》第三条第二款规定：“安全生产工作实行管行业必须管安全、管业务必须管安全、管生产经营必须管安全，强化和落实生产经营单位主体责任与政府监管责任，建立生产经营单位负责、职工参与、政府监管、行业自律和社会监督的机制。”党的二十大报告中提出：“推进国家安全体系和能力现代化，坚决维护国家安全和社会稳定”。

综上所述，我国安全生产管理体制形成了“综合监管与行业监管相结合、国家监察与地方监管相结合、政府监督与其他监督相结合的格局”。在国家监察、综合监管、行业监管、政府监督及其他监督的安全生产管理体制中，这四个方面按不同层次和不同角度构成安全生产管理的宏观体制。

由于建设工程范围和规模不断扩大，所处的自然环境更加恶劣，工程技术难度也日益加大，建设工程施工安全形势仍然严峻。但是，建设工程安全管理水平一直在提升，应用科学技术手段越来越多，特别是信息技术的发展为建筑业安全管理带来新的契机。应用信息技术在建筑业安全领域的应用和发展主要包括：①建筑业创新研究大数据的时代；②工业机器人和智能设备在危险的生产过程中的应用研究；③自动识别高风险的工作场所的安全行为和智能安全监督检查；④“四新”的广泛应用，事故全过程的情景自动分析；⑤多灾害演化的动力机制与多灾害风险评价。信息技术在建设工程安全管理中得到充分应用，智慧安全管理能力不断提升。

第三节　我国建设工程安全管理的现状

一、我国建筑业安全生产形势

建筑业是我国国民经济的重要支柱产业之一，也是我国最具活力和规模的基础产业，其关联产业众多，社会影响较大。全国各地大型规模建设工程项目很多，基本建设投资巨大，并长期保持了快速增长的趋势。近年来，随着我国建筑业企业生产和经营规模的不断扩大，建筑业总产值持续增长。建筑业在吸纳农村转移人口就业、推进新型城镇化建设和维护社会稳定等方面继续发挥显著作用。然而，建筑业在高速发展的同时，已经成为工矿商贸类行业事故伤亡排名第二的高危行业。建筑业伤亡事故不仅给人民群众的生命和国家财产造成了重大损失，也给企业带来了沉重的经济代价和信誉损失。同时，由于建筑业事故量大面广，且大量事故发生在城市，造成了一定的社会负面影响。

近年来，尽管建设工程安全管理体系不断完善，安全监督管理工作不断深入和细化，我国建筑业安全生产事故的总量逐渐下降，但下降幅度趋缓，有时会发生波动，重特大事故时有发生，建设工程安全生产形势依然严峻。建设工程安全生产形势严峻，具体表现在以下几个方面。

（一）事故数量较多

虽然近几年事故起数和死亡人数都保持下降，但事故总量仍然较大。2009～2019年事故总量波动起伏（表6-1），2015年出现拐点后，房屋建筑及市政工程安全生产事故起数与死亡人数“双上升”。2016年，全国房屋建筑及市政工程安全生产事故为634起；2017年，全国发生了房屋建筑及市政工程安全生产事故692起；2018年，全国发生了房屋建筑及市政工程安全生产事故734起、死亡840人；2019年，全国共发生房屋建筑及市政工程安全生产事故773起、死亡904人。2016年的较大事故起数为27起，死亡人数为94人，比2015年的22起较大事故与死亡人数85人相比有所上升，2017年与2018年的较大事故起数分别是23起和22起，死亡人数分别为90人和87人，2019年较大及以上事故23起、死亡107人。由此可知，2016～2019年，建筑业连续四年“双上升”，事故起数和死亡人数及经济损失严重；2020年和2021年的数据显示开始出现波动下降，建设领域安全管理任重道远。

表6-1　2010～2021年房屋建筑及市政工程安全生产事故统计表

年份	2010	2011	2012	2013	2014	2015	2016	2017	2018	2019	2020	2021
事故起数/起	627	589	487	528	522	442	634	692	734	773	689	717
死亡人数/人	772	738	624	674	648	554	735	807	840	904	794	803

注：以上数据来源于中华人民共和国住房和城乡建设部官方网站。

（二）部分地区安全生产形势不容乐观

从总体上看，随着我国城镇化的快速推进，高层建筑、超高层建筑及装配式建筑等建筑产品类型多样化发展，中小城市的建设工程施工规模呈持续高速增长态势，而这些地区建设安全生产基础比较薄弱，建设工程安全监管力量、能力水平与大规模快速发展的势头形成极大反差。需要密切关注这个现状，高度重视这个问题，在大规模发展的同时，紧紧跟上建设工程安全监管力量和水平建设，不仅要在能力、技术方面，也要在机构人员方面，全面保证监管力量和水平满足经济社会发展的需要。

（三）违法违规行为较多

从事故原因分析来看，目前建筑市场中的不规范行为比较多，几乎每起事故背后都有违法违规行为的存在。当前，应更加注重完善建筑市场的良性引导机制。一些小企业在工程招投标中采取低价中标策略，对于此类情况，一经发现，一定要依法严肃查处。不但要让违法违规企业承受相应代价，更要形成一种正确的市场导向，使遵纪守法、重视安全生产的企业能够获益，违法违规、忽视安全生产的企业必然受损。

（四）需加强事故查处力度

近几年，我国在事故查处方面已经做了很多工作，但还存在一些问题需要解决：一方面，事故查处不及时，一些事故的前期调查时间过长；另一方面，事故处罚不到位。此外，有的地区事故调查报告不够严谨，也给事故查处工作带来问题。党中央、国务院对安全生产工作非常重视，体现在：一是政策指导力度加强，住房和城乡建设部、应急管理部联合发布《关于加强建筑施工安全事故责任企业人员处罚的意见》（建质规〔2019〕9 号），严格落实了建筑业企业主要负责人、项目负责人和专职安全生产管理人员等的安全生产责任，有效防范安全生产风险，坚决遏制较大及以上安全生产事故；二是经济环境更加有利，加快转变经济发展方式、调整经济发展结构的战略实施，特别是控制经济发展速度，这都有利于做好安全生产工作；三是舆论环境公开透明，随着互联网及信息技术的快速发展，建设工程领域中的安全生产情况随时都可能被公之于众，建筑业相关职能部门在定期发布安全生产事故的情况下，要充分运用好信息技术工具，积极主动地引导舆论，坚持正确导向，形成人人关注安全、人人重视安全、人人参与安全的良好氛围，让安全隐患与安全事故无藏身之处。

二、我国建设工程安全生产事故多发原因探究

建筑业之所以安全事故频发，与建筑业本身的行业特点有密切关系。国际劳工组织（International Labour Organization，ILO）曾指出，尽管建筑业已经开始实现机械化，但仍然属于劳动高度密集型行业。在所有行业中，该行业是施工人员作业时面对风险最多的行业之一。

（一）建设工程自身的不安全特性

1. 建设工程项目的复杂性

建设工程是一项庞大的人机工程。在项目建设过程中，施工作业人员与各种施工机具和材料为了完成一定的任务，既各自发挥作用，又相互联系、相互配合。这一系统的安全性和可靠性不仅取决于施工作业人员的行为，还取决于各种施工机具、材料及建筑产品的状态。

一般来说，施工作业人员的不安全行为和事物的不安全状态是导致伤害事故的直接原因。然而，建设工程中的人、物及施工环境中存在的导致事故的风险因素非常多，如果不能及时发现且排除，则很容易导致伤亡事故。另外，建设主体的多元性、流动性造成了安全管理的复杂性。其中，多元性是指建设工程项目采取不同的管理方式和承发包模式，则面临不同的利益相关者，如建设单位、勘察设计企业、监理企业、项目咨询企业、施工总承包企业、供应单位等。流动性是由建设工程项目组织的临时性所决定的，不同阶段的不同项目任务和项目目标决定了建设工程项目不同的组织构成，如在施工

阶段，建设工程项目施工任务的主要承担者是施工总承包企业，施工总承包企业会根据施工任务需求对工程实施分包，这些分包商进场的时间不同，其承担的任务和离场的时间也不同。不同的建设主体具有不同的安全理念和安全文化，对安全管理有着不同的管理体系和管理措施，造成建设工程安全管理的复杂性。

2. 建设工程项目的多样性

建设工程项目的多样性，是由建设工程项目的单一性所决定的，单一性是指没有两个完全相同的建设工程项目。建设工程项目来源于不同利益相关者的需求，具有不同的功能、建设规模、建设环境（如社会环境、施工作业环境、交通环境、自然环境等），以上因素决定了不同的建设工程项目施工作业的组织构成不同、施工工艺不同，存在不同的危险源。不同的建设工程项目所面临的事故风险的多少和种类都是不同的，同一个建设工程项目在不同的建设阶段所面临的风险也不同。建筑业从业人员在完成每个建筑产品的过程中，每天所面对的几乎都是全新的物理工作环境，在完成一个建筑产品后，又不得不转移到新的地区参与下一个建设工程项目的施工。因此，不同的建设工程项目在不同施工阶段的事故风险类型和预防重点也各不相同，建设过程中会不断面临新的安全问题。

3. 工程建设的动态性

工程建设的动态性是指建筑产品的主要制造者——现场施工作业人员，在从事生产的过程中，分散于施工现场的各个部位，并随着时间的推进，作业场所、作业内容、作业条件和施工作业工作的技术特点会经常、不断地发生变化，尽管有各种规章和计划，但他们面对具体生产问题时，仍不得不靠自己的判断来做出决定。因此，尽管部分施工作业人员已经积累了多年的工作经验，但还是必须不断适应一直变化的“人-机-环境”系统，并对自己的作业行为做出决定，从而增加了建设工程生产过程中因施工作业人员采取不安全行为或工作环境的不安全因素导致事故的风险。

4. 施工环境的多变性

现阶段，建设工程施工大多在露天的环境中进行，施工作业人员的工作条件差，且工作环境复杂多变，所进行的活动受施工现场地理条件和气象条件的影响很大。例如，在现场气温极高或者极低、现场照明不足、下雨或者大风等条件下施工时，容易导致施工作业人员生理或者心理的疲劳，注意力不集中，从而造成事故。由于天气环境复杂多变，工作环境较差，施工过程中存在着大量的危险源，又因一般的流水施工使班组需要经常变换工作环境，造成相应的安全防护设施落后于施工进度。

5. 建设主体安全意识不足

建筑业作为一个传统的产业部门，许多相关从业人员对于安全生产和事故预防的错误观念由来已久。因大量的事件或者操作失误并未导致人员伤害或者财产损失事故，且同一诱因导致的事故后果差异很大，不少人认为事故是一些偶然因素引起的，因而是不可避免的。由于没有从科学的角度深入认识事故发生的根本原因并采取积极的预防措施，造成建设工程项目安全管理不力、发生事故的可能性增加的情况。此外，传统的建设工程项目三大目标管理（工期、质量、成本）是工程项目管理人员主要关注的对象，在施工过程中往往为达到这些目标而忽视安全。目前，建筑市场竞争激烈，一些承包商为了节约成本，经常削减用于安全生产的支出，弱化了安全管理。

6. 从业人员安全教育培训体制不完善

目前世界各国的建筑业，尤其是发展中国家和地区，大量没有经过全面职业培训和严格安全教育的劳动力涌向建筑业成为施工作业人员。一旦管理措施不当，这些施工作业人员往往会成为建筑伤亡事故的肇事者和受害者，不仅给自己和他人的家庭带来巨大痛苦和损失，还给建设工程项目本身和全社会造成不利影响。就我国建筑业而言，大多数的施工作业人员来自农村，受到的教育培训较少，安全意识较差，安全风险观念淡薄，从而使建设工程安全生产事故发生的可能性增加。

（二）建筑业企业自身的原因

1. 建筑业企业存在的管理问题

目前，我国建筑业企业对项目的管理方式普遍还是粗放式的，建筑业企业人员的素质偏低、技术落后、信息化程度低等因素都给建筑业企业的安全管理带来种种隐患。企业安全管理缺陷包括技术缺陷、劳动组织不合理、防范措施不当、管理责任不明确等。部分建筑业企业负责人对安全生产意识错位，重视不够，粗放的“经验型”和“事后型”管理，造成安全管理工作时松时紧，治标不治本，加之有的施工企业安全管理制度不健全，劳动纪律松懈，存在事故发生的隐患。

2. 安全投入不足

许多企业对安全生产重视程度不高，借口工程造价低、资金不到位等原因，压缩安全支出，导致施工现场安全生产缺乏必要的资金投入，施工现场安全管理制度形同虚设，安全生产责任制和奖惩制度没有得到具体落实。同时，各方利益主体为了降低成本，追求经济效益，安全投入严重不足，安全防护不到位。在进行规划、图纸设计、图纸审查、施工方案的制订、材料的选用等环节上，排斥新的技术、材料、设备、工艺的推广和应用，仍然采用传统的、落后的技术、材料和工艺进行施工，使技术装备水平陈旧，安全技术措施不到位，特别是一些小企业、无资质或低资质的企业，尤其如此。有些企业没有按照规范规定搭设或使用安全劳动防护用品，或是使用了劣质安全劳动防护用品，起不到防护的作用。

3. 安全教育培训流于形式

安全教育培训的内容和方法针对性不强，流于形式。现场安全教育培训内容、三级安全教育记录卡等均无专人负责，仅仅是应付检查，满足不了现场作业人员培训的要求，个别特种作业无证、证件未复审上岗现象时有发生。

4. 安全检查不深入

未制订有效的安全检查计划，安全检查不及时、不到位，整改不及时、不到位，主要表现在：①多数项目经理不组织检查，只是从口头上强调检查，发现了问题，整改不及时，整改后不复查，甚至同一个隐患问题自开工到竣工都得不到彻底整改；②安全检查时间安排不恰当，忽略重点季节和关键时刻的安全检查，现场不能及时发现安全隐患，不能及时处理，由于拖延一时酿成重特大事故。

5. 建设工程项目现场管理不完善、不健全

目前，建设工程施工现场安全管理还存在比较薄弱的环节，违章违规现象时有发生，主要体现在以下几个方面。

1）有些企业设备、装置有缺陷，仍然违章使用。例如，设备陈旧、结构不良、磨损、老化、失灵、腐蚀、安全装置不全、技术性能降低等，这些设备本应淘汰或者进行维修，但施工现场却还在使用。

2）企业不配备施工作业人员个人安全劳动防护用品，或者虽配备但不符合国家安全标准；脚手架、安全网、安全围栏作业平台、模板支撑等使用材料低于标准规格，或者设置时不符合安全技术规范标准。

3）违规堆积超重材料、物件；现场临时用电设施和操作使用不符合建筑安全用电规范要求；脚手架或物料平台不进行科学的设计计算，或不按照施工方案进行搭设，造成脚手架或物料平台整体垮塌。

4）工程负责人为了抢时间、赶进度和降成本，违反施工安全规定和施工程序，在不具备安全生产条件的情况下强令施工作业人员作业或严重超时加班，导致施工作业人员疲劳作业。

5）施工作业人员素质较低。目前，由于我国还没有形成大规模的劳动力培训市场，建筑业的施工作业人员基本来自经济相对落后的地区，文化程度普遍偏低，因而劳动力整体素质相对较低，致使企业对施工现场一线施工作业人员的安全生产知识培训和专业技能培训效果大打折扣，现场施工作业人员对一些基本的安全技术规范和安全技术措施不理解，对于施工过程中的不安全因素不了解，缺乏安全知识，不遵守现场安全操作规程，进行违章操作。施工企业安全管理人员数量少、综合素质低，达不到工程管理的需要，使安全管理工作薄弱，或者安全管理人员不懂安全知识和技术技能，不执行强制性标准，不按照安全技术规范的要求组织施工，违章指挥，致使事故发生。

6）应急管理能力薄弱。建筑业企业及建设工程项目应急管理能力低下，具体表现为：①不重视应急管理，应急管理意识不足，应急预案流于形式，即使有方案，也不按方案配备充足的救援物资；②没有应急预案，应急演练从根本上无从谈起；③现场一旦发生安全事故，只能“等、靠、要”，自救能力不足，不能将现场事故造成的损失降到最低，关键是事故中的受伤人员错过最佳抢救时间，导致不必要的伤亡和财产损失，给社会造成了负面影响。

6. 建设工程项目其他参与主体的因素

1）建设单位缺乏责任意识。建设单位（业主）是建设工程项目的投资者和拥有者，对项目目标的实现起主导作用，是项目建设的责任主体。在一些发达国家，安全绩效的提高需要项目参与各方的共同努力才能达成共识。在法律层面上，欧盟各国政府在欧盟指示 92/58/EEC 的要求下，已经普遍用法律的形式规定了业主的安全责任。此外，业主开始意识到事故损失最终要由业主承担的事实，因而在发达国家已有部分业主开始直接介入工程项目的安全管理。

我国《建设工程安全生产管理条例》第五十四条规定：建设单位未提供建设工程安全生产作业环境及安全施工措施所需费用的，责令限期改正；逾期未改正的，责令该建设工程停止施工。但在执法过程中的一个突出问题是目前的市场条件下施工单位是弱势群体，监管机构无法从承包商处了解建设单位是否及时支付了足够的安全费用。

尽管《建设工程安全生产管理条例》明确了建设单位的安全责任，但目前建设单位压缩工期及不及时提供必要的安全费用的情况仍然比较普遍。在招投标时建设单位通常只将企业以往的安全绩效作为评价指标的一部分（如对获得省市级文明工地的企业给予少量加分）。

2）施工安全监理不到位。施工安全监理是安全管理工作的关键，但有很多监理单位和监理人员对施工安全监理认识不到位，主要体现在以下几方面。

① 安全监理认识模糊、态度消极，不能主动开展安全监理工作。

② 对安全隐患不能及时督促企业、项目进行整改，不能及时向相关部门反映，安全监理的作用没有真正发挥。

③ 建设工程在施工过程中，因为安全设施、安全劳动防护用品、安全培训、安全教育、安全技术资料、安全意外伤害保险等业务资金投入少或投入不足，所以监理工作不到位。

3）设计方安全责任不明。《建设工程安全生产管理条例》明确要求，设计单位应当考虑施工安全操作和防护的需要，对涉及施工安全的重点部位和环节应在设计文件中注明，并对防范安全生产事故提出指导意见。但设计单位所承担的法律责任在该条例中没有规定，这意味着即使设计单位没有考虑施工安全操作和防护的需要，若发生事故，设计单位也不会因此承担法律责任。因此，实际上现在的设计单位的法律责任仅限于“按照法律、法规和工程建设强制性标准进行设计，防止因设计不合理导致安全生产事故的发生”，以及“采用新材料、新工艺的建设工程和特殊结构的建设工程，设计单位应当在设计中提出保障施工作业人员安全和预防安全生产事故的措施建议”。

我国建设工程安全管理存在的问题较多，除了以上原因之外，全社会安全文化、人文习惯、行业整体科技水平对建设工程安全管理在一定程度上造成了影响，如安全意识淡薄、安全文化氛围不浓、安全价值观缺失、劳动纪律性不强、安全技术研发不足等。虽然我国建设工程安全形势在不断改善，但建设工程安全的总体状况不容乐观，与发达国家相比还有一定的差距。在未来的建设工程发展中，提高我国建设工程安全管理水平，保护人民群众的生命和财产安全至关重要。建筑领域的五方主体的责任重大，必须切实履行各自职责，共同保障建设工程的安全。

（三）其他因素

1. 安全文化相对落后

改革开放以来，我国政府组织开展了一系列旨在提高全社会安全文化意识的宣传教育和促进活动，目前全国性的安全促进活动包括全国“安全生产月”、创建文明工地活动等。其中，前者是针对所有行业的，后者是专门针对建筑业的。

全国“安全生产月”由中共中央宣传部、国家安全生产监督管理总局（现为应急管理部，下同）、国家广播电影电视总局、中华全国总工会、共青团中央等几家单位共同组成的全国安全生产月活动组织委员会进行组织。该活动把每年的6月定为“安全生产月”。该活动每年都有不同的活动主题，这些活动对提升我国建筑领域落后的安全文化起到了一定的作用，但总体而言，目前我国建筑业的安全文化还比较落后，这主要体现在以下几方面。

1）绝大部分建筑业企业缺乏明确的安全方针政策，对安全的重视程度不够；建设单位和监理单位只重视进度和质量，忽视安全，不愿意承担安全方面的责任。

2）安全促进活动形式单一。创建文明工地活动针对建设工程项目的硬环境提出了具体要求，在很大程度上改善了现场的工作和生活环境，但对从深层次提高全员的安全意识强调不够；而全国“安全生产月”是针对所有行业的，一年一度的宣传和检查对建筑业的影响有限。

2. 行业科技水平较低

相比发达国家，我国建筑业科技水平落后也对施工作业人员的安全和健康产生了一定的影响。这主要体现在以下几方面。

1）建筑业仍然是劳动密集型产业，机械化程度较低。许多工作仍高度依赖施工作业人员的体力劳动，施工作业人员往往需要全负荷甚至超负荷地工作。

2）有毒的建筑材料对施工作业人员的健康损害巨大，同时相应的防护措施也不到位，这在目前监管力度比较薄弱的装修市场尤为明显。

3）我国建设工程领域在专项安全技术上比较落后。以个人安全防护为例，我国建筑业企业目前只为施工作业人员配备安全帽及必要条件下的安全带，且很多安全帽的质量比较差；安全鞋、耳塞、护目镜、口罩等防护用品很少配备给施工作业人员。

建筑业安全生产形势之所以如此，与建筑业的特点、施工作业人员的素质、建设主体的管理水平、法律法规等因素息息相关。要想采取有效措施，改善我国建设工程安全生产管理现状，就必须加强建设工程安全生产的科学管理和全员管理。

第七章　安全管理理论

第一节　事故致因理论

为了对建设工程安全生产事故采取有效的预防措施，必须深入探析和认识事故发生的原因。在生产力发展的不同阶段，存在的安全问题也不同。为了解决这些问题，人们对事故进行分析研究，对事故发生的原因、演变规律和事故发生模式的认识不断深入，形成了带有时代特征的事故致因理论。

千百年来，人类主要是“从事故中学习”。特别是工业革命以后，工业事故频繁发生，而事故致因理论就是在这样的时代背景下发展起来的。事故致因理论是指导事故预防工作的基本理论。它阐明事故为什么会发生、事故以怎样的方式发生，以及如何防止事故的发生。因为这些理论着重解释事故发生的原因，以及针对事故致因因素如何采取措施防止事故的发生，所以被称为“事故致因理论”。目前，比较成熟的事故致因理论主要有事故因果连锁理论、能量意外释放理论、轨迹交叉理论、系统安全理论等。

一、事故因果连锁理论

（一）海因里希的事故因果连锁理论

20 世纪二三十年代，赫伯特 • W. 海因里希（Herbert W. Heinrich）通过对美国安全实际经验进行总结概括，在 1941 年出版的《工业事故预防：一种科学方法》一书中阐述了工业安全理论，论述了事故发生的因果连锁理论，其核心思想是：伤害事故的发生不是一个孤立事件，而是一系列事件相继发生的结果，即尽管伤害事故可能在某个时间突然发生，但却是一系列事件相继发生的结果。

1. 伤害事故的连锁构成

海因里希把工业伤害事故的发生和发展过程描述为具有一定因果关系的事件的连锁。

1）人员发生伤亡是事故的结果。

2）事故发生的原因是人的不安全行为和物的不安全状态。

3）人的不安全行为和物的不安全状态是由于人的缺点造成的。

4）人的缺点是由于不良环境诱发或者由先天的遗传因素造成的。

2. 海因里希的事故因果连锁关系过程

海因里希的事故因果连锁关系过程包括下列五种因素。

1）遗传及社会环境（M）。遗传及社会环境是造成人的缺点的原因。遗传因素可能使人具有鲁莽、固执、粗心等不良性格；社会环境可能妨碍教育，助长不良性格的发展。这是事故因果链上最基本的因素。

2）人的缺点（P）。人的缺点由遗传和社会环境因素造成，是使人产生不安全行为和使物产生不安全状态的主要原因。这些缺点既包括各类不良性格，也包括缺乏安全生产知识和技能等后天的不足。

3）人的不安全行为和物的不安全状态（H）。人的不安全行为和物的不安全状态是指曾经引起过事故，或可能引起事故的人的行为，或机械、物质的状态，它们是造成事故的直接原因。例如，在起重机吊物时停留、不发信号就启动机器，工作时间打闹或拆除安全防护装置等都属于人的不安全行为；没有防护的传动齿轮、裸露的带电体或照明不良等属于物的不安全状态。

4）事故（D）。事故是指由物体、物质或放射线等对人体发生作用使人体受到伤害的、出乎意料的、失去控制的事件。例如，坠落、物体打击等使人员受到伤害的事件是典型的事故。

5）伤害（A）。直接由于事故而产生的人身伤害。

上述五种连锁因素，可用著名的多米诺骨牌形象地描述事故因果连锁关系，如图 7-1 所示。在多米诺骨牌系列中，一块骨牌被碰倒了，则会发生连锁反应，使其余的骨牌相继被碰倒。如果移去连锁中的一块骨牌，则连锁被破坏，事故过程被中止。海因里希认为，企业事故预防工作的重心就是防止人的不安全行为及消除机械的或物质的不安全状态，从而中断事故连锁的进程而避免事故的发生。

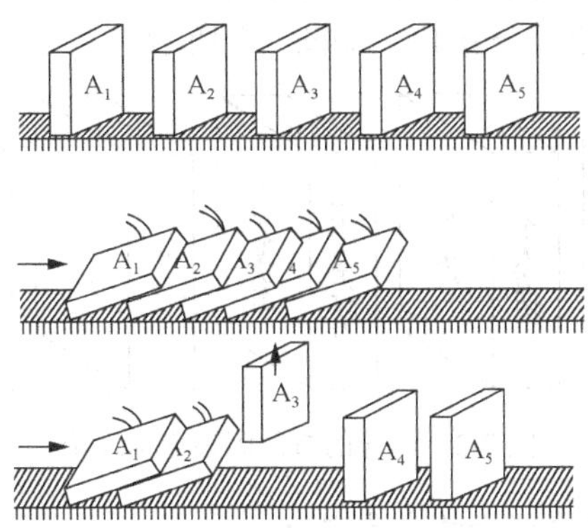

图 7-1　多米诺骨牌图

海因里希的工业安全理论主要阐述了工业事故发生的因果连锁理论与关于在生产安全问题中人与物的关系、事故发生频率与伤害严重程度之间的关系、不安全行为的原因等工业安全中最基本的问题，曾被称为“工业安全公理”，得到了世界上许多国家安全领域工作学者的赞同。

海因里希的事故因果连锁理论，提出了人的不安全行为和物的不安全状态是导致事故的直接原因，以及在事故过程中实施干预的重要性。但是，海因里希事故因果连锁理论把大多数工业事故的责任都归因于人的缺点，主要从人的角度去考虑事故起因，表现了时代的局限性。

海因里希曾经调查了美国的75000起工业伤害事故，发现98%的事故是可以预防的，只有2%的事故超出了人的能力能够达到的范围，是不可预防的。在可预防的工业事故中，以人的不安全行为为主要原因的占88%，以物的不安全状态为主要原因的占10%。海因里希认为，事故的主要原因是人的不安全行为和物的不安全状态，但两者为孤立的原因，没有一起事故是由于人的不安全行为和物的不安全状态共同引起的。因此，研究的结论是：几乎所有的工业伤害事故都是由人的不安全行为造成的。后来，这种观点受到了许多研究人员的批评。

（二）博德的事故因果连锁理论

1. 博德的事故因果连锁理论的提出

与早期的事故频发、海因里希的事故因果连锁理论强调人的性格、遗传特征等不同。第二次世界大战后，人们逐渐认识到管理因素作为背后原因在事故致因中的重要作用。人的不安全行为和物的不安全状态是工业事故的直接原因，必须加以追究。但是，它们只不过是其背后的深层原因的征兆和管理缺陷的反映。只有找出深层次的、背后的原因，改进企业管理，才能有效地防止事故的发生。

弗兰克·博德（Frank Bird）在海因里希事故因果连锁理论的基础上，提出了现代事故因果连锁理论，其事故连锁过程影响因素为：管理失误→个人原因及工作条件→不安全行为及不安全状态→事故→伤亡，如图7-2所示。

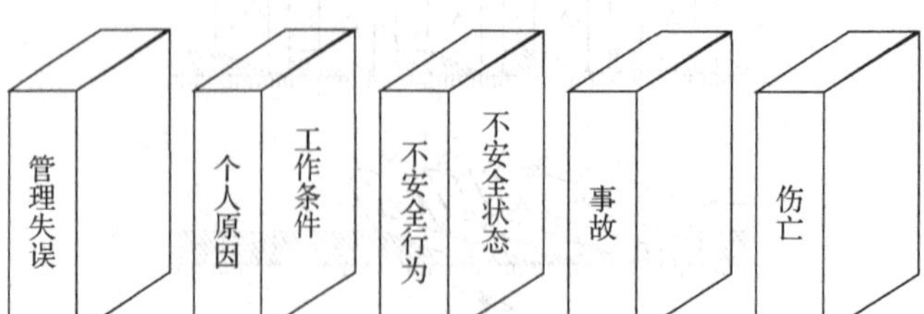

图7-2　博德的事故因果连锁理论

2. 博德的事故因果连锁理论的主要观点

博德的事故因果连锁理论的主要观点包括以下五个方面。

1）控制不足——管理。事故因果连锁中的一个重要因素是安全管理。安全管理人员应该充分认识到，他们的工作要以得到广泛承认的企业管理原则为基础，即安全管理者应懂得管理的基本理论和原则。控制是管理职能中的一种机能。安全管理中的控制是指损失控制，包括对人的不安全行为和物的不安全状态的控制，这也是安全管理的核心。

在大多数企业中，由于各种原因，完全依靠工程技术上的改进来预防事故，既不经济，也不现实。只有通过提高安全管理工作水平，经过长时间的努力才能防止事故的发生。管理者必须认识到只要生产没有实现高度安全化，就有发生事故及伤害的可能性，因而在他们的安全活动中必须包含有针对事故因果连锁中所有要因的控制对策。管理系统是随着生产的发展而不断发展完善的，但是完美的管理系统并不存在。

2）基本原因——起源论。为了从根本上预防事故，必须查明事故的基本原因，并针对查明的基本原因采取对策。

基本原因包括个人原因及与工作有关的原因。只有找出这些基本原因，才能有效地预防事故的发生。起源论在于找出问题基本的、背后的原因，而不是仅仅停留在表面现象上。只有这样，才能实现有效的控制。

3）直接原因——征兆。人的不安全行为和物的不安全状态是事故的直接原因，这一直是必须加以探究的原因。但直接原因不过是基本原因的征兆，是一种表面现象。在实际工作中，如果只抓住作为表明现象的直接原因而不追究其背后隐藏的深层次原因，就不能从根本上杜绝事故的发生。另外，安全管理人员能够预测及发现这些作为管理欠缺的征兆的直接原因，并采取恰当的措施；同时，为了在实际可能的情况下采取长期的控制对策，必须找出其基本原因。

4）事故——接触。从实用目的出发，往往把事故定义为最终导致人员身体损伤、死亡、财产损失的不希望事件。但是，越来越多的学者从能量的观点把事故看作人的身体或构筑物、设备与超过其阈值的能量接触或人体与妨碍正常生活活动的物质接触。于是，防止事故就是防止接触。为了防止接触，可以通过改进装置、材料及设施，防止能量释放，通过训练、提高工人识别危险的能力，佩戴个人劳动保护用品等来实现。

5）受伤、损坏——损失。博德模型中的伤害包括工伤、职业病及对人的精神方面、神经方面或全身性的不良影响。人员伤害及财产损失统称为损失。

在许多情况下，可以采取恰当的措施使事故造成的损失最大限度地减少。例如，对受伤人员进行迅速抢救，对设备进行抢修，以及平日对人员进行安全应急训练等。

（三）亚当斯的事故因果连锁理论

爱德华·亚当斯（Edward Adams）提出了与博德事故因果连锁理论类似的理论，他把事故的直接原因、人的不安全行为和物的不安全状态称为现场失误。本来，人的不安全行为和物的不安全状态是操作者在生产过程中的错误行为及生产条件方面的问题，采取“现场失误”这一术语，其主要目的在于提醒人们注意人的不安全行为和物的不安全状态的性质。

现代事故因果连锁理论的核心在于对“现场失误”的背后原因进行深入研究。操作者的不安全行为及生产作业中的不安全状态等现场失误是由于企业领导者及安全工作人员的管理失误造成的。管理人员在管理工作中的差错或疏忽、企业领导者决策失误或没有做出决策等对企业经营管理及安全工作具有决定性影响。管理失误反映企业管理系统中的问题，它涉及管理体制，即如何有组织地进行管理工作，确定怎样的管理目标，如何计划、实现确定的目标等方面的问题。管理体制反映作为决策中心的领导者的信念、目标及范围，决定着各级管理人员安排工作的轻重缓急、工作基准及指导方针等重大问题。

（四）北川彻三的事故因果连锁理论

海因里希的事故因果连锁理论、博德的事故因果连锁理论、亚当斯的事故因果连锁理论把考察的范围局限在企业内部。日本的北川彻三认为，工业伤害事故发生的原因是很复杂的，企业是社会的一部分，一个国家、一个地区的政治、经济、文化、科技发展水平等诸多社会因素，对企业内部伤害事故的发生和预防有着重要影响。当然，作为基础因素的解决，已经超出了安全工作甚至安全学科的研究范围。但是，充分认识这些因素，综合利用可能的科学技术、管理手段，改善间接因素，以达到预防伤害事故的目的是非常重要的。

北川彻三认为，事故的基本原因应该包括以下三个方面：①管理原因，如企业领导者不够重视安全、作业标准不明确、维修保养制度方面存在缺陷、人员安排不当、员工积极性不高等；②学校教育原因，如小学、中学、大学等教育机构的安全教育不充分；③社会或历史原因，如社会安全观念落后，安全法规或安全管理、监督机构不完备等。导致事故发生的间接原因包含以下几个方面。

1）技术原因。例如，机械、装置、建筑物等的设计、建造、维护等技术方面的缺陷。

2）教育原因。由于缺乏安全知识及操作经验，不知道操作过程中的危险性和安全操作方法，或操作不熟练、不良习惯操作等。

3）身体原因。身体状态不佳，如头痛、昏迷、癫痫等疾病，或近视、耳聋等生理性缺陷，或疲劳、睡眠不足等。

4）精神原因。例如，消极、抵触、不满等不良态度，焦躁、紧张、恐惧、偏激等精神不安定，狭隘、顽固等不良性格，以及智力方面的障碍。

在上述四个间接原因中，前两个原因比较普遍，后两个原因较少出现。

二、能量意外释放理论

（一）能量意外释放理论的提出

随着科学技术的飞速发展，以及新技术、新工艺、新能源、新材料、新产品的不断出现，人们的生活面貌发生了巨大变化，但也给人类带来了更多的安全隐患。为了有效地采取安全技术措施控制危险源，人们对事故发生的物理本质进行了深入的探讨。

1961 年，吉布森（Gibson）提出，事故是一种不正常的或不希望的能量释放，意外释放的各种形式的能量是构成伤害的直接原因。在吉布森的研究基础上，1966 年美国运输部安全局局长威廉·哈登（William Haddon）完善了能量意外释放理论，提出“人受伤害的原因只能是某种能量的转移”，并提出了能量逆流于人体造成伤害的分类方法，将伤害分为两类：①由于施加超过局部或全身性损伤阈值的能量引起的伤害；②由于影响局部或全身性能量交换引起的伤害，主要指中毒窒息和冻伤等。

哈登认为，在一定条件下某种形式的能量能否产生伤害造成人员伤亡事故，取决于能量大小、接触能量的时间长短和频率，以及力的集中程度。根据能量意外释放理论，可以利用各种屏蔽来防止意外的能量转移，从而防止事故的发生。

（二）事故的致因和表现

1. 事故的致因

能量在生产过程中是不可缺少的，人类利用能量做功以实现生产目的。在正常生产过程中，能量受到种种约束和限制，按照人们的意志流动、转换和做功。如果由于某种原因，能量失去了控制，超越了人们设置的约束或限制，就会发生能量违背人的意愿而意外溢出或释放。如果失去控制的、意外释放的能量达及人体，且能量的作用超过了人们的承受能力，则人体必将受到伤害。如果意外释放的能量作用于设备、建筑物、物体等，且能量的作用超过它们的抵抗力——强度，则将造成设备、建筑物、物体的损坏。这种对事故发生机理的解释称为能量意外释放理论，如图 7-3 所示。

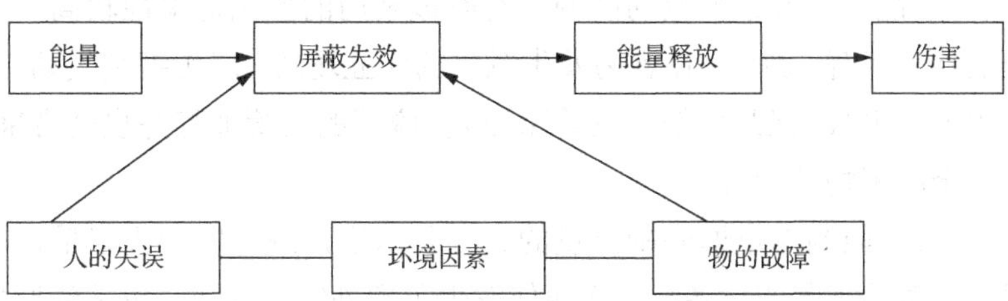

图 7-3　能量意外释放理论示意图

根据能量意外释放理论，导致伤害事故的原因是：①接触了超过机体组织（或结构）抵抗力的某种形式的过量的能量；②有机体与周围环境的正常能量交换受到了干扰（如窒息、淹溺等）。因而，各种形式的能量是构成伤害的直接原因。因此，应该通过控制能量或控制能量载体（能量达及人体的媒介）来预防安全事故的发生。

2. 能量转移造成事故的表现

机械能（动能和势能统称为机械能）、电能、热能、化学能、电离及非电离辐射、声能和生物能等形式的能量，都可能导致人员受到伤害。其中，前四种形式的能量引起的伤害最为常见。意外释放的机械能是造成工业伤害事故的主要能量形式。处于高处的人员或物体具有较高的势能，当作业人员具有的势能意外释放时，就会发生坠落或跌落事故；当物体具有的势能意外释放时，将发生物体打击等事故。除了势能外，动能是另一种形式的机械能，各种运输车辆和各种机械设备的运动部分都具有较大的动能，工作人员一旦与之接触，将有发生车辆伤害事故或机械伤害事故的隐患。

现代化工业生产中广泛利用电能，当人们意外接近或接触带电体时，可能发生触电事故而受到伤害；生产中利用的电能、机械能或人体在热能的作用下，可能遭受烧灼或发生烫伤；有毒有害的化学物质使人员中毒，是化学能引起的典型伤害事故。

研究表明，人体对每一种形式的能量的作用都有一定的抵抗力，或者说有一定的伤害阈值。当人体与某种形式的能量接触时，能否产生伤害及伤害的严重程度如何，主要取决于作用于人体的能量大小。如果作用于人体的能量越大，则造成严重伤害的可能性就越大。此外，人体接触能量的时间长短和频率、能量的集中程度及身体接触能量的部位等，也会影响人员的伤害程度。

3. 防范对策

能量意外释放理论揭示了事故发生的物理本质，为人们设计及采取安全技术措施提供了理论依据。根据这种理论，人们就要经常注意生产过程中能量的流动、转换，以及不同形式能量的相互作用，防止能量的意外逸出或释放。

在建筑生产中经常采用防止能量意外释放的措施，主要有以下几种。

1）用安全的能源代替不安全的能源。有时被利用的能源危险性较高，这时可以考虑用较安全的能源代替。例如，在容易发生触电的作业场所，用压缩空气动力代替电力，可以防止发生触电事故。但是压缩空气管路破裂、脱落的软管抽打等也会带来新的危害。因此，绝对安全的事物是没有的。

2）限制能量。限制能量即限制能量的大小和速度，规定安全极限量，在生产工艺中尽量采用低能量的工艺或设备，这样即使发生了意外能量释放，也不致发生严重的伤害事故。例如，利用低电压设备以防止电击，限制设备运转速度以防止机械伤害事故，限制露天爆破装药量以防止飞石伤人事故等。

3）防止能量蓄积。能量的大量蓄积会导致能量突然释放，因此，要及时释放多余能量，防止能量蓄积。例如，应用低高度位能控制爆炸性气体浓度，通过接地消除静电蓄积，利用避雷针放电保护重要设施等。

4）缓慢释放能量。缓慢释放能量可以降低单位时间内释放的能量，减轻能量对人体的作用。例如，采用安全阀、溢出阀控制高压气体；用各种减振装置吸收冲击能量，防止人员受到伤害等。

5）设置能量屏蔽设施。能量屏蔽设施是一些防止人员与能量接触的物理实体，即狭义的屏蔽。屏蔽设施可以被设置在能源上，如安装在机械转动部分外面的防护罩；也可以被设置在人员与能源之间，如安全围栏等。人员佩戴的个体劳动防护用品，可以被看作设置在人员身上的能量屏蔽设施。

6）在时间或空间上把能量与人隔离。在生产过程中有两种或两种以上的能量相互作用引起事故的情况。例如，一台起重机移动的机械能作用于化工装置，使化工装置破裂而使有毒物质泄漏，引起人员中毒。针对两种能量相互作用的情况，应该考虑设置两组屏蔽设施：一组设置于两种能量之间，防止能量间的相互作用；另一组设置于能量与人之间，防止能量达及人体，如防火门、防火密闭等。

7）提高防护措施的标准。采用双重绝缘工具防止高压电能触电事故；对气体连续监测、遥控遥测及增强对伤害的抵抗力，如用耐高温、耐高寒、高强度材料制作的个体劳动防护用具等。

8）改变工艺流程。例如，改变不安全流程为安全流程，用无毒、少毒的物质代替剧毒有害的物质等。

许多学者逐渐认识到生产条件和技术设备的潜在危险在事故中的作用，而不应该把事故简单地归因于操作者的性格等自身固有的缺陷。能量意外释放论相比早期事故致因理论已经有了较大进步，它明确提出了事故因素间的关系特征，促进了对事故因素的调查、研究，揭示了事故发生的物理本质。

三、轨迹交叉理论

随着生产技术的提高及事故致因理论的发展和完善，人们对人和物两种因素在事故致因中的地位的认识发生了很大变化。一方面，由于生产技术进步的同时，生产装置、生产条件等不安全问题越来越引起了人们的重视；另一方面，人们对人的因素研究的深入，能够正确区分人的不安全行为和物的不安全状态。

W. G. 约翰逊（W. G. Jonson）认为，判断人的不安全行为和物的不安全状态，受研究者主观因素的影响，取决于其认识问题的深刻程度。许多人由于缺乏有关失误方面的知识，把由于人的失误造成的物的不安全状态看作是人的不安全行为。例如，一起伤亡事故的发生，除了人的不安全行为之外，一定存在着某种物的不安全状态，并且物的不安全状态对事故的发生作用更大些。

斯奇巴（Skiba）提出，生产操作人员与机械设备两种因素都对事故的发生有影响，且机械设备的危险状态对事故的发生作用更大些，只有当两种因素同时出现，才能发生事故。

上述理论称为轨迹交叉理论。该理论的主要观点是：在事故的发展进程中，人的因素运动轨迹与物的因素运动轨迹的交点就是事故发生的时间和空间，即人的不安全行为和物的不安全状态发生于同一时间、同一空间，或者人的不安全行为和物的不安全状态相通，则会在此时间、此空间发生事故，如图 7-4 所示。

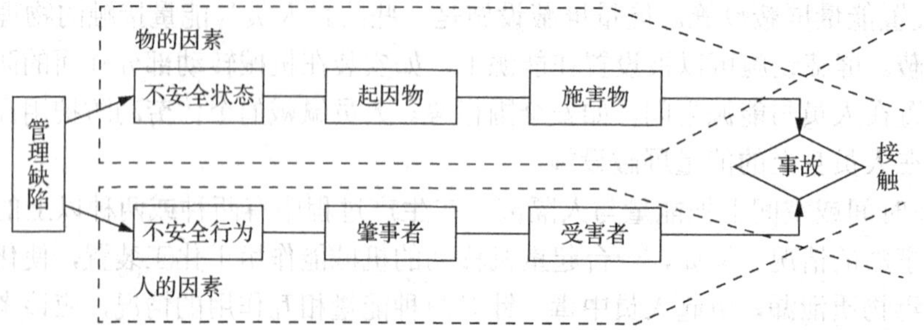

图 7-4　轨迹交叉理论示意图

轨迹交叉理论作为一种事故致因理论，强调人的因素和物的因素在事故致因中占有同样重要的地位。按照该理论，可以通过避免人与物两种因素运动轨迹交叉，即避免人的不安全行为和物的不安全状态同时、同地出现，来预防事故的发生。

轨迹交叉理论将事故的发生、发展过程描述为：基本原因→间接原因→直接原因→事故→伤害。从事故发展运动的角度，这样的过程被形容为事故致因因素导致事故的运动轨迹，具体包括人的因素运动轨迹和物的因素运动轨迹。

（一）人的因素运动轨迹

人的不安全行为基于生理、心理、环境、行为几个方面而产生。

1）生理、先天身心缺陷。

2）社会环境、企业管理上的缺陷。

3）后天的心理缺陷。

4）视、听、嗅、味、触五种感官能量分配上的差异。

5）行为失误。

（二）物的因素运动轨迹

在物的因素运动轨迹中，在生产过程的各阶段都可能发生不安全状态。

1）设计上的缺陷，如用材不当、强度计算错误、结构完整性差等。

2）制造、工艺流程上的缺陷。

3）维修保养上的缺陷，降低了可靠性。

4）使用上的缺陷。

5）作业场所环境上的缺陷。

在生产过程中，人的因素运动轨迹按 1）→2）→3）→4）→5）的方向顺序进行；物的因素运动轨迹按 1）→2）→3）→4）→5）的方向顺序进行。人、物两条轨迹相交的时间与地点，就是发生伤亡事故的“时空”，从而导致事故的发生。

值得注意的是，许多情况下人与物互为因果。例如，有时物的不安全状态诱发了人的不安全行为，而人的不安全行为又促进了物的不安全状态的发展或导致新的不安全状态出现。因而，实际的事故并非简单地按照上述人的因素、物的因素两条运动轨迹进行，而是呈现非常复杂的因果关系。

若设法排除机械设备或处理危险物质过程中的隐患或者消除人为失误和不安全行为，使两条运动轨迹不能相交，危险就不会出现，则可避免事故的发生。

对于人的因素而言，强调业务考核，加强安全教育和技术培训，进行科学的安全管理，从生理、心理和操作管理上控制人的不安全行为的产生，就等于切断了事故产生的人的因素轨迹。但是，对自由度很大且身心性格气质差异较大的人是难以控制的，偶然失误很难避免。

在多数情况下，因建筑业企业管理不善、工人缺乏教育和训练，或者机械设备缺乏维护检修及安全装置不完备，导致了人的不安全行为或物的不安全状态。

轨迹交叉理论突出强调的是切断物的事件链，提倡采用可靠性高、结构完整性强的系统和设备，大力推广保险系统、防护系统、信号系统及高度自动化的遥控装置。这样，即使人为失误造成人的不安全行为的因素，也会因安全闭锁等可靠性高的安全系统作用而避免事故的发生；同时，控制物的不安全状态的因素，可避免伤亡事故的发生。

轨迹交叉理论的事故防范措施，是指出通过消除人的不安全行为或物的不安全状态或避免两者运动轨迹交叉均可避免事故的发生，且对调查事故发生的原因也是一种较好的指导。但是，在人与物两大运动中，两者往往是相互关联、互为因果、相互转换的。因此，事故的发生可能是更为复杂的因果关系。另外，没有体现出导致人的不安全行为和物的不安全状态的深层次原因。

四、系统安全理论

20 世纪 50 年代以来，科学技术进步的一个显著特征是设备、工艺及产品越来越复杂。战略武器研制、核电站等使大规模复杂系统相继问世，人们在研制、开发、使用及维护这些大规模复杂系统的过程中，逐渐萌发了系统安全的基本思想。最终，通过不断总结和研究，在保留工业安全原有概念和方法中正确内容的前提下，以及吸收其他领域科学技术和管理方法的情况下，形成了系统安全理论。

（一）系统安全

系统安全是指在系统生命周期内，应用系统安全工程和系统安全管理方法，辨识系统中的危险源，并采取有效的控制措施使其危险性最小，从而使系统在规定的性能、时间和成本范围内达到最佳的安全程度。系统安全是人们为解决复杂系统的安全性问题而开发、研究出来的安全理论、方法体系。系统安全的基本原则就是在一个新系统的构思阶段必须考虑其安全性问题，制订并执行安全工作规划（系统安全活动），并把系统安全活动贯穿于整个系统生命周期，直到系统报废为止。

（二）系统安全管理

系统安全管理是管理工作的重要组成部分，其主要目的在于建立系统安全程序要求，保证系统安全任务和活动计划的实施和完成，使之与全面的系统程序要求相一致，从而取得最大程度的安全，并保证管理部门在进行试验、制造、运行的决策之前能充分了解剩余风险，最终在决策时予以重视。

系统安全管理综合考虑各方面的安全问题，全面分析整个系统，并对系统中各子系统之间的交界面给予特别的强调，在系统生命周期的早期阶段应用系统安全管理，会得到最大的效益。系统安全管理主要在给定条件下，最大限度地减少事件损失，并尽可能地减少因安全问题对运行中的系统进行修改。系统安全管理通过制订并实施系统安全程序计划进行记录，交流和完成管理部门确定的任务，以达到预定的安全目标。

系统安全管理包括计划阶段、组织阶段、指导阶段和控制阶段四个主要阶段。

1. 计划阶段

确定系统目标和系统安全任务，决定达到目标的方法，根据系统特征、硬件部分的复杂性、单位成本、发展过程、程序管理结构、硬件部分对安全的重要性等信息，适当地拟订系统安全程序计划，并在运行中对其进行周期性检查和必要修改。

2. 组织阶段

确定执行任务的人选，进行任务和活动的管理分配。这些任务包括：确定及评价潜在的关键安全领域；建立安全要求；控制、消除有关危险和风险评定的决策；危险和风险信息的交流和记录；安全程序复查和审核等。

3. 指导阶段

在进行权力分配时，主要考虑各部门的不同责任，基层管理部门主要负责并及时完成安全任务的大多数，系统安全管理部门则负责系统安全任务及使高层管理部门认识剩余风险等。明智的管理决策应建立在对风险的充分认识上，因此，风险评价应该是关键点检查的一个重要组成部分。建立系统安全管理与日常安全管理程序和直接的安全问题之间的联系，也是指导阶段的重要工作。

4. 控制阶段

控制阶段主要有四个部分的工作，即测量系统输出、将其与理想输出做对比、当有重大差异时加以矫正、符合要求时继续正常工作。如果系统输出与实际输出有重大差异，则应确定采用何种安全技术措施加以矫正并实施。

（三）系统安全理论的主要观点

1）在事故致因理论方面，改变了人们只注重人员的不安全行为而忽略硬件的故障在事故致因作用中的传统观念，开始考虑如何通过改善物的系统可靠性来提高复杂系统的安全性，从而避免事故的发生。

2）没有任何一种事物是绝对安全的。任何事物中都潜伏着危险因素，通常所说的安全或危险只不过是一种主观的判断。

3）不可能根除一切危险源和危险，但可以通过减少现有危险源的危险性来降低整体风险。与其试图彻底消除几种选定的危险，不如致力于减少总的危险性。

4）由于人的认识能力有限，有时不能完全认识危险源和危险。即使认识了现有的危险源，然而随着生产技术的发展，新技术、新工艺、新材料和新能源的出现，又会产生新的危险源。

（四）瑞士奶酪模型

1990 年，英国曼彻斯特大学精神医学教授詹姆斯·瑞森（James Reason）等在其心理学著作《人为差错》（*Human Error*）中首次提出这一概念模型。该模型认为：人们为了预防事故的发生会设置多重防御体系，即保护屏障。每道屏障环环相扣，构成精密运行的安全防御系统，就好比一摞存在许多空洞的瑞士奶酪，每一片奶酪代表一道屏障，而奶酪上的空洞就代表防御系统中潜在的漏洞，这些空洞的位置、大小是在不断变化的。危险因素就像是一道持续不断的光源，当屏障上的空洞同时处于一条直线上时，就会形成“事故机会弹道”，光源将会沿着弹道贯穿所有屏障上的空洞，导致事故的发生，如图 7-5 所示。

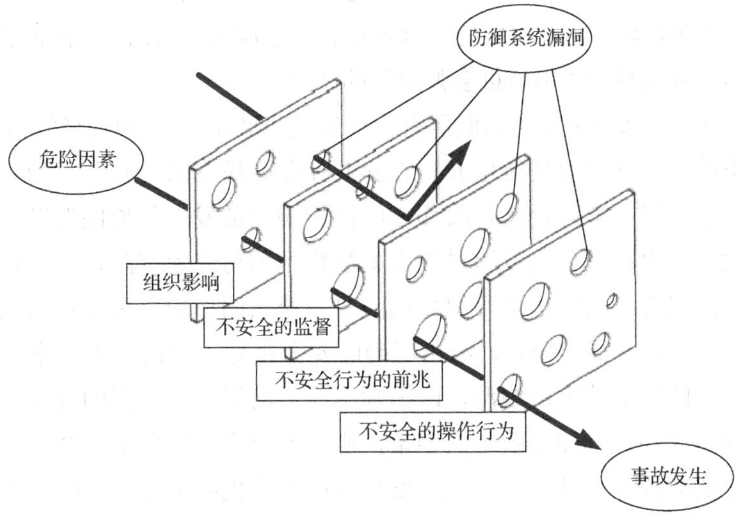

图 7-5　瑞士奶酪模型

奶酪上空洞的大小和位置处于动态变化中，其被代表危险因素的光束穿透的过程，就是不安全行为累积并产生事故的过程，因此也被称为“累积行为效应”。奶酪模型的主要思想是：在组织活动中出现的事故不仅会产生连锁反应，还存在一个被贯穿的安全漏洞集合。诱发事故的危险因素和各层次的漏洞是长期存在并处于不断演化的状态，每道屏障存在的漏洞可以演变为突破屏障的缺口，然而这些危险因素和屏障漏洞并不一定会造成安全事故，当多个层次的缺陷同时存在于事故的危险因素中时，事故就会因失去多层次的阻断屏障而发生。

瑞士奶酪模型认为，安全事故的发生受下列四个层面的影响。

1）组织影响。为实现组织的生产目标，人员在从事生产活动时受到组织内外部的影响，如领导的决策、组织内部沟通、外部环境等因素的影响。

2）不安全的监督。不安全的监督是指管理人员对从事的生产活动进行错误或者未履行监视和督促的职责，从而埋下安全隐患，引发人的不安全行为和物的不安全状态的产生，包括人员行为规范、日常活动检查、设备检查维护等。

3）不安全行为的前兆。人员在组织活动中通过一些行为表现出来的不良习惯、负面情绪和心理等，都是诱发不安全行为的征兆，形成潜在的隐患，对不安全行为构成威胁。

4）不安全的操作行为。不安全的操作行为是指由于人的不正当操作造成事故隐患乃至引发安全生产事故的非正常行为。例如，随意操作未经检查的维护设备、未经许可进入危险场所、错误佩戴安全防护用品等。

瑞森强调不良事件发生的系统观：事故是由于系统存在多处漏洞而造成多重失效的结果，是人的不安全行为、物的不安全状态与管理缺陷的耦合。为了防范安全事故，应建立更多层的防御屏障，各个层面的防御屏障会对漏洞互相阻断，危险源就不会轻易贯穿单一的屏障，从而减少“事故机会弹道”的产生。

瑞森理论认为，系统中存在的漏洞有现行失效和潜在失效两种路径，对安全防御体系造成不良影响。现行失效是指与事故的发生有直接联系的不安全行为。潜在失效是指隐藏在系统中的潜在危险因素，其作为间接影响事故发生的原因存在，直到酿成事故后才会被发现。潜在失效可以跨过瑞士奶酪模型的前三道屏障，与现行失效一起作用，导致事故的发生。由四道屏障组成的防御系统共同作用，可以让人们意识到危险的存在，对迫近的危险提出警告，给出明确的安全指导。因此，阻止事故的发生有两种途径：①减少防御屏障上的漏洞，即消除组织活动层面上现存的危险，若保证其中一个屏障上没有漏洞，就能斩断事故链条，避免安全事故的发生；②尽可能多地增加防御屏障，在活动的各个环节上均建立安全事故预防机制来阻止危险源头穿过，避免危险的发生。

第二节　本质安全理论

一、本质安全的相关定义

1976年，英国化工安全专家特雷弗•克雷兹（Trevor Kletz）首次提出本质安全（inherent safety）理念。该理念认为预防事故的最佳方法不是依靠更加可靠的附加安全设施，而是通过消除危险或降低危险程度以取代那些不安全装置，从而降低事故发生的可能性和严重性。2010年，海基（Heikkil）在前人研究的基础上对本质安全的内涵进行了总结和提炼，认为本质安全是指在化工和制造业中，通过设计等手段使生产设备或生产系统本身具有安全性，即使在误操作或发生故障的情况下也不会造成事故的功能。

本质安全是相对于传统的危险防控手段而提出的。传统的安全防控理念是发现危险后增加防控措施来抑制危险的发生，减少事故发生的可能性，降低事故发生后的危害程度。然而，本质安全的目的是要避免危险的存在，减少危险原料和工艺的使用，而不是在发现危险后进行防控。随着社会的发展，本质安全的概念逐步丰富起来。本质安全可以分为狭义和广义两部分：狭义的本质安全是指生产设备和生产系统自身的安全性，这些安全性一般通过技术或者设计的手段获得，由于人为错误操作或者设备故障也不会发生事故。广义的本质安全是指随着经济社会的发展及行业的进步，在狭义的本质安全基础上丰富起来的，除了人为和机器的因素外，还有环境和管理的因素，也就是包含了“人-机-环境-管理”四个方面。在具体实践中，通过对这四个方面的要素进行控制，就可以将这四个方面的隐患消除，从而达到预防事故发生的目的。

本质安全管理是基于“本质安全”管理理念的管理模式和方法，致力于提升管理对象固有的安全能力，并不断强化企业安全事故预防水平的建设，注重对事故进行根源上的控制和超前时间的预防。

二、本质安全管理的原则

西方国家的本质安全理论和实践主要体现在工业、制造业等行业的全生命周期设计上。美国化学工程师协会化工过程安全中心（Center for Chemical Process Safety，CCPS）开展本质安全专题研究，旨在寻找消除危险源、降低事故后果、降低事故发生频率的方法和工作原理，最后形成实现本质安全的“四原则”，具体如下。

1）最小化（minimization）原则。减少危险物质库存量，不使用或使用最少量的危险物质。具有危险性（如高温、高压等）的设备在设计时应尽量减小其尺寸和使用数量。

2）替代（substitution）原则。用安全的或危险性小的原料、设备或工艺替代或置换危险的物质或工艺。该措施可以减少附加的安全防护装置，减少设备的复杂性和成本。

3）缓和（attenuation）原则。通过改变过程条件（如降低温度、压力或流动性等）来减少操作的危险性。主要指采用相对安全的过程操作条件，以降低危险物质的危险性。

4）简化（simplification）原则。该原则指消除不必要的复杂性，以减少错误和误操作的概率。简单单元相对于复杂单元的本质安全性更高，因为前者导致人员发生误操作及设备出错的概率要明显低于后者。因此，要求设计更简单和更友好的设备或工艺以降低错误操作的系统或产品。

随后，其他学者研究发展出容错（fault tolerance）、避免组装错误（making incorrect assembly impossible）、避免多米诺效应（avoiding knock-on effects）等工作原则。

本质安全在我国的发展与西方国家有所差异，各行业也未形成统一的认知。例如，在我国电力行业中，认为本质安全可以分解为两大目标，即"零工时损失，零责任事故，零安全违章"的长远目标与"人、设备、环境和谐统一"的终极目标。我国石油行业对本质安全具有代表性的定义是：本质安全是指通过追求人、机、环境的和谐统一，实现系统无缺陷、管理无漏洞、设备无故障。

本质安全是指运用组织架构设计、技术、管理、规范及文化等手段在保障人、物及环境的可靠前提下，通过合理配置系统在运行过程中的基本交互作用、规范交互作用及文化交互作用的耦合关系，实现系统的内外和谐性，从而达到设备可靠、管理全面、系统安全及安全文化深入人心，最终实现对可控事故的长效预防。

三、本质安全管理的特征

本质安全管理强调对事故的根源控制和提前预防，其主要特征如下。

（一）追求绝对安全与长期稳定的理念

按照马斯洛的需求层次理论，安全是保障人们生存和正常生活与工作的基础。追求以人为本和安全第一的理念，在良好理念下推动企业安全管理各项工作的开展，并确保在长期的生产作业中能够落实落地。本质安全目标的实现，是在一点一滴的落实中，明确安全管理的基本职能和建立安全保障系统，在履行安全职能的过程中逐步建立安全系统与保障机制，而不仅仅是日常人员的安全行为和状态。

（二）重在建立系统预防事故与内在控制体系

以往的安全管理大都为事后补救型或事后惩罚型，没有把"隐患险于明火，防范胜于救灾"的理念贯彻下去。本质安全强调从原因链条分析不安全行为背后的诸多原因，把安全影响要素能够明确考虑在前，建立安全事故识别、分类和深入的知识挖掘。确定事故的调查程序，利用数据挖掘和知识发现，把大、中、小事故发生的根本原因"知识共享化"，最终消除管理体系的缺陷。

（三）持续改进，逐步形成科学的安全管理体制与机制

以往的安全管理方法侧重于控制事故发生的频率来减少事故，本质安全则强调通过分析事故的发生频率和事故的严重程度，对风险进行评估，制定风险控制措施，建立科学的安全管理体制和具体的运行保障机制，从而真正降低或消除风险。

现实中，安全管理者往往对领导和政府负责，而不是通过建立安全管理体制和保障机制。本质安全管理体制要求面向员工的身心安全，主要包括安全主体、关系、结构和功能。安全管理机制主要包括安全管理目标要素、流程和基本原则。在现实安全管理中，采取专职安全员和兼职安全员结合的方式，往往最有效。这也是为什么本质安全强调人的作用和保护人的安全是根本举措。

（四）培育安全文化与环境

本质安全相对于传统安全管理，更注重员工安全行为与心理状态如何与环境协同，期望从根本上提高员工的安全意识，减少员工的不安全行为，杜绝事故的发生。改善那些使员工产生不安全行为的自然环境和心理环境是本质安全管理的一项任务。例如，普遍使用的“现场 5S”管理中就强调，安全管理可以通过分析导致人的不安全行为的原因，开发制定控制措施或系统，并把这些系统及要求传达给业务部门和每位员工，并进行监测和持续改进实施，做到向本质安全目标逼近。

本质安全的理论和本质安全化的思想方法需要进一步与现代职业安全健康管理体系相结合，这样才能建立健全以人为本的本质安全管理制度，才能发挥好人的作用和保护好人的身心安全，才能实现方法与目的的统一。本质安全追求绝对安全的理念与系统安全预防保障机制相辅相成。在目标的引导下，企业安全管理就有可能提升境界，就有可能真正地为员工建立起安全屏障和安全环境，就有可能发动全体员工从自身身心安全和企业安全相结合来认真思考安全问题，逐步形成“安全第一”的认知和理性安全的行为。长此以往，就会培育出企业独特的安全文化，并促进企业安全生产、稳健经营和基业长青。

第三节 人因事故理论

在各类事故致因理论中，有学者对事故发生的直接原因进行调查，其中海因里希的调查结果最为典型，海因里希通过对 7.5 万起伤亡事故的调查，得出 88%的事故是人的不安全行为造成的，10%的事故是物的不安全状态引起的，2%的事故是无法解释的。美国杜邦公司通过为期 10 年的统计表明，人的不安全行为导致 96%的事故发生，物的不

安全状态导致4%的事故发生。

通过减少或控制人的不安全行为来降低安全事故的发生，已经得到普遍认可。随着心理学、管理学、行为科学等相关学科的发展，人的不安全行为的防范成为安全管理中的重点，不少学者开始研究个体不安全行为发生的机制，并认为人的不安全行为是对外部环境的刺激没有做出正确响应。

一、人因失误的定义

由于硬件可靠性的提升，诸多事故的发生归因于人因失误，对人因失误重要性认识的加深，其概念也在不断变化。例如，里格比（Rigby）将人因失误定义为：作用于系统的人的动作没有或没有充分满足系统的要求。该定义严格根据系统的要求进行定义，但它没有考虑人自身的固有局限性，如人的信息处理能力、记忆能力等，也没有考虑认知失误。斯温（Swain）和格特曼（Guttman）认为：人因失误是指人的动作超出系统可接受的容许限度。斯温将人因失误定义为：能够或有可能引发不期望事件的所有人的动作或疏忽。根据斯温的定义可知，它已将人看作是技术系统中的一个组成部分，但没有考虑人的固有局限性。瑞森认为：人因失误就是计划中的心理认知和身体动作序列在执行后没能达到意向中的结果，且这种失效不能归因于随机触发因素的干扰作用。瑞森从心理学角度进行定义，认为人是技术系统中的一个信息处理组分。尽管该定义想尽力从人的角度来定义人因失误且考虑了人的认知失误，但它没有考虑人的局限性。施特雷特尔（Sträter）将人因失误定义为：由于受工作系统及其他组分的影响，人因失误可能存在于工作系统中，会引起工作系统处于非期望或错误的状态，人因失误的发生会导致系统需求处于没有或未充分满足的状态。

因此，人因失误的定义是发展的，上述分析表达了人因失误就是受若干因素（包括个体的固有特征和环境特征）的影响，引起人的失误，使人不能精确地、恰当地、充分地、可接受地完成其所规定的绩效标准范围内的任务。

二、人因失误模型

（一）S-O-R模型

人因失误是指人的行为的失误。因此，必须对人的行为进行研究。S-O-R（stimulus-organism-response，刺激-有机体-反应）模型是心理学界占统治地位的人的认知模型。它将人的认知响应过程分为三大部分：刺激（stimulus），即外部环境因素或事件，如广告、产品展示、环境氛围等；有机体（organism），指个体的内部状态或心理反应，如情绪、认知和态度等；反应（response），指个体的行为反应，如购买决策、消费行为、态度改变等。这三大部分的支持功能为记忆。

有学者认为，所有人的行为都是 S-O-R 这三种要素的联合，复杂的行为被认为是许多 S-O-R 环节的交织且同时进行。当一个事件环节中的任一要素断裂，即发生人的失误。例如，感知刺激过程中发生故障，没有能力鉴别各种类型的刺激、错误解释刺激的意义、反应顺序混乱等。

（二）人因失误的一般模型

1972 年，威格里斯沃思（Wigglesworth）提出，人的失误构成了所有类型事故的基础。他把人的失误定义为“错误地或不适当地响应一个外界刺激”。他认为，在生产操作过程中，各种各样的信息不断作用于操作者的感官，给操作者以“刺激”。若操作者能对刺激做出正确的响应，事故就不会发生；反之，如果错误或者不恰当地响应了一个刺激，就可能会出现危险。危险是否出现还取决于其他一些随机因素。

根据前人的研究成果，威格里斯沃思提出了人因失误理论模型，并认为人因失误归结为心理压力、不正确的响应和不正确的行为，如图 7-6 所示。

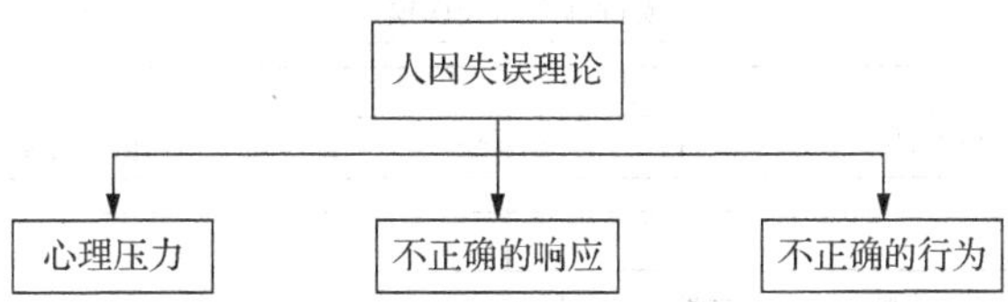

图 7-6　人因失误理论模型

一个人的能力是其天性、后天的训练、心理状态和身体状态等多种因素的综合产物。心理压力来自个体的责任或增加的来自外部因素（如噪声或者干扰等）、内部因素（如个人问题、紧张及担心等）、情景因素（如风险的程度或不清晰的指示等）所造成的负担。当个体的能力与之不平衡时，便形成了较大的心理压力。

人们在给定的情境中，不同做法的后果是截然不同的，如果一个人发现了危险的情况，却不知道如何消除这一情况，就是响应不正确。如果一个人错误地看待已经建立起来的安全程序，则不能响应正确，这些做法都会导致事故的发生。这种不能正确的响应，还反映在工具或设备不能正确使用上，或者工作场所中没有正确考虑工作场所的大小、外力、实施任务的方法等。

人因失误是不正确行为的结果。典型的例子是，一个承担任务的人不知道如何去做这件事情，或者一个人错误地估计了他在工作中所面临的风险导致做出错误的决策。这些不正确的行为都会导致事故的发生。

（三）皮特森人因失误模型

根据人的行为原理，群体动力理论创始人、德国心理学家库尔特・勒温（Kurt Lewin）

把人的行为看成是个体特征和环境特征的函数

$$B = f(P,E) \tag{7-1}$$

式中：B——人的行为；

P——个体特征；

E——外界环境特征。

由式（7-1）可知，在外界环境的刺激和影响下，依据个体特征进行行为模式的选择。其中，外界环境特征包括外界环境因素和信息刺激来源等，个体特征包括人的因素、内部感觉、工作经验、心理背景、生理状态、技术水平和安全素质等。

勒温指出人因失误主要表现在：人感知环境信息方面的失误；信息刺激人脑，人脑处理信息并做出决策的失误；行为输出时的失误等方面。针对以上三个方面，皮特森（Petersen）又把人因失误的原因归结为管理系统失败下过负荷、人机学和决策错误三个因素相互作用的结果，如图 7-7 所示。

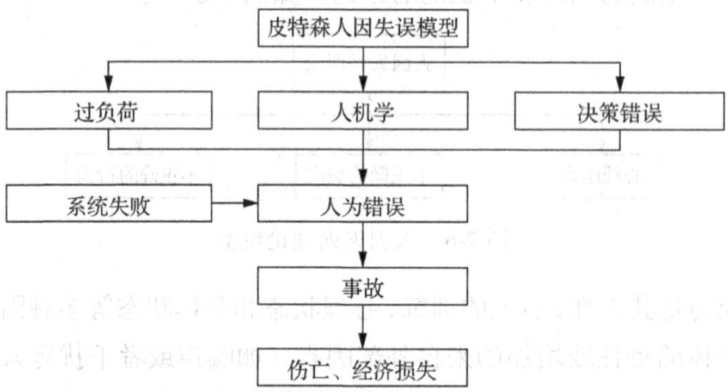

图 7-7　皮特森人因失误模型

过负荷是指人在某种心理状态下承受能力与负荷不相适应，包括身体负荷、生理负荷和心理负荷。人的能力是指身体、生理和心理等方面的承受能力（人本身的自然属性），当前的心理状态、工作相关的知识和技术水平及生理机能状态等。决策错误是指在某些情况下，个体选择不安全行为比选择安全行为更加合乎逻辑。人机学原因主要包括两个方面：①当前的工作条件与人的体格不适应；②工作平台的设计使人容易失误。由此可知，减少人因失误的主要措施应为加强教育培训、改进管理方法和改善工作环境。皮特森人因失误理论突出的特点是人因失误只有在一个不良的管理环境中才会导致事故的发生。

（四）瑟利事故模型

1969 年，瑟利（Surry）以人对信息的处理过程为基础描述事故发生的因果关系，并认为人在信息处理过程中出现失误，从而导致人的行为失误，进而引发事故。这一理论称为瑟利事故模型（Surry's accident model），如图 7-8 所示。

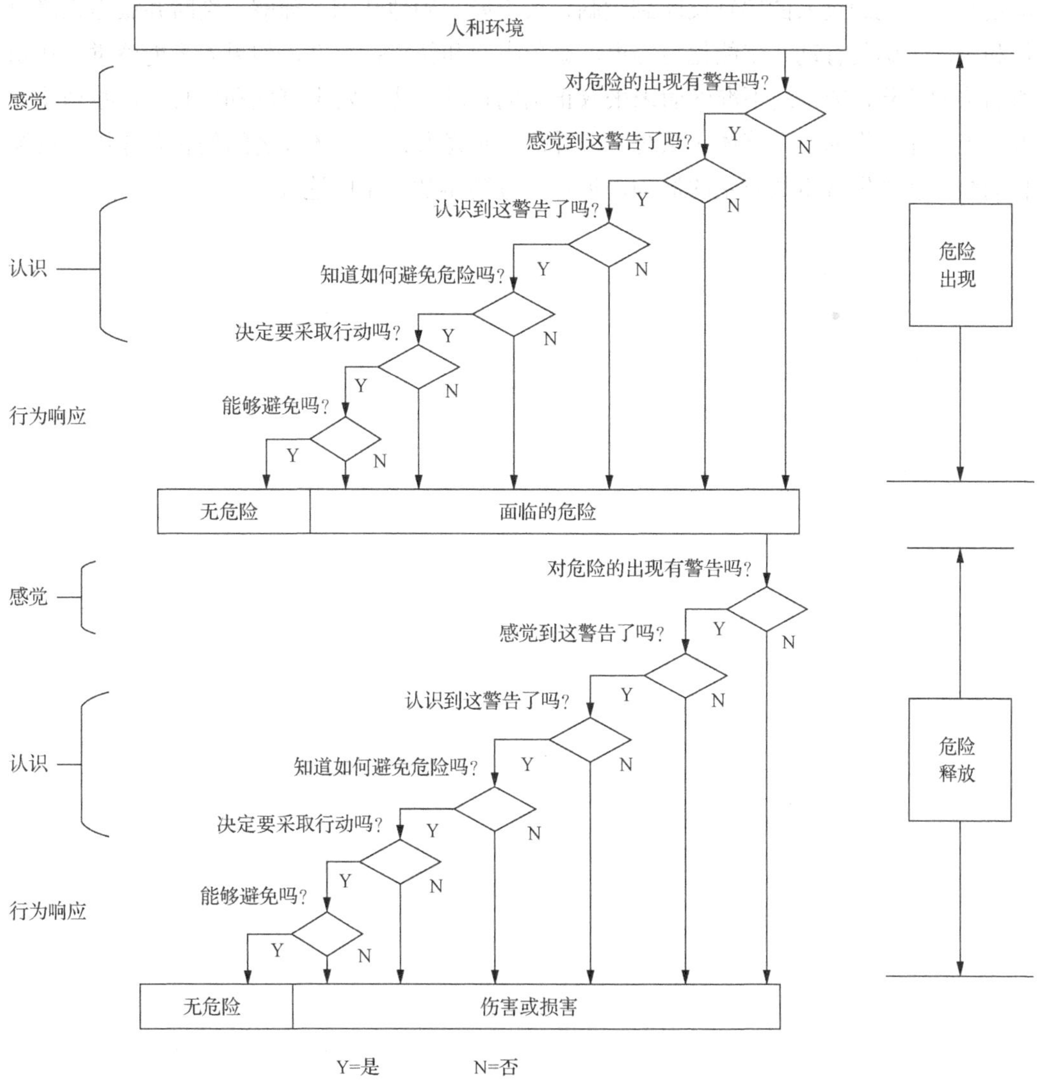

图 7-8　瑟利事故模型示意图

瑟利把事故的发生过程分为危险出现和危险释放两个阶段，这两个阶段各自包括一组类似人的信息处理过程，即感觉、认识和行为响应过程。

在危险出现阶段，如果人的信息处理过程的每个环节都正确，危险就能被消除或得到控制；反之，只要任何一个环节出现问题，就会使操作者直接面临危险。

在危险释放阶段，如果人的信息处理过程的各个环节都是正确的，虽然面临已经显现出来的危险，但仍然可以避免释放的危险带来的伤害或损害；反之，只要任何一个环节出错，危险就会转化为伤害或损害。

从人的特性与机器性能和环境状态之间是否匹配和协调的观点出发，认为机械和环境信息不断地通过人的感官反映到大脑，人若能正确地认识、理解、判断并做出正确决策和采取正确的行动，就能化险为夷，避免事故和伤亡；反之，如果人未能察觉、认识所面临的危险，或判断不准确而未采取正确的行动，就会发生事故和伤亡。这些理论把人、机、环境作为一个整体（系统）来看待，研究人、机、环境之间的相互作用、反馈和调整，从中发现事故发生的原因，揭示出预防事故发生的途径。

第八章　危险源管理

第一节　建设工程项目危险源概述

一、建设工程项目危险源的定义

（一）危险源的定义

英国标准协会（BSI）发布的职业安全卫生管理体系 OHSAS 18001:2007 标准对危险源的定义是“有可能造成人员伤害或健康损害的因素来源（source）、情形（situation）、行为（act）或其组合”。

我国颁布的《职业健康安全管理体系——要求及使用指南》（GB/T 45001—2020）给出的危险源定义是“可能导致伤害和健康损害的来源”。在危险源识别时，除了考虑物理危险源以外，还应考虑工作程序或标准改变、生产工艺发生重大改变时带来的危险状态。

美国国防部颁布的系统安全标准 MIL-STD-882E（Military Standard-882E）将危险源定义为“可能导致伤亡、疾病，或财产损失，或环境破坏的事故（事件）的现实或者潜在条件（condition）”。危险源识别时应考虑系统的硬件和软件，以及系统对人的界面、人对系统的反应因素等。

国际标准化组织颁布的 ISO 45001 将危险源定义为“有可能导致受伤或者疾病的现实的或者潜在的因素来源（source）或者情形（situation）”。危险源识别时，除了考虑物理危险源以外，还应考虑人因、工作方式、适合员工的设计、超出组织控制的因素、组织与操作过程等各种变化、知识与信息方面、社会因素、工作负荷与工作时间、领导力与组织文化等因素。

综合以上对危险源的定义可知，危险源是导致安全事故发生的直接因素和间接因素的总和。危险源不仅包含物理危险源，还包含个体行为及组织行为等更为复杂的因素。

（二）建设工程项目危险源的分类

1. 按发生作用分类

根据上述对危险源的定义及能量释放原理，在实际生活和生产过程中，危险源是以多种形式存在的，危险源导致的事故可归结为能量的意外释放和有害物质的泄漏。根据危险源在事故发生过程中的作用，可分为第一类危险源和第二类危险源。

（1）第一类危险源

第一类危险源是指可能意外发生释放能量的载体或危险物质。通常，把产生能量的能量源或拥有能量的能量载体作为第一类危险源来处理。常见的第一类危险源如下。

1）产生、供给能量的装置、设备。

2）使人体或物体具有较高势能的装置、设备、场所。

3）能量载体。

4）一旦失控可能产生能量蓄积或突然释放的装置、设备、场所，如各种压力容器等。

5）一旦失控可能产生巨大能量的装置、设备、场所，如发生强烈放热反应的化工装置等。

6）危险物质，如各种有毒、有害、可燃烧爆炸的物质等。

7）生产、加工、储存危险物质的装置、设备、场所。

8）人体一旦与之接触将导致人体能量意外释放的物体。

第一类危险源危险性大小主要取决于以下几种情况。

1）能量或危险物质的量。第一类危险源导致事故的后果严重程度主要取决于发生事故时意外释放的能量或危险物质的多少。一般地，第一类危险源拥有的能量或危险物质越多，则发生事故时可能意外释放的量也就越多。当然，也会有例外情况，有些第一类危险源拥有的能量或危险物质只能部分地意外释放。

2）能量或危险物质意外释放的强度。能量或危险物质意外释放的强度是指事故发生时单位时间内释放的量。在意外释放的能量或危险物质的总量相同的情况下，释放强度越大，能量或危险物质对人员或物体的作用越强烈，造成的后果也就越严重。

3）能量的种类和危险物质的危险性质。不同种类的能量造成人员伤害、财物破坏的机理不同，其后果也不同。危险物质的危险性主要取决于自身的物理、化学性质。燃烧爆炸性物质的物理、化学性质决定其导致火灾、爆炸事故的难易程度及事故后果的严重程度。工业毒物的危险性主要取决于其自身的毒性大小。

4）意外释放的能量或危险物质的影响范围。事故发生时意外释放的能量或危险物质的影响范围越大，可能遭受其作用的人或物质越多，事故造成的损失就越大。例如，有毒有害气体泄漏时可能影响下风侧的很大范围。

（2）第二类危险源

第二类危险源是指造成约束、限制能量措施失效或破坏的各种不安全因素。生产过程中的能量或危险物质受到约束或限制，在正常情况下不会发生意外释放，即不会发生事故。但是，一旦约束或限制能量或危险物质的措施受到破坏或失效（故障），则会发生事故。第二类危险源包括人的不安全行为、物的不安全状态和不利的环境条件三个方面。例如，机械设备、装置、元件、部件等性能低下而不能实现预定功能；人的行为结果偏离被要求的标准；现场作业环境处在高温状态下。

事故的发生是两类危险源共同作用的结果。第一类危险源是事故的前提，是事故的主体，决定事故的严重程度；第二类危险源的出现是第一类危险源导致事故的必要条件，决定事故发生的可能性大小。

2. 按引起的事故类型分类

根据《企业职工伤亡事故分类》（GB/T 6441—1986），综合考虑事故的起因物、致害物、伤害方式等特点，将危险源及危险源造成的事故分为 20 类。施工现场危险源识别时，对危险源或其造成伤害的分类多采用此分类法，具体分为物体打击、车辆伤害、机械伤害、起重伤害、触电、淹溺、灼烫、火灾、高处坠落、坍塌、冒顶片帮、透水、放炮、火药爆炸、瓦斯爆炸、锅炉爆炸、容器爆炸、其他爆炸（如化学爆炸、炉膛爆炸、钢水爆炸等）、中毒和窒息、其他伤害（如扭伤、跌伤、野兽咬伤等）。在建设工程施工生产中，最主要的事故类型是高处坠落、物体打击、触电、机械伤害、坍塌、火灾和爆炸等。

二、建设工程项目危险源特征分析

施工现场是涉及人员-机械-材料-环境相互交融的复杂的开放系统，系统元素之间的关系相互交错、不断变化。认识施工现场这个大系统中的各种元素及其之间的复杂关系和系统动态变化规律，可确定事故发生的可能性，有助于提高危险源辨识的有效性。

施工现场人员、机械、环境、材料元素及其之间的复杂关系和系统动态变化规律是一种信息获取过程。建筑施工现场存在多家施工单位同时进行多种任务的密切协作情况，可能造成组织之间的信息障碍，导致危险的发生。施工现场作业环境复杂，人、机流动性大，生产条件恶劣，人员、机械、环境、材料之间的信息可能发生错误传递，导致危险源复杂多变，存在大量不确定性，这种不确定性来源于危险源的动态性和复杂性，给安全施工带来极大困难。因此，要根据危险源的这些特性对施工现场的作业活动展开研究，寻求危险源辨识的有效途径。

（一）动态性

1. 工作性质的动态性

施工现场危险源随着工作性质的不同而改变。每个工程项目由于其用途、结构及施工工艺的不同，危险源也各不相同；同类型的工程项目，由于不同的施工工艺和施工方法，危险源也存在很大区别；在同一个工程项目中，由于从基础到主体到装修的每道工序不同，危险源也不尽相同；同一道工序也会由于施工工艺和施工方法的不同而存在不同的危险源。随着新技术、新工艺、新材料的不断应用，危险源的变化更是千差万别。

2. 人员的动态性

人员流动性大是施工现场的一大特点。施工作业人员需要围绕建设工程项目进行施工活动，直到工程结束。一般情况下，建设工程项目施工周期较长，短则需要几个月或一年，长则需要3～5年或更长时间，这就形成了大量的施工作业人员、施工机具、建筑材料等集中在有限的场地上进行作业的场面，与其他产业的产品流动、人员固定的生产特点完全不同。施工现场人员的动态性，不仅体现在同一个建设工程项目施工人员的流动上，还与整个施工队伍的人员流动有关。

3. 危险源的数量及其潜在危险性的动态性

施工现场中一个具体的危险源，会随着施工的展开而消亡或者产生。因此，在施工过程中，危险源的数量会随着工程进展、工作性质、施工环境的变化而变化。在不同的施工阶段，其危险源的数量、性质会不同，如危险源相互独立，在建设工程项目实施过程中不能相互转化，只表现出数量不同；如危险源之间存在一定的相关性，在建设工程项目实施过程中，风险因素还会表现出相互转化、新增或减少的现象。因此，随着施工条件的变化，危险源的存在、分布及其潜在的危险性也千变万化。由于工作性质的变化、人员的变动及其数量和潜在危险性的变化，危险源有时间和空间上的动态特征。首先，施工现场的危险源随时间变化而发生了改变，如设备、机器等系统的老化，人的知识和技能的退化，同一事物在建设工程的不同阶段出现的危险概率各异，其对同一个工程项目或者作业活动影响程度不同，随时会发生变化。例如，施工现场以繁重的体力劳动为主，随着时间的推移，施工作业人员容易疲劳、注意力分散，从而出现误操作。其次，施工现场以露天作业为主，一个建设工程项目从地基基础、主体结构、屋面工程到室外装修，露天作业约占整个工程的70%以上，作业环境容易受到光线、风霜、雨雪、雷电等环境因素的影响。随着施工过程有序快速地推进，各类工序的开展使工程现场瞬息万变，而流水施工使施工作业人员需要经常变换工作环境，环境的不断变化使危险源各不相同。施工现场的周边环境、作业条件等不断发生变化，相应的防护措施也会发生变化，这就对危险源辨识提出了更高的要求。

（二）复杂性

复杂性是事物客观存在和自身特有的规定性。施工现场危险源的复杂性是由工程的实际情况及作业活动的复杂性决定的。在由人员、机械、材料、环境组成的建设工程施工生产系统中，存在着物的故障或能量载体、组织管理因素、物理性环境因素等各种类型的危险源。在同一个施工作业中，也会因施工作业的场合地点、参加施工作业的人员、所使用的作业工具及所采取的作业方法的不同，导致其可能存在的危险源发生变化。同理，相同的危险源也可能在不同的施工过程中出现。

1. 施工环境的复杂多变性

施工现场工作环境复杂多变，施工作业人员经常处于不良的工作环境中，如高耗能、高强度施工作业携带的热辐射、噪声、有毒有害气体和粉尘，以及大风大雨、高温、低温等露天作业环境。由于工程项目具有临时性和一次性的特征，施工现场的人员、设备、材料、机具等也有很强的临时性，系统不断地与其环境进行人流、物流、信息流的交换，相互之间的影响使作业环境变得复杂而难以掌控，使施工过程很难按照同一图纸、同一施工工艺、同一生产设备重复进行。因此，只有综合考虑各个因素，才能有效地分析出环境中的危险因素，展开系统地防范和控制，确保安全施工。

2. 作业过程复杂

现代建设工程项目的工艺繁杂，施工条件复杂，在施工中作业人员还要随时关注周围环境的变化，以便随时进行作业调整，稍一疏忽就可能发生安全事故。此外，大大小小的施工机械设备被普遍地使用于施工过程中，大多施工机械设备需要作业人员的配合，产生了人机混合作业，增大了施工作业劳动的复杂程度和施工的危险性。

每一个建设工程项目都需要在特定的工期和有限的场地内，汇集许多的人员、材料和机械等进行施工，且多个施工班组同时作业交叉施工，系统的复杂程度增加，安全度衰减。

3. 现场安全生产关系的复杂性

建设工程项目的责任单位众多，组织关系复杂多变，有勘察、设计、建设、监理和施工等单位。虽然施工安全主要由施工单位负责，但其他单位的安全工作效果也能影响整个施工安全。目前，主流分包模式包括专业分包和劳务分包，其队伍的稳定性难以确定，使施工现场的人员经常变化，生产关系变化多端。多个施工主体存在的同时及他们之间的复杂关系造成了施工安全管理的难度较大。

（三）不确定性

事故是系统及其环境中的人流、物流、信息流不协同作用所导致的系统突变。危险源的不确定性导致事故的不确定性，危险源的不确定性具体表现在以下几个方面。

1. 危险源本身的不确定性

一方面，人们的知识和技能随着时间的推移产生了退化，系统硬件随着时间的变化而磨损和老化；另一方面，施工现场系统中的人流、物流和信息流相互作用、错综复杂。这些变化和复杂性很难在施工活动中进行管控，导致了危险源的不确定性。

2. 危险源辨识的不确定性

危险源辨识通常采用直观经验法和系统安全分析方法。无论是采用哪种方法，都是建立在某一确定系统之上的，但实际上危险源辨识系统是不确定的。安全管理人员凭借自身的经验和直觉进行危险源辨识往往有局限性。因此，危险源辨识结果缺乏可靠性，即存在不确定性。

3. 危险源可控的不确定性

施工现场是一个复杂的系统，其要素之间的相互作用非常复杂，对危险源的控制只是某一层面上的，如对物流和信息流的可控性较好，但可能对人流的可控性就较差。因此，危险源的可控性难以把握。危险源的不确定性要求在实践中应加大力度进行危险源辨识。

（四）隐蔽性

危险源隐蔽性体现在两个方面：一方面，危险源贯穿于整个施工过程中，是依附于施工过程中潜在的危险源，因此，危险源在施工过程中不容易被人们发现，具有非常明显的隐蔽性；另一方面，在施工过程中危险源虽然有所暴露，但有时并未给人员及物体带来伤害，因此，这部分危险源很容易被人们忽略，事实上这同样也是造成事故的一个重要方面。

（五）连锁性

连锁性是指在工程建设过程中，一个危险源可能引发另一个危险源的出现，从而导致一系列危险事件相继发生的现象。这种连锁反应可能导致事故的规模扩大、后果加重，甚至超出最初的预期范围。

三、建设工程项目危险源管理的基本流程

建设工程项目危险源管理应符合“双重”预防体系要求，《安全生产法》第四条规定：“生产经营单位必须遵守本法和其他有关安全生产的法律、法规，加强安全生产管理，建立健全全员安全生产责任制和安全生产规章制度，加大对安全生产资金、物资、技术、人员的投入保障力度，改善安全生产条件，加强安全生产标准化、信息化建设，构建安全风险分级管控和隐患排查治理双重预防机制，健全风险防范化解机制，提高安全生产水平，确保安全生产。”“双重”预防体系是对危险源管理的一个动态闭环，如图 8-1 所示。

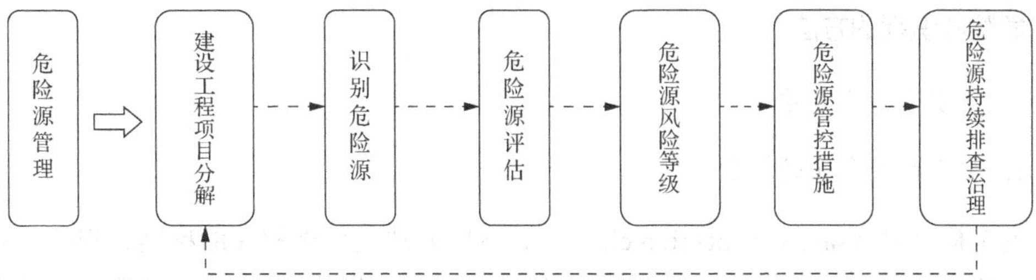

图 8-1 危险源管理基本流程

风险分级管控，是对建筑施工企业生产经营中的安全风险进行识别，通过定性和定量的方法把风险用数值表现出来，并按等级从高到低依次划分为重大风险、较大风险、一般风险和低风险，结合风险大小合理调配资源，按照建筑施工企业、工程项目、施工班组等管理层级，分层分级管控不同等级的风险，明确各管控层级的工作责任。风险分级管控是一个动态过程，要动态关注法律法规、标准规范、内外部环境等因素的变化，及时开展风险再评估、更新风险清单，并根据评估结果调整风险等级和管控措施。

隐患排查与治理，是排查风险管控过程中出现的缺失、漏洞和风险控制失效环节。例如，企业的安全管理规章制度体系不健全、安全管理的流程标准不完整和不明确、安全管理岗位配置不齐全、安全管理人员素质能力不满足岗位要求等。根据事故隐患的危害和整改难易程度，分为一般事故隐患和重大事故隐患。一般事故隐患要立即整改。重大事故隐患要落实整改职责、资金和监管措施，限期整改到位。针对重大事故隐患，应提升管控级别，由企业协作，提高整改效率。

危险源管理是一个动态管理过程，也是危险源管理的难点所在，还是部分建设工程项目的实施主体对危险源认知存在偏差的地方。无论是危险源的识别还是其他工作，都是一个持续不断的工作，并非在建设工程项目初期对危险源进行识别后就万事大吉了。因此做好危险源的动态管理是现代安全管理的重要组成部分。

第二节 建设工程项目危险源的识别与评估

一、危险源识别的相关概念

危险源识别又称为危险源辨识，就是对危险源进行识别，对其性质加以判断，对可能造成的危害、影响进行提前预防，以确保生产的安全、稳定。危险源识别是安全管理非常重要的一部分，只有通过对危险源的识别，才能实现“预防为主”，有效地预防安全事故的发生，减少企业的损失。

二、危险源识别的方法

（一）安全检查表法

1. 安全检查表法的概念

安全检查表（safety inspection checklist，SIC）法是依据相关的标准、规范，对工程、系统中已知的危险类别、设计缺陷，以及与一般工艺设备、操作、管理有关的潜在危险性和有害性进行判别检查的方法。为了避免检查项目遗漏，事先把检查对象分割成若干系统，以提问或打分的形式，将检查项目列表，这种表称为安全检查表。它是系统安全工程的一种最基础、最简便、应用最广泛的系统危险性评价方法。目前，安全检查表在我国不仅用于查找系统中各种潜在的事故隐患，还对各检查项目给予量化，用于进行系统安全评价。

2. 安全检查表的编制依据

1）国家、地方的相关安全法规、规定、规程、规范和标准，行业、企业的规章制度、标准及企业安全生产操作规程。

2）国内外行业、企业事故统计案例，以及经验教训。

3）行业及企业安全生产的经验，特别是本企业安全生产的实践经验，引发事故的各种潜在的不安全因素及成功杜绝或减少事故发生的成功经验。

4）系统安全分析的结果，即为防止重大事故的发生而采用事故树分析方法，对系统进行分析得出能引发事故各种不安全因素的基本事件，作为防止事故控制点（源）而列入安全检查表。

3. 安全检查表的编制步骤

编制一个符合客观实际、能全面识别和分析系统危险性的安全检查表，首先要建立一个编制小组，其成员应包括熟悉系统各方面的专业人员。其主要步骤如下。

1）熟悉系统。包括系统的结构、功能、工艺流程、主要设备、操作条件、布置和已有的安全设施。

2）搜集资料。搜集有关的安全法规、标准、制度及本系统过去发生事故的资料，作为编制安全检查表的重要依据。

3）划分单元。按功能或结构将系统划分为若干子系统或单元，逐个分析潜在的危险因素。

4）编制安全检查表。针对危险因素，依据有关法规、标准规定，参考过去事故中的教训和本单位的经验，确定安全检查表的检查要点、内容和为达到安全指标而应在设计中采取的措施，然后按照一定的要求编制安全检查表。

① 按系统、单元的特点和预评价的要求，列出检查要点、检查项目清单，以便全面查出存在的危险、有害因素。

② 针对各检查项目、可能出现的危险、有害因素，依据有关标准、法规列出安全指标的要求和应设计的对策措施。

5）编制复查表。其内容包括危险、有害因素明细，是否落实了设计的对策措施，是否达到预期的安全指标要求、遗留问题及解决办法和复查人等。

4. 编制安全检查表应注意的事项

编制安全检查表应力求系统完整，不漏掉任何可能引发事故的危险关键因素。因此，编制安全检查表应注意以下问题。

1）安全检查表内容要重点突出，简繁适当，有启发性。

2）各类安全检查表的项目、内容，应针对不同检查对象有所侧重，分清各自职责内容，避免重复。

3）安全检查表的每项内容要定义明确，便于操作。

4）安全检查表的项目、内容能随工艺的改造、设备的更新、环境的变化和生产异常情况的出现而不断修订、变更和完善。

5）凡能导致事故的一切不安全因素都应列出，以确保各种不安全因素能及时被发现或消除。

5. 应用安全检查表应注意的事项

为了达到预期安全检查的目的，应用安全检查表时应注意以下问题。

1）各类安全检查表都有适用对象，专业安全检查表与日常定期安全检查表要有区别。专业安全检查表应详细、突出专业设施安全参数的定量界限，而日常定期安全检查表（尤其是岗位安全检查表）应简明扼要、突出关键和重点部位。

2）应用安全检查表进行检查时，应分级落实安全检查职责。企业级日常安全检查，可由安全管理部门管理人员会同有关部门联合进行。建设工程项目的安全检查，可由项目主管安全的负责人或指定施工现场安全员检查。岗位安全检查一般指定专人进行。检查后应签字并提出处理意见备查。

3）为保证检查的有效定期实施，应将安全检查表列入相关安全检查管理制度，或制定安全检查表的实施办法。

4）应用安全检查表检查，必须注意信息的反馈及整改。对查出的问题，凡是检查者当时能督促整改和解决的应立即解决，当时不能整改和解决的应进行反馈登记、汇总分析，由有关部门列入计划安排解决。

5）应用安全检查表检查，必须按编制的内容，逐项逐点地检查，有问必答，有点必检，按规定填写清楚，为系统分析及安全评价提供可靠准确的依据。

（二）专家评议法

1. 专家评议法的概念

专家评议法又称为定性评议法或综合评议法，是一种组织专家参加，根据事物的过去、现在及未来发展趋势，进行积极的创造性思维活动，对事物的未来进行分析、预测的方法。

2. 专家评议法的内容

专家评议法的工作可分为专家评议和专家质疑两部分。

1）专家评议。根据一定的规则，组织相关专家进行积极的创造性思维，对具体问题共同探讨、集思广益的一种专家评价方法。

2）专家质疑。专家需要进行两次会议：第一次会议是专家对具体问题进行直接讨论；第二次会议是专家对第一次会议提出的设想进行质疑。两次会议主要做以下工作。

① 研究讨论有碍设想实现的问题。

② 论证已提出设想的实现可能性。

③ 讨论设想的限制因素及提出排除限制因素的建议。

④ 在质疑过程中，对出现的新的建设性设想进行讨论。

3. 专家评议法的步骤

采用专家评议法应遵循以下步骤。

1）明确具体分析、预测的问题。

2）组成专家评议分析、预测小组，小组应由预测专家、专业领域的专家、推断思维能力强的演绎专家等组成。

3）举行专家会议，对提出的问题进行分析、讨论和预测。

4）分析、归纳专家会议的结果。

（三）预先危险分析法

1. 预先危险分析法的概念

预先危险分析（preliminary hazard analysis，PHA）法，又称为初步危险分析法，它是一种系统安全工程中常用的方法。预先危险分析是系统设计期间危险分析的最初工作，也可运用它做运行系统的最初安全状态检查，是系统进行的第一次危险分析。通过这种分析找出系统中的主要危险，对这些危险做估算，或要求安全工程师能够控制它们，从而达到可接受的系统安全状态。最初 PHA 的目的不是控制危险，而是认识与系统有关的所有状态。PHA 的另一个用处是确定在系统安全分析的最后阶段采用怎样的故障树。当开始进行安全评价时，为了便于应用商业贸易研究中的这种研究成果（在系统研制的初期或在运行系统情况中都非常重要）及安全状态的早期确定，在系统概念形成的初期，或在系统安全运行的情况下，就应当开始危险分析工作。所得到的结果可用来建立系统安全要求，供编制性能和设计说明书参考。另外，预先危险分析还是建立其他危险分析的基础，是基本的危险分析。英国 ICI 公司就是在工艺装置的概念设计阶段或工厂选址阶段或项目建设初期，用这种方法来分析可能存在的危险因素。

在预先危险分析中，应该考虑工艺特点，列出系统基本单元的可能性和危险状态。这些是概念设计阶段所确定的，包括原料、中间物、催化剂、三废、最终产品的危险特性及其反应活性、装置设备、设备布置、操作环境及其操作规程，以及各单元之间的联系，防火及安全设备。当识别出危险情况后，列出可能的原因、后果及可能的改正或防范措施。

2. 分析步骤

1）通过经验判断、技术诊断或其他方法调查确定危险源，对所需分析系统的生产目的、物料、装置及设备、工艺过程、操作条件和周围环境等，进行充分详细的了解。

2）根据过去的经验教训及同行业生产中发生的事故或灾害情况，对系统的影响、损坏程度，类比判断所要分析的系统中可能出现的情况，查找能够造成系统故障、物质损失和人员伤害的危险性，分析事故或灾害的可能类型。

3）对确定的危险源进行分类，制成预先危险分析表。

4）转化条件，即研究将危险因素转变为危险状态的触发条件和将危险状态转变为事故（或灾害）的必要条件，并进一步寻求对策措施，检验对策措施的有效性。

5）对危险性进行分级，排出轻、重、缓、急次序，以便处理。

6）制定事故或灾害的预防性对策措施。

3. 等级划分

为了评判危险、有害因素的危害等级，以及它们对系统破坏性的影响大小，预先危险分析法给出了各类危险性的划分标准。该法将危险性划分为四个等级，如表 8-1 所示。

表 8-1　危险性等级划分

级别	危险程度	可能导致的后果
Ⅰ	安全的	不会造成人员伤亡及系统损坏
Ⅱ	临界的	处于事故的边缘状态，暂时不至于造成人员伤亡
Ⅲ	危险的	会造成人员伤亡和系统损坏，要立即采取防范措施
Ⅳ	灾难性的	造成人员重大伤亡及系统严重破坏的灾难性事故，必须予以果断排除并进行重点防范

4. 分析结果

预先危险分析的结果一般采用表格的形式列出。表格的格式和内容可根据实际情况确定。

5. 分析注意事项

1）应考虑生产工艺的特点，列出其危险性和状态，具体如下。

① 原料、中间产品、衍生产品和成品的危害特性。

② 作业环境。

③ 设备、设施和装置。

④ 操作过程。

⑤ 各系统之间的联系。

⑥ 各单元之间的联系。

⑦ 消防和其他安全设施。

2）预先危险分析法在分析过程中应考虑的因素如下。

① 危险设备和物料，如燃料、高反应活性物质、有毒物质、爆炸高压系统、其他储运系统。

② 设备与物料之间与安全有关的隔离装置，如物料的相互作用、火灾、爆炸的产生和发展、控制、停车系统。

③ 影响设备与物料的环境因素，如地震、洪水、振动、静电、湿度等。

④ 操作、测试、维修及紧急处置规定。

⑤ 辅助设施，如储槽、测试设备等。

⑥ 与安全有关的设备设施，如调节系统、备用设备等。

（四）故障假设分析法

1. 故障假设分析法的概念

故障假设分析法是对某一生产过程或工艺过程的创造性分析方法。使用该方法时，要求人员对工艺熟悉，通过提出一系列“如果……怎么办？”的问题，来发现潜在的事故隐患，从而对系统进行彻底检查的一种方法。

故障假设分析通常对工艺过程进行审查，一般要求评价人员用“如果……怎么办”作为开头，对有关问题进行考虑，从进料开始沿着流程直到工艺过程结束。任何与工艺有关的问题，即使与之不太相关也可以提出加以讨论。故障假设分析结果将找出暗含在分析组所提出的问题和争论中的可能事故情况。这些问题和争论常常指出了故障发生的原因。通常要将所有的问题记录下来，然后进行分类。

该方法包括检查设计、安装、技术改造或操作过程中可能产生的偏差。要求评价人员对工艺规程熟知，并对可能导致事故的设计偏差进行整合。

2. 分析步骤

故障假设分析很简单，首先提出一系列问题，然后回答这些问题。评价结果一般以表格的形式显示，主要内容包括提出的问题、回答可能的后果、降低或消除危险性的安全措施。

故障假设分析由三个步骤组成，即分析准备、完成分析、编制分析结果文件。

（1）分析准备

1）人员组成。由2～3名专业人员组成分析小组，小组成员要熟悉生产工艺，有评价危险的经验。

2）确定分析目标。首先要考虑取什么样的结果作为目标，目标又可以进一步加以限定。目标确定后要确定分析哪些系统。在分析某一系统时应注意与其他系统的相互作用，避免漏掉危险因素。

3）资料准备。在进行分析时，要充分把有关项目的资料准备齐全，并且要保证资料真实、有效，特别是数据要翔实、准确。

（2）完成分析

1）了解情况，准备故障假设问题。分析会议开始应该首先由熟悉整个装置和工艺的人员阐述生产情况和工艺过程，包括原有的安全设备及措施。参加人员还应说明装置的安全防范、安全设备、卫生控制规程。

分析人员要向现场操作人员提问，然后对所分析的过程提出有关安全方面的问题。有两种会议方式可以采用：①列出所有的安全项目和问题，然后进行分析；②提出某个问题并全面讨论，即对所提出的某个问题的各个方面进行分析后，再对提出的下一个问题（分析对象）进行讨论。两种方式都可以，但最好在分析之前列出所有问题，以免打断分析小组的“创造性思维”。

2）按照准备好的问题，从工艺进料开始，直到成品产出为止，逐一提出“如果发生那种情况，操作人员应该怎么办？”，分别给出正确的答案和做法。

（3）编制分析结果文件

在完成故障假设分析后，将分析过程及结果整理成书面材料，编制成分析结果文件。分析结果文件中应包括故障现象、可能的故障原因、分析过程和结论等内容，以便于其他人员理解和参考。

（五）故障树分析法

1. 故障树分析法的概念

故障树分析（fault tree analysis，FTA）法是20世纪60年代以来迅速发展的系统可靠性分析方法，它采用逻辑方法将事故因果关系形象地描述为一种有方向的“树”。把系统可能发生或已发生的事故（又称为“顶上事件”）作为分析起点，将导致事故原因的事件按因果逻辑关系逐层列出，用树形图表示出来，构成一种逻辑模型，然后定性或定量地分析事件发生的各种可能途径及发生的概率，找出避免事故发生的各种方案并优先选出最佳安全对策。故障树分析法形象、清晰、逻辑性强，它能对各种系统的危险性进行识别评价，既适用于定性分析，又适用于定量分析。

顶上事件通常是由故障假设、预先性分析等方法识别出来的。故障树模型是原因事件（故障）的组合，称为故障模式或失效模式，这种组合导致顶上事件的发生。而这些故障模式称为割集，最小割集是原因事件的最小组合。若要使顶上事件发生，则要求最小割集中的所有事件必须全部发生。

2. 分析步骤

1）熟悉分析系统。首先详细了解要分析的对象，包括工艺流程、设备构造、操作条件、环境状况、控制系统、安全装置等，还可以广泛收集同类系统发生的事故。

2）确定分析对象系统和分析的对象事件（顶上事件）。通过实验分析、事故分析及故障类型和影响分析确定顶上事件；明确对象系统的边界、分析深度、初始条件、前提条件和不予考虑的条件。

3）确定分析边界。在分析之前要明确分析的范围和边界、系统内包含哪些内容等。特别是化工、石油化工生产过程都具有连续化、大型化的特点，各工序、设备之间相互连接，如果不划定界限，得到的故障树会非常庞大，不利于进行研究。

4）确定系统事故发生的概率、事故损失的目标值。

5）调查原因事件。顶上事件确定之后，就要分析与之有关的原因事件，也就是找出系统的所有潜在危险因素的薄弱环节，包括设备元件等硬件故障、软件故障、人为差错及环境因素。凡是与事故有关的原因都要找出来，作为故障树的原因事件。

6）确定不予考虑的事件。与事故有关的原因各种各样，但有些原因根本不可能发生或发生的概率很小，如雷电、飓风、地震等，编制故障树时一般不予考虑，但要事先说明。

7）确定分析的深度。在分析原因事件时，需要事先确定分析到哪一层为止。若分析得太浅，则可能发生遗漏；若分析得太深，则故障树会过于庞大烦琐。因此，具体分析深度应视研究对象而定。

8）编制故障树。从顶上事件起，一级一级往下找出所有原因事件直到最基本的事件为止，按其逻辑关系画出故障树。每一个顶上事件对应一棵故障树。

9）定量分析。按事故结构进行简化，求出最小割集和最小径集，得出概率重要度和临界重要度。

10）结论。当事故发生概率超过预定目标值时，从最小割集着手研究降低事故发生概率的所有可能方案，利用最小径集找出消除事故的最佳方案；通过重要度分析确定采取对策措施的重点和先后顺序，从而得出分析、评价的结论。

（六）事件树分析法

1. 事件树分析法的概念

事件树分析（event tree analysis，ETA）法的理论基础是决策论，它是一种从原因到结果的自上而下的分析方法。从一个初始事件开始，交替考虑成功与失败的两种可能性，然后以这两种可能性作为新的初始事件，如此继续分析下去，直到找到最后的结果。因此，ETA是一种归纳逻辑树图，能够看到事故发生的动态发展过程，以提供事故后果。

事故的发生是若干事件按时间顺序相继出现的结果，每一个初始事件都可能导致灾难性的后果，但不一定是必然后果。因为事件向前发展的每一步都会受到安全防护措施、操作人员的工作方式、安全管理及其他条件的制约。因此，每一个阶段都有两种可能性结果，即达到既定目标的“成功”和达不到既定目标的“失败”。

ETA从事故的初始事件开始，途经原因事件到结果事件为止，每一个事件都按成功和失败两种状态进行分析。成功或失败的分叉称为歧点，用树枝的上分支作为成功事件，下分支作为失败事件，按照事件发展顺序不断延续分析直至最后结果，最终形成一个在水平方向横向展开的树形图。

2. 分析步骤

1）确定初始事件。初始事件一般是指系统故障、设备失效、工艺异常、人因失误等，它们都是由事先设想或估计的。初始事件一般依靠分析人员的经验和有关运行、故障、事故统计资料来确定；对于新开发系统或复杂系统，往往先应用其他分析评价方法从分析的因素中选定，再用事件树分析法做进一步的重点分析。

2）判定安全功能。在所研究的系统中包含许多能消除、预防、减弱初始事件影响的安全功能。常见的安全功能有自动控制装置、报警系统、安全装置、屏蔽装置和操作人员采取措施等。

3）发展事件树和简化事件树。从初始事件开始，自左向右发展事件树。首先，把初始事件一旦发生时起作用的安全功能状态画在上面的分支，不能发挥安全功能状态的画在下面的分支。然后，依次考虑每种安全功能分支的两种状态，层层分解直至系统发生事故或故障为止。简化事件树就是在发展事件树的过程中，将与初始事件、事故无关的安全功能和与安全功能不协调、矛盾的情况省略、删除，以达到简化分析的目的。

4）分析事件树。

① 找出事故连锁和最小割集。事件树的每个分支代表初始事件一旦发生后其可能的发展途径，其中导致系统事故的途径即为事故连锁。一般来说，导致系统事故的发展途径有多条，即存在多条事故连锁。

② 找出预防事故的途径。事件树中最终达到安全的途径指导人们采取措施预防事故的发生。在达到安全的途径中，安全功能发挥作用的事件构成事件树的最小径集。一般来说，事件树中包含多个最小径集，即可以通过若干途径防止事故的发生。

由于事件树表现了事件之间的时间顺序，应尽可能从最先发挥作用的安全功能着手。

5）事件树的定量分析。由各事件发生的概率计算系统事故或故障发生的概率。通过发生概率的大小来确定系统事故性质及其潜在的危害性，以便采取有效措施。

（七）工作安全分析法

1. 工作安全分析法的概念

工作安全分析（job safety analysis，JSA）法是一种定性分析方法，该法有序地对存在的危害进行识别、评估和制定控制措施的过程。工作安全分析法将所要分析的系统中的工作步骤进行分解，识别每一个工作步骤中存在的危险因素，并采取必要的控制措施。该方法由于需要对工作系统进行步骤划分，要求相关管理人员对工作系统相当了解。但对于未接触的项目或新技术、新工艺，在首次使用该方法时并不是特别适用。

2. 分析步骤

1）成立 JSA 小组。小组成员可以包含管理、技术、安全及具体的操作人员，JSA 小组成员需要熟悉 JSA 的工作方法、工作任务、区域环境及相关设备，熟知作业规程等。

2）收集相关资料，现场勘察。这是进行 JSA 之前必须要做的辅助工作，资料收集及现场勘察的重点主要涉及以下几方面：曾经出现过的安全问题和事故；现场有没有进入新设备、新材料、新员工、新工艺；现场环境、空间、光线及空气流动情况、出口、入口等现场作业的关键环节；实施人员的技能和素质；是否存在交叉作业等。

3）系统分析。首先选择作业活动，然后把作业活动分解为若干相连的工作步骤，工作步骤的分解不可过于笼统，也不可太细，每一个作业步骤应该是“做什么”，而不是“如何做什么”。工作步骤的分解可由小组成员讨论确认。

4）讨论观察作业流程，从中识别工作步骤中存在的危险源。对危险源进行评估，根据评估结果制定相应的防范措施和应对措施。

通过上述梳理研究，对以上具体的危险源识别方法进行对比分析，如表 8-2 所示。

表 8-2 危险源识别方法对比分析

方法	应用领域	优点	缺点
安全检查表法	建筑业	操作简单、直观，易于企业的同步管理	只能作为安全管理辅助的分析方法，不能单独作为安全评价方法；主观和经验的局限性；无法做出系统整体的动态安全评价
专家评议法	类比工程项目、系统和装置的安全评价、专项安全评价	简单易行，比较客观，结论比较全面、正确。分析问题更深入、全面和透彻，所形成的结论性意见更科学、合理	由于要求参加评议的专家有较高的水平，并不是所有的工程项目都适用该方法，其应用范围较窄
预先危险分析法	项目初期的安全评价及粗略的危险和潜在事故分析	简单易行、经济、有效，为项目开发组分析和设计提供指南，能识别可能的危险，费用较少	只能做出宏观的、初步的安全分析，无法做出系统的、整体的、详细的动态安全评价
工作安全分析法	适用范围很广，可用于工程项目、系统的任何实施阶段	简单易行，投入成本较低，客观实际、操作性强，能够系统识别工作任务中存在的危险	要求参与分析的小组成员对现场的活动有清楚的认知
故障假设分析法	适用范围很广，可用于工程项目、系统的任何实施阶段	它弥补了基于经验的安全检查表编制时经验的不足	缺乏安全检查表的系统化，缺乏系统的安全评价
故障树分析法	航天工程等	直观明了，思路清晰，逻辑性强	只能分析事故发生的直接原因，而没有对事故发生的深层次原因进行分析
事件树分析法	社会经济及科学管理等领域	概率可按照路径从基础分到节点；整个结果的范围可以在整个事件树中得到改善；事件树从原因到结果，比较明了；依赖于时间	依赖于概率数据，概率数据的准确性可能存在偏差，从而影响分析结果的可靠性，缺少像 ETA 中的数学混合应用

三、危险源的风险评价与评价的方法

（一）危险源的风险评价

危险源的风险评价是对危险源会引发安全事故的可能性，以及造成事故后果的危险性程度进行科学估算，并作为后续安全管理应对措施制定的依据。危险源风险评价的目的是尽可能地把辨识出来的结果定量化表示，即估计事故发生的可能性和损失程度，然后针对风险评价结果，给出相应的风险控制方法。

（二）危险源评价的方法

危险源评价可借鉴前人的理论结果进行科学评价，引入定量化方法，使定性分析与定量分析相结合，得出有说服力的可靠结论。危险源风险评价的方法包括定性、定量、定性与定量相结合三种，定性与定量相结合的方法常被采用。

1. LEC 评价法

LEC 评价法，又称为格雷厄姆评价法，是对具有潜在危险性作业环境中的危险源进行半定量的安全评价方法。该方法用于评价操作人员在具有潜在危险性环境中作业时的危险性、危害性。该方法用与风险有关的三种因素指标值的乘积来评价风险的大小，这三种因素分别是：L（likehood），事故发生的可能性；E（exposure），操作人员暴露于危险环境中的频率；C（consequence），事故一旦发生可能造成的后果。该方法由于简单易懂、易于操作和掌握而被广泛推广与应用，其公式表达为

$$D = LEC \tag{8-1}$$

式中：D——危险程度；

L——事故发生的可能性，取值见表 8-3；

E——操作人员暴露于危险环境中的频率，取值见表 8-4；

C——事故一旦发生可能造成的后果，取值见表 8-5。

表 8-3　*L* 取值

分数值	*L* 值
10	完全可以预料
6	相当可能
3	可能，但不经常
1	可能性小，完全意外
0.5	很不可能，可以设想
0.2	极不可能
0.1	实际不可能

表 8-4　*E* 取值

分数值	*E* 值
10	连续暴露
6	每天工作时间内暴露
3	每周一次或偶然暴露
2	每月一次暴露
1	每年几次暴露
0.5	罕见暴露

表 8-5　*C* 取值

分数值	*C* 值	分数值	*C* 值
7	严重	100	10 人以上死亡
3	重大，伤残	40	3~9 人死亡
1	引人注意	15	1~2 人死亡

D 值越大，说明该系统危险性越大，需要增加安全措施，或改变发生事故的可能性，或减少人体暴露于危险环境中的频繁程度，或减轻事故损失，直至调整到允许范围内。具体评价结果等级见表 8-6。

表 8-6 *D* 值评价表

D 值	危险程度
>320	极其危险，立即停止作业
160～320	高度危险，需要立即整改
70～160	显著危险，需要及时整改
20～70	一般危险，需要注意
<20	低危险，可以接受

根据经验，*D* 值在 20 以下是低危险状态；*D* 值为 70～160，是显著危险状态，需要及时整改；*D* 值为 160～320，这是一种必须立即采取措施进行整改的高度危险状态；*D* 值在 320 以上表示环境极其危险，应立即停止作业直到环境得到改善为止。

2. *层次分析法*

层次分析法（analytic hierarchy process，AHP）应用领域广泛，既适用于民用生活的选择判断，也适用于工业生产的分析比较。它将难以用一些定性分析直接判断的问题转化成定量分析，用数学的矩阵推导得出大小的比较，帮助决策者进行直观判断。层次分析法的理论层次结构和管理者思维过程很相似，提供了便于理解的科学方法。在工程项目的施工阶段引入层次分析法可以较好地评估风险因素大小、权重，通过数字即可分析出风险排序，灵活、便于理解、操作简单，即使不具备高学历的人也可以顺利套用，举一反三。层次分析法的最终结果是排序，即最终将各方法（措施）排出优劣次序作为决策的依据。层次分析法的主要特点是定性与定量相结合，应用该法需要借助一定的数学工具。但从本质上说，它是一种思维方法，是一种充分运用人们的分析、判断、综合能力的系统方法。它并不是一种数学模型，而是用定量分析与定性分析相结合的典范，具有高度的有效性、可靠性和广泛的适用性。

3. *蒙特卡罗模拟法*

蒙特卡罗模拟法的原理是利用计算机计算，根据概率分布特征对每个因素进行随机抽样，得出结果，并对结果进行数值统计分析，最终做出评估结论。该法模拟各种因素对项目的影响，通过各种组合的结果，统计出项目变化规律。该法的优点在于抽样选取数据全面且具有代表性，能够全面、准确地体现项目的风险，其结果具有很高的借鉴性，在项目风险分析（尤其是投资分析）中应用较为广泛。

第三节　建设工程项目的重大危险源管理

一、重大危险源概述

（一）重大危险源的定义

根据《安全生产法》第一百一十七条第二款的规定：“重大危险源，是指长期地或者临时地生产、搬运、使用或者储存危险物品，且危险物品的数量等于或者超过临界量的单元（包括场所和设施）。”从这一规定来看，重大危险源的概念有以下三个层次的含义。

1）重大危险源是一类场所或者设施（合称单元）。

2）重大危险源是生产、搬运、使用或者储存危险物品的场所或者设施。

3）重大危险源是生产、搬运、使用或者储存危险物品的数量等于或者超过临界量的场所或者设施。确定重大危险源的核心因素是危险物品的数量是否等于或者超过临界量。临界量是指对某种或某类危险物品规定的数量，若单元中的危险物品数量等于或者超过该数量，则该单元应定为重大危险源。具体危险物品的临界量，由危险物品的性质决定。

（二）建设工程项目重大危险源

建设工程项目重大危险源是指在建设工程项目的施工过程中，可能导致死亡及伤害、财产损失、环境破坏和这些情况组合的根源或者状态，预后危害严重。其因素包括物的不安全状态与能量、不良的环境影响、人的不安全行为及管理上存在的缺陷。建设工程项目重大危险源可能会导致伤亡人数较多、经济损失严重或者对企业和社会造成较大的负面影响，做好施工现场的重大危险源管理对于抑制重大、特大安全事故的发生有非常重要和积极的作用，对于地区经济和社会健康稳定发展都有重要意义。

对重大危险源的管理在许多国家都已经上升到国家层面，欧洲共同体（现为欧盟）于 1982 年颁布了《工业活动中重大事故危险法令》（又称《塞维索指令》），同时美国、加拿大、印度、泰国等国也都发布相应的标准，澳大利亚于 1996 年颁布了《重大危险设施控制》（NOHSC:1014—1996）。我国从 20 世纪 80 年代后期引入，于 1993 年开始实施中国的危险源管理标准《生产过程危险和有害因素分类与代码》（GB/T 13861—1992）（已废止）。现行危险源管理的国家标准为《危险化学品重大危险源辨识》（GB 18218—2018）、《生产过程危险和有害因素分类与代码》（GB/T 13861—2022）。2021 年 6 月 10 日修正的《安全生产法》中多次强调需要加强生产经营单位对重大危险源的管理。

二、重大危险源管理的内容

在对建设工程项目的危险源识别与评价的过程中，将其危险性达到一定程度的危险源视为重大危险源，并形成评估报告。根据识别的重大危险源，还需要具体分析重大危险源的转化条件和危害程度，预估重大危险源的发展路径。例如，工程项目部根据重大危险源的危险程度及发展路径，制定重大危险源的控制措施和应急预案，并建立重大危险源档案，档案内容应该包括重大危险源的名称、性质、位置、管理人员、安全规章制度、评估报告及检测报告等。工程项目部将危险源形成报告上报建筑业企业，上报内容包括重大危险源的详细情况、可能会导致的事故类型、安全控制措施、预防措施及应急预案。

对照重大危险源档案跟踪、监控，掌握重大危险源状况，分析评价重大危险源控制效果，反馈重大危险源监控信息，调整或者改进相关措施，动态跟踪监控，确认重大危险源受控直至重大危险源消除，进而周而复始地形成重大危险源识别、分析、监控的闭环系统。重大危险源管理流程如图 8-2 所示。

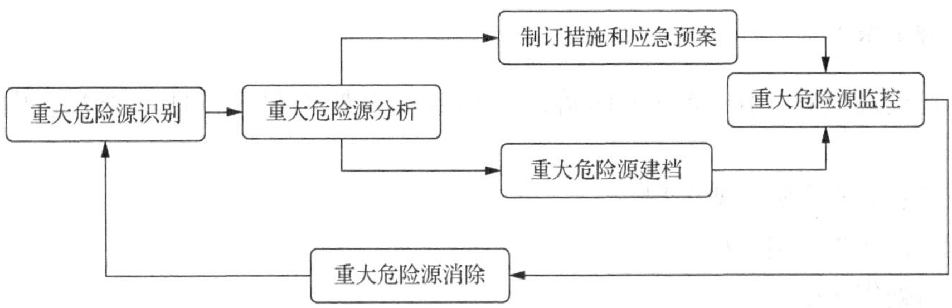

图 8-2　重大危险源管理流程图

三、危险性较大的分部分项工程

危险性较大的分部分项工程（简称“危大工程”），是指房屋建筑及市政工程在施工过程中，容易导致人员群死群伤或造成重大经济损失的分部分项工程。根据重大危险源的定义，危险性较大的分部分项工程符合重大危险源的内涵，但危险性较大的分部分项工程的范围中主要涵盖了施工现场中存在的物理危险源，对施工作业过程中人的不安全行为和管理中存在的问题涉及较少。依据相关法规中的规定，将建设工程中所包含的危险性较大的分部分项工程分为一般规模的危险性较大的分部分项工程和超过一定规模的危险性较大的分部分项工程两部分。

（一）一般规模的危险性较大的分部分项工程

1. 基坑工程

1）开挖深度超过 3m（含 3m）的基坑（槽）的土方开挖、支护、降水工程。

2）开挖深度虽未超过 3m，但地质条件、周围环境和地下管线复杂，或影响毗邻建（构）筑物安全的基坑（槽）的土方开挖、支护、降水工程。

2. 模板工程及支撑体系

1）各类工具式模板工程。包括滑模、爬模、飞模、隧道模等工程。

2）混凝土模板支撑工程。搭设高度在 5m 及以上，或搭设跨度在 10m 及以上，或施工总荷载（荷载效应基本组合的设计值，以下简称“设计值”）在 10kN/m^2 及以上，或集中线荷载（设计值）在 15kN/m 及以上，或高度大于支撑水平投影宽度且相对独立无联系构件的混凝土模板支撑工程。

3）承重支撑体系。用于钢结构安装等满堂支撑体系。

3. 起重吊装及起重机械安装拆卸工程

1）采用非常规起重设备、方法，且单件起重量在 10kN 及以上的起重吊装工程。

2）采用起重机械进行安装的工程。

3）起重机械安装和拆卸工程。

4. 脚手架工程

1）搭设高度在 24m 及以上的落地式钢管脚手架工程（包括采光井、电梯井脚手架）。

2）附着式升降脚手架工程。

3）悬挑式脚手架工程。

4）高处作业吊篮。

5）卸料平台、操作平台工程。

6）异型脚手架工程。

5. 拆除工程

它是指可能影响行人、交通、电力设施、通信设施或其他建（构）筑物安全的拆除工程。

6. 暗挖工程

它是指采用矿山法、盾构法、顶管法施工的隧道、洞室工程。

7. 其他工程

其他工程包括建筑幕墙安装工程、钢结构安装工程、网架和索膜结构安装工程、人工挖孔桩工程、水下作业工程、装配式建筑混凝土预制构件安装工程，以及采用新技术、新工艺、新材料、新设备可能影响工程施工安全，尚无国家、行业及地方技术标准的分部分项工程。

（二）超过一定规模的危险性较大的分部分项工程

1. 深基坑工程

它是指开挖深度超过 5m（含 5m）的基坑（槽）的土方开挖、支护、降水工程。

2. 模板工程及支撑体系

1）各类工具式模板工程。包括滑模、爬模、飞模、隧道模等工程。

2）混凝土模板支撑工程。搭设高度在 8m 及以上，或搭设跨度在 18m 及以上，或施工总荷载（设计值）在 15kN/m^2 及以上，或集中线荷载（设计值）在 20kN/m 及以上的混凝土模板支撑工程。

3）承重支撑体系。用于钢结构安装等满堂支撑体系，承受单点集中荷载在 7kN 及以上。

3. 起重吊装及起重机械安装拆卸工程

1）采用非常规起重设备、方法，且单件起重量在 100kN 及以上的起重吊装工程。

2）起重量在 300kN 及以上，或搭设总高度在 200m 及以上，或搭设基础标高在 200m 及以上的起重机械安装和拆卸工程。

4. 脚手架工程

1）搭设高度在 50m 及以上的落地式钢管脚手架工程。

2）提升高度在 150m 及以上的附着式升降脚手架工程或附着式升降操作平台工程。

3）分段架体搭设高度在 20m 及以上的悬挑式脚手架工程。

5. 拆除工程

1）码头、桥梁、高架、烟囱、水塔或拆除中容易引起有毒有害气（液）体或粉尘扩散、易燃易爆事故发生的特殊建（构）筑物的拆除工程。

2）文物保护建筑、优秀历史建筑或历史文化风貌区影响范围内的拆除工程。

6. 暗挖工程

它是指采用矿山法、盾构法、顶管法施工的隧道、洞室工程。

7. 其他工程

1）施工高度在 50m 及以上的建筑幕墙安装工程。

2）跨度在 36m 及以上的钢结构安装工程，或跨度在 60m 及以上的网架和索膜结构安装工程。

3）开挖深度在16m及以上的人工挖孔桩工程。

4）水下作业工程。

5）重量在1000kN及以上的大型结构整体顶升、平移、转体等具有高技术含量的施工工艺。

6）采用新技术、新工艺、新材料、新设备可能影响工程施工安全，尚无国家、行业及地方技术标准的分部分项工程。

四、危险性较大的分部分项工程专项安全方案的管理

（一）专项施工方案的编制

对于达到一定规模的危险性较大的分部分项工程，以及涉及新技术、新工艺、新设备、新材料的工程，因其复杂性和危险性，在施工过程中易发生人身伤亡事故，施工单位应根据各分部分项工程的特点，有针对性地编制专项施工方案。危大工程专项施工方案的主要内容如下。

1）工程概况。包括危大工程的概况和特点、施工平面布置、施工要求和技术保证条件等。

2）编制依据。包括相关法律、法规、规范性文件、标准、规范及施工图设计文件、施工组织设计等。

3）施工计划。包括施工进度计划、材料与设备计划等。

4）施工工艺技术。包括技术参数、工艺流程、施工方法、操作要求、检查要求等。

5）施工安全保证措施。包括组织保障措施、技术措施、监测监控措施等。

6）施工管理及作业人员配备和分工。包括施工管理人员、专职安全生产管理人员、特种作业人员、其他作业人员等。

7）验收要求。包括验收标准、验收程序、验收内容、验收人员等。

8）应急处置措施。

9）计算书及相关施工图纸。

（二）专家论证会人员构成

超过一定规模的危大工程专项施工方案，专家论证会应当包括以下人员。

1）相关专家。

2）建设单位项目负责人。

3）有关勘察、设计单位项目技术负责人及相关人员。

4）总承包单位和分包单位技术负责人或授权委派的专业技术人员、项目负责人、项目技术负责人、专项施工方案编制人员、项目专职安全生产管理人员及相关人员。

5）监理单位项目总监理工程师及专业监理工程师。

（三）专家论证内容

对于超过一定规模的危大工程专项施工方案，专家论证应当包括以下内容。

1）专项施工方案内容是否完整、可行。

2）专项施工方案计算书和验算依据、施工图纸是否符合有关标准规范。

3）专项施工方案是否满足现场实际情况，并能够确保施工安全。

（四）专项施工方案的修改

超过一定规模的危大工程专项施工方案经专家论证后结论为“通过”的，施工单位可参考专家意见自行修改完善；结论为“修改后通过”的，专家意见要明确具体修改内容，施工单位应当按照专家意见进行修改，并履行有关审核和审查手续后方可实施，修改情况应及时告知专家。

（五）监测方案内容

进行第三方监测的危大工程监测方案的主要内容包括工程概况、监测依据、监测内容、监测方法、人员及设备、测点布置与保护、监测频次、预警标准及监测成果报送等。

（六）验收人员组成

1）总承包单位和分包单位技术负责人或授权委派的专业技术人员、项目负责人、项目技术负责人、专项施工方案编制人员、项目专职安全生产管理人员及相关人员。

2）监理单位项目总监理工程师及专业监理工程师。

3）有关勘察、设计和监测单位项目技术负责人。

五、建设工程项目施工中的重大危险源

（一）施工管理中的重大危险源

依据《房屋市政工程生产安全重大事故隐患判定标准（2024版）》，施工安全管理有下列情形之一的，应判定为重大事故隐患：

1）建筑施工企业未取得安全生产许可证擅自从事建筑施工活动或超（无）资质承揽工程；

2）建筑施工企业未按照规定要求足额配备安全生产管理人员，或其主要负责人、项目负责人、专职安全生产管理人员未取得有效安全生产考核合格证书从事相关工作；

3）建筑施工特种作业人员未取得有效特种作业人员操作资格证书上岗作业；

4）危险性较大的分部分项工程未编制、未审核专项施工方案，或专项施工方案存在严重缺陷的，或未按规定组织专家对“超过一定规模的危险性较大的分部分项工程范围”的专项施工方案进行论证；

5）对于按照规定需要验收的危险性较大的分部分项工程，未经验收合格即进入下一道工序或投入使用。

（二）危大工程中重大危险源的具体表征

1. 基坑工程

1）对因基坑工程施工可能造成损害的毗邻重要建筑物、构筑物和地下管线等，未采取专项防护措施。

2）基坑土方超挖且未采取有效措施。

3）深基坑施工未进行第三方监测。

4）有下列基坑坍塌风险预兆之一，且未及时处理：

① 支护结构或周边建筑物变形值超过设计变形控制值；

② 基坑侧壁出现大量漏水、流土；

③ 基坑底部出现管涌；

④ 桩间土流失孔洞深度超过桩径。

2. 模板工程

1）模板工程的地基基础承载力和变形不满足设计要求。

2）模板支架承受的施工荷载超过设计值。

3）模板支架拆除及滑模、爬模爬升时，混凝土强度未达到设计或规范要求。

3. 脚手架工程

1）脚手架工程的地基基础承载力和变形不满足设计要求。

2）未设置连墙件或连墙件整层缺失。

3）附着式升降脚手架未经验收合格即投入使用。

4）附着式升降脚手架的防倾覆、防坠落或同步升降控制装置不符合设计要求、失效、被人为拆除破坏。

5）附着式升降脚手架使用过程中架体悬臂高度大于架体高度的2/5或大于6m。

4. 起重机械及吊装工程

1）塔式起重机、施工升降机、物料提升机等起重机械设备未经验收合格即投入使用，或未按规定办理使用登记。

2）塔式起重机独立起升高度、附着间距和最高附着以上的最大悬高及垂直度不符合规范要求。

3）施工升降机附着间距和最高附着以上的最大悬高及垂直度不符合规范要求。

4）起重机械安装、拆卸、顶升加节及附着前未对结构件、顶升机构和附着装置，以及高强度螺栓、销轴、定位板等连接件及安全装置进行检查。

5）建筑起重机械的安全装置不齐全、失效或者被违规拆除、破坏。
6）施工升降机防坠落安全器超过定期检验有效期，标准节连接螺栓缺失或失效。
7）建筑起重机械的地基基础承载力和变形不满足设计要求。

5. 高处作业

1）钢结构、网架安装用支撑结构地基基础承载力和变形不满足设计要求，钢结构、网架安装用支撑结构未按设计要求设置防倾覆装置。
2）单榀钢桁架（屋架）安装时未采取防失稳措施。
3）悬挑式操作平台的搁置点、拉结点、支撑点未设置在稳定的主体结构上，且未做可靠连接。

6. 施工临时用电

特殊作业环境（隧道、人防工程、高温、有导电灰尘、比较潮湿等作业环境）照明未按规定使用安全电压的，应判定为重大事故隐患。

7. 有限空间作业

1）有限空间作业未履行“作业审批制度”，未对施工人员进行专项安全教育培训，未执行“先通风、再检测、后作业”原则。
2）有限空间作业时现场未有专人负责监护工作。

8. 拆除工程

拆除施工作业顺序不符合规范和施工方案要求的，应判定为重大事故隐患。

9. 暗挖工程

1）作业面带水施工未采取相关措施，或地下水控制措施失效且继续施工。
2）施工时出现涌水、涌沙、局部坍塌，支护结构扭曲变形或出现裂缝，且有不断增大趋势，未及时采取措施。
此外，还包括使用危害程度较大、可能导致群死群伤或造成重大经济损失的施工工艺、设备和材料，以及其他严重违反房屋市政工程安全生产法律法规、部门规章及强制性标准，且存在危害程度较大、可能导致群死群伤或造成重大经济损失的现实危险。

第四节 建设工程项目的安全技术交底与安全检查

一、安全技术交底的定义

安全技术交底是指在建设工程施工前，由项目管理人员或技术人员将预防和控制安全事故发生及减少其危害的安全技术措施，以及建设工程项目、分部分项工程概况及特点向作业人员做出说明。安全技术交底制度是施工单位有效预防违章指挥、违章作业和伤亡事故发生的一种有效措施，是落实安全技术措施及安全管理事项的重要手段之一。安全技术交底要与施工技术交底同时进行，重大安全技术措施及重要部位的安全技术由建筑业企业或者项目经理部技术负责人向项目工长进行书面安全技术交底，一般安全技术措施由项目工长向施工班组进行书面安全技术交底。

二、安全技术交底的编制原则、原则、要求和主要内容

（一）安全技术交底的编制原则

安全技术交底要依据安全施工组织设计中的安全措施，结合具体施工方法，根据现场的作业条件及环境，将工程项目、分部分项工程项目概况，以书面形式，编制出具有可操作性、有针对性、内容全面的安全技术交底材料，并经审批签字后向参加施工的各类人员进行安全技术交底，使全体作业人员明白工程施工特点及各施工阶段安全施工的要求，掌握各自的岗位职责和安全操作方法，交底时必须双方签字，交底人与接收人各留一份。

（二）安全技术交底的原则

1）安全技术交底与建设工程的技术交底要融为一体，不能分开。

2）必须严格按照施工制度，在施工前进行交底。

3）要按照不同工程的施工特点和施工方法，针对施工现场和周围环境，从防护、技术上，提出相应的安全措施和要求。

4）安全技术交底要全面、具体、针对性强，做到安全施工、万无一失。

5）建筑机械安全技术交底要向操作人员交代机械的安全性能及安全操作规程和安全防护措施，并经常检查操作人员的交接班记录。

6）交底应由施工技术人员编写并向施工班组及责任人交底，安全员负责监督执行。

（三）安全技术交底的要求

1）施工单位负责项目管理的技术人员向施工班组长、作业人员进行交底。

2）交底必须具体、明确、针对性强。交底要依据施工组织设计和分部分项安全施工方案中的安全技术措施内容，以及分部分项工程施工给作业人员带来的潜在危险因素，就作业要求和施工中应注意的安全事项有针对性地进行交底。

3）各工种的安全技术交底一般与分部分项安全技术交底同步进行。对施工工艺复杂、施工难度较大或作业条件危险的，应当单独进行各工种的安全技术交底。

4）交底应当采用书面形式进行。

5）交底双方在书面安全技术交底上签字确认。

（四）安全技术交底的主要内容

1）工程项目和分部分项工程项目的概况。
2）工程项目和分部分项工程的危险部位。
3）针对危险部位采取的具体防范措施。
4）作业中应注意的安全事项。
5）作业人员应遵守的安全操作规程和规范。
6）作业人员发现事故隐患后应采取的措施。
7）发生事故后应及时采取避险和急救措施。

三、安全检查的定义

安全检查是对建设生产过程及安全管理中可能存在的隐患、有害与危险因素、缺陷等进行查证，确定隐患或有害与危险因素、缺陷的存在情况，以及它们转化为事故的条件，以便制定整改措施，消除隐患和有害因素与危险因素，确保安全生产。安全检查的目的就是发现和消除事故隐患，把可能发生的各类事故消除在萌芽状态。

四、安全检查的主要方法、内容和形式

（一）安全检查的主要方法

1）访谈。访谈是通过“听”和“问”两个环节实现。“听”，即听取基层管理人员或施工现场安全员汇报安全生产情况，介绍现场安全工作经验、存在的问题、今后整改计划，检查现场安全管理规章制度执行实施的情况。“问”，即通过询问、提问，对以项目经理为首的现场管理人员和操作人员进行应知应会的抽查，以便了解现场管理人员和操作人员的安全意识和安全素质。

2）现场观察和查看。它是指检查设计文件、作业规程、安全措施、责任制度等文件资料是否齐全、有效；查阅相应记录，判断上述文件是否被执行。对施工现场作业环境、作业过程进行巡视。查看项目负责人、专职安全管理人员、特种作业人员等持证上岗的情况，观察他们在生产作业中的习惯性行为；查看现场安全标志设置情况；查看劳动防护用品的使用情况；查看现场安全设施及机械设备安全装置配置情况等。通过现场观察和查看寻找不安全因素、事故隐患、事故征兆等。

3）仪器测量。利用一定的检测检验仪器设备，对在用的设施、设备、器材的性能参数、作业状况及作业环境条件等进行实测实量，以发现安全隐患。例如，脚手架各种杆件的间距、现场安全防护栏杆的高度、电气开关箱的安装高度、在建工程与外电线路边线安全距离的测量；漏电保护器测试仪对漏电保护器的漏电动作电流、漏电不动作电流及漏电动作时间的测试；使用经纬仪对塔吊、外用施工电梯安装垂直度的测试等。

（二）安全检查的主要内容

安全检查的具体内容应本着突出重点的原则进行确定。安全检查的内容还可以概括为对安全生产软件系统和硬件系统的检查。软件系统主要是查安全思想、查安全责任、查安全制度、查教育培训、查安全措施、查事故处理等。硬件系统主要是查安全防护、查设备设施、查操作行为、查劳动防护用品的使用等。

1）查安全思想。主要检查以项目经理为首的安全管理机构全体员工的安全生产意识和对安全生产工作的重视程度。

2）查安全责任。主要检查建设工程项目安全生产责任制的建立；安全生产责任目标的分解落实和考核情况；对安全生产责任制与责任目标的一致性及具体落实情况给予确认。

3）查安全制度。主要检查建设工程项目各项安全生产规章制度和安全技术操作规程的建立和执行情况。

4）查教育培训。主要检查建设工程项目现场教育培训岗位、教育培训人员、教育培训内容是否明确、具体、有针对性；三级安全教育制度和特种作业人员持证上岗的落实是否到位；教育培训档案资料是否真实、齐全。

5）查安全措施。主要检查建设工程项目现场的安全措施计划及各项安全专项施工方案的编制、审核、审批及实施情况；重点检查方案的内容是否全面、措施是否具体并有针对性、现场的实时运行是否与方案规定的内容相符。

6）查事故处理。主要检查现场是否发生伤亡事故，对发生的伤亡事故是否按照“四不放过”的原则进行了处理，是否有针对性地制定了纠正与预防措施，制定的纠正与预防措施是否已落实并取得实效。

7）查安全防护。主要检查建设工程项目现场临边、洞口等各项安全防护设计是否到位，有无安全隐患。

8）查设备设施。主要检查建设工程项目现场投入使用的设备设施的购置、租赁、安装、验收、使用、过程维护保养等各个环节是否符合要求；设备设施的安全装置是否齐全、灵敏、可靠，有无安全隐患。

9）查操作行为。主要检查建设工程项目现场施工作业过程中有无违章指挥、违章作业、违反劳动纪律的行为发生。

10）查劳动防护用品的使用。主要检查现场劳动防护用品、用具的购置、产品质量、配备数量和使用情况是否符合安全与职业卫生的要求。

（三）安全检查的主要形式

建设工程施工的安全检查形式一般可分为定期安全检查、经常性安全检查、季节性安全检查、节假日安全检查、开工或复工安全检查、专业性安全检查、设备设施安全检查、职工代表不定期对安全生产的巡查等。安全检查的组织形式应当根据检查的目的、内容来确定，因此参加安全检查的人员也不尽相同。

1. 定期安全检查

建设工程施工企业应建立定期分级安全检查制度，定期安全检查属于全面性和考核性的检查。定期安全检查一般是通过有计划、有组织、有目的的形式来实现，一般由施工企业统一组织实施。检查周期的确定，应根据企业的规模、性质及地区气候、地理环境等来确定。定期安全检查一般具有组织规模大、检查范围广、有深度、能及时发现并解决问题等特点。定期安全检查一般和重大危险源评估、现状安全评价等工作结合开展。

2. 经常性安全检查

建设工程施工应经常开展经常性安全检查工作，以便及时发现并消除事故隐患，保证施工生产正常进行。施工现场经常性安全检查的形式如下。

1）现场专（兼）职安全生产管理人员及安全值班人员每天例行开展的安全巡视、巡查。

2）现场项目经理、责任工程师及相关专业技术管理人员在检查生产工作的同时进行的安全检查。

3）交接班检查。交接班检查是指在交接班前，岗位人员对岗位作业环境、管辖的设备及系统安全运行状况进行检查，交班人员要向接班人员说清楚，接班人员根据自己检查的情况和交班人员进行交代，做好工作中可能发生的问题及应急处理措施的预想。

4）班中检查。班中检查包括岗位作业人员在工作过程中的安全检查，以及企业领导、安全生产管理部门和车间班组领导或安全监督人员对作业情况的巡视或抽查等。

5）特殊检查。特殊检查是针对设备、系统存在的异常情况，所采取的加强监视运行的措施。一般来讲，措施由工程技术人员制定，由岗位作业人员执行。

6）岗位经常性检查。岗位经常性检查发现的问题记录在记录本上，并及时通过信息系统和电话逐级上报。一般来讲，对危及人身和设备安全的情况，岗位作业人员应根据操作规程、应急处理措施的规定，及时采取紧急处理措施，不需请示，处置后应立即汇报。

3. 季节性安全检查

季节性安全检查主要是针对气候特点（如暑季、雨季、风季、冬季等）可能给安全生产造成的不利影响或带来的危害而组织进行的安全检查。

4. 节假日安全检查

在节假日（特别是重大或传统节假日）前后和节假日期间，为了防止现场管理人员和作业人员思想麻痹、纪律松懈等进行的安全检查。节假日加班，更要认真检查各项安全防范措施的落实情况。

5. 开工或复工安全检查

针对工程项目开工或复工之前进行的安全检查，主要是检查现场是否具备保障安全生产的条件。

6. 专业性安全检查

由有关专业人员对现场某项专业安全问题或施工生产过程中存在的比较系统性的安全问题进行的单项检查。这类检查专业性强，主要由专业工程技术人员、专业安全管理人员参加。

7. 设备设施安全检查

针对现场塔吊等起重设备、外用施工电梯、龙门架及井架物料提升机、电气设备、脚手架、现浇混凝土模板支撑系统等设备设施，在安全、搭设过程中或完成后进行的安全验收、检查。

8. 职工代表不定期对安全生产的巡查

根据《中华人民共和国工会法》及《安全生产法》的有关规定，建筑业企业的工会应定期或不定期地组织职工代表进行安全检查。重点检查国家安全生产方针、法规的贯彻执行情况，各级人员安全生产责任和规章制度的落实情况，从业人员安全生产权利的保障情况，生产现场的安全状况等。

五、安全检查的要求

1）制订安全检查实施的时间计划，安排检查的内容和方式。根据检查内容配备力量，抽调专业人员，确定检查负责人，明确分工，根据需要对安全检查人员进行培训或考核。

2）应有明确的检查目的和检查项目、内容及检查标准、重点、关键部位。安全检查必须对防范事故有用，能够积极主动地开展安全自检、自查、自改，为基层单位提供专业的指导及辅导。安全检查应严格落实安全责任制度和安全管理制度，对被检查对象进行量化考核。

3）认真、详细地进行检查记录，特别是对隐患的记录必须具体，如隐患部位、危险性程度及处理意见等。采用《安全管理检查评分表》的，应记录每项扣分的原因。

4）检查中若发现安全隐患的应该登记，并发出整改通知，引起整改单位的重视，整改后应对整改情况进行复查，并做出记录。

5）尽可能系统、定量地做出检查结论，并进行安全评价。

六、安全检查的工作程序

（一）安全检查准备

1）确定检查对象、目的、任务。

2）查阅、掌握有关法规、标准、规程的要求。

3）了解检查对象的工艺流程、生产情况，以及可能出现的危险和危害情况。

4）制订检查计划，安排检查内容、方法、步骤。

5）编写安全检查表或检查提纲。

6）准备必要的检测工具、仪器、书写表格或记录本。

7）挑选和训练检查人员并进行必要的分工等。

（二）实施安全检查

实施安全检查就是通过访谈、查阅文件、记录、现场观察、仪器测量等方式获取信息。对大面积或数量多的项目可采取系统的观感和一定数量的测点相结合的检查方法。检查时应尽量采用检测工具，用数据说话。对现场管理人员和操作工人不仅要检查是否有违章指挥和违章作业行为，还应进行“应知应会”的抽查，以便了解管理人员及操作人员的安全素质。对于违章指挥、违章作业行为，检查人员可以当场指出、进行纠正。认真、详细地进行检查记录，特别是对安全隐患的记录必须具体，如隐患部位、危险程度及处理意见等。采用《安全管理检查评分表》的，应记录每项扣分的原因。

（三）综合分析

经现场检查和数据分析后，安全检查人员应对检查情况进行综合分析，提出检查结论和意见。一般来讲，建筑业企业自行组织的各类安全检查，应由安全管理部门会同有关部门对检查结果进行综合分析；上级主管部门或地方政府负有安全生产监督管理职责的部门组织的安全检查，统一研究得出检查意见或结论。

（四）整改和落实

针对安全检查发现的问题，应根据问题性质的不同，提出立即整改、限期整改等措施要求。建筑业企业自行组织的安全检查，应由安全管理部门会同有关部门，共同制订整改措施计划并组织实施。上级主管部门或地方政府负有安全生产监督管理职责的部门组织的安全检查，检查组应提出书面整改要求，施工单位制订整改措施计划。

（五）信息反馈及持续改进

建筑业企业自行组织的安全检查，在整改措施计划完成后，安全管理部门应组织有关人员进行验收。对于上级主管部门或地方政府负有安全生产监督管理职责的部门组织的安全检查，在整改措施完成后，应及时上报整改完成情况，申请复查或验收。

对安全检查中经常发现的问题或者反复出现的问题，生产经营单位应从规章制度的健全和完善、从业人员的安全教育培训、设备系统的更新改造、加强现场检查和监督等环节入手，做到持续改进，不断提高安全生产管理水平，防范安全生产事故的发生。

七、基于《建筑施工安全检查标准》（JGJ 59—2011）的安全检查评价

《建筑施工安全检查标准》（JGJ 59—2011）规定，安全检查通常包括检查和评价两部分。通过对建设工程施工中易发生伤亡事故的主要环节、部位和工艺等的完成情况的实地查看，对照安全检查评分表，逐项检查评分。该标准包含 10 项安全检查内容，见表 8-7。

表 8-7　安全检查项与安全权重表

安全检查项目	安全管理	文明施工	脚手架	基坑工程	模板支架	高处作业	施工用电	物料提升机与施工升降机	塔式起重机与起重吊装	施工机具
安全权重	10 分	15 分	10 分	10 分	10 分	10 分	10 分	10 分	10 分	5 分

在该标准中，施工现场的安全检查内容被划分为保证项目和一般项目两大类。保证项目在检查评定项目中对施工作业人员生命、设备设施及环境安全起关键作用；一般项目是安全检查表中除保证项目以外的项目。例如，《安全管理检查评分表》中的保证项目有安全生产责任制、目标管理、施工组织设计及专项施工方案、安全技术交底、安全检查、安全教育、应急救援；一般项目包括分包单位安全管理、持证上岗、安全生产事故处理、安全标志。《文明施工检查评分表》中的保证项目有现场围挡、封闭管理、施工场地、材料管理、现场办公与住宿、现场防火；一般项目包括综合治理、公示标牌、生活设施、社区服务。建设工程项目在施工过程中，可依据该标准对其进行安全检查，并根据具体情况赋予权重，然后可以根据式（8-2）、式（8-3）对检查项目的安全情况进行评价。

1）分项检查评分表和检查评分汇总表的满分值均应为 100 分，评分表的实得分值应为各检查项目所得分值之和。

2）评分应采用扣减分值的方法，扣减分值总和不得超过该检查项目的应得分值。

3）当按分项检查评分表评分时，应保证项目中有一项未得分或保证项目小计得分不足 40 分，此分项检查评分表不应得分。

4）检查评分汇总表中各分项项目实得分值应按式（8-2）计算，即

$$A_1 = BC/100 \tag{8-2}$$

式中：A_1——汇总表各分项项目实得分值；

B——汇总表中该项应得满分值；

C——该分项检查评分表实得分值。

5）当评分遇有缺项时，分项检查评分表或检查评分汇总表的总得分值应按式（8-3）计算，即

$$A_2 = D/E \times 100 \tag{8-3}$$

式中：A_2——遇有缺项时总得分值；

D——实查项目在该表的实得分值之和；

E——实查项目在该表的应得满分值之和。

6）《建筑施工安全检查标准》（JGJ 59—2011）评定等级。建设工程施工安全检查的效果，应按检查评分汇总表的总得分和分项检查评分表的得分，对建设工程施工安全检查评定划分为优良、合格、不合格三个等级。

建设工程施工安全检查评定的等级划分应符合下列规定。

① 优良。分项检查评分表无 0 分，检查评分汇总表得分值应在 80 分及以上。

② 合格。分项检查评分表无 0 分，检查评分汇总表得分值应在 80 分以下，70 分及以上。

③ 不合格。当检查评分汇总表得分值不足 70 分时；当有一分项检查评分表得 0 分时。当建设工程施工安全检查评定的等级为不合格时，必须限期整改达到合格。

第九章 安全管理体系构建

第一节 建筑业企业职业健康安全管理体系

一、职业健康安全管理体系

职业健康安全是指防止劳动者在工作岗位上发生职业性伤害和健康风险源，保护劳动者在工作过程中的安全与健康。职业健康安全管理体系是建筑业企业组织管理体系的一部分，用来制定和实施职业健康安全方针与目标并达成这些目标的相关要素的组合，包括组织机构与职责、策划与规划活动，也包括组织提供的资源、惯例、过程和程序等。

（一）职业健康安全管理体系的发展历史

职业健康安全管理体系（occupation health safety management system，OHSMS）是20世纪80年代后期在国际上兴起的现代安全生产管理模式，它与ISO 9000和ISO 14000等标准体系一并被称为“后工业化时代的管理方法”。 职业健康安全管理体系产生的主要原因是企业自身发展的要求。随着企业规模的扩大和生产集约化程度的提高，对企业的质量管理和经营模式提出了更高要求。企业必须采用现代化的管理模式，使包括安全生产管理在内的所有生产经营活动科学化、规范化和法治化。

职业健康安全管理体系产生的一个重要原因是世界经济全球化和国际贸易发展的需要。关税及贸易总协定（General Agreement on Tariffs and Trade，GATT）乌拉圭回合谈判协议提出：“各国不应因法规和标准的差异而造成非关税壁垒和不公平贸易，应尽量采用国际标准”。欧美等发达国家提出：发展中国家在劳动条件改善方面投入较少，使其生产成本降低所造成的不公平是不能被接受的。它们已经开始采取协调一致的行动对发展中国家施加压力和采取限制行为。北美和欧洲都已在自由贸易区协议中规定：“只有采取同一职业健康安全标准的国家与地区才能参加贸易区的国际贸易活动。”换句话说，如果没有实行统一职业健康标准的国家和地区的企业所生产的产品，将不能在北美和欧洲地区销售。

我国加入世界贸易组织（World Trade Organization，WTO）后，在国际贸易中享有与其他成员国相同的待遇，职业健康安全问题对我国社会与经济发展产生潜在和巨大的影响。因此，我国对职业健康安全管理体系进行了大力推广。

1）1996 年，英国标准协会颁布了《职业健康安全管理体系指南》（BS 8800:1996）。

2）1996 年，美国工业卫生协会制定了《职业健康安全管理体系》指导性文件。

3）1997 年，澳大利亚和新西兰提出了《职业健康安全管理体系原则、体系和支持技术通用指南》草案，日本工业安全卫生协会（Japan Industrial and Health Association，JISHA）提出了《职业健康安全管理体系导则》，挪威船级社（Det Norske Veritas，DNV）制定了《职业健康安全管理体系认证标准》。

4）1999 年，英国标准协会、挪威船级社等 13 个组织提出了职业健康安全评价系列（Occupational Health and Safety Assessment Series，OHSAS）标准，即《职业健康安全管理体系——规范》（OHSAS 18001）、《职业健康安全管理体系——实施指南》（OHSAS 18002）。该标准并非国际标准化组织（ISO）制定的，因此不能写成“ISO 18001”和“ISO 18002”。

5）1999 年 10 月，我国国家经济贸易委员会（现为国家发展和改革委员会）颁布了《职业安全卫生管理体系试行标准》。

6）2001 年 11 月 12 日，我国国家质量监督检验检疫总局（现为国家市场监督管理总局）正式颁布了《职业健康安全管理体系——规范》，自 2002 年 1 月 1 日起实施，代码为 GB/T 28001—2001，属推荐性国家标准，该标准与 OHSAS 18001 内容基本一致。2008 年，我国修订了《职业健康安全管理体系——规范》（GB/T 28001—2001），并于 2011 年发布了《职业健康安全管理体系——要求》（GB/T 28001—2011）取代上述规范，2020 年 3 月 6 日发布了《职业健康安全管理体系——要求及使用指南》（GB/T 45001—2020），同时 GB/T 28001—2011 废止。

7）2013 年，国际标准化组织开始《职业健康安全管理体系》（ISO 45001）起草工作，2018 年 3 月 12 日正式发布《职业健康安全管理体系》（ISO 45001:2018）。ISO 标准化组织成员在全球有超过 100 个国家，实施 ISO 45001:2018 标准体系可以扩大安全管理标准体系的适用范围，进一步提升更多国家企业组织的安全管理水平，同时新的标准体系融合了当前新的管理理念与管理思想，更适合当前及未来企业安全管理的发展需求。

（二）《职业健康安全管理体系》（ISO 45001:2018）

ISO 45001 的构建是在 OHSAS 18001 已有规范的基础上发展的，两者的目标都是相同的，即提高企业的职业健康安全绩效，而 ISO 45001 更加关注“组织环境”，强调最高管理者的职业和领导作用，更加关注于管理职责，强调了基于风险的思维，也更加关注于绩效的监视和测量，具体差异见表 9-1。

表 9-1　ISO 45001:2018 与 OHSAS 18001:2017 的对比

条款号	ISO 45001:2018 要求及使用指南	条款号	OHSAS 18001:2017 要求
1	范围		
2	规范性引用文件		
3	术语和定义		
4	组织环境	4 4.1	职业健康安全管理体系 总要求
4.1	理解组织及其环境		
4.2	理解工作人员和其他相关人员的需求和期望		
4.3	职业健康安全管理体系的范围		
4.4	职业健康安全管理体系		
5	领导作用和工作人员参与		
5.1	领导作用和承诺	4.4.1	资源、作用、职责和权限
5.2	职业健康安全方针	4.2	职业健康安全方针
5.3	组织岗位的职责和权限	4.4.1	资源、作用、职责和权限
5.4	工作人员协商和参与	4.4.3	沟通、参与和协商
6	策划	4.3	策划
6.1	应对风险和机遇的措施		
6.1.1	总则		
6.1.2	危险源辨识、风险和机遇评估	4.3.1	危险源辨识、风险评价和控制
6.1.3	法律法规要求和其他要求的确定	4.3.2	法律法规和其他要求
6.1.4	措施策划		
6.2	职业健康安全目标与实现策划	4.3.3	目标和方案
7	支持		
7.1	资源	4.4.1	资源、作用、职责和权限
7.2	能力	4.4.2	能力、培训和意识
7.3	意识	4.4.2	能力、培训和意识
7.4	沟通	4.4.3	沟通、参与和协商
7.5	文件化信息	4.4.4 4.4.5 4.5.4	文件 文件控制 记录控制
8	运行	4.4	实施和运行
8.1	运行策划和控制	4.4.6	运行控制
8.2	应急准备和响应	4.4.7	应急准备和响应
9	绩效评价	4.5	检查
9.1	监视、测量、分析与绩效评价	4.5.1	绩效测量和监视
9.1.1	总则		
9.1.2	合规性评价	4.5.2	合规性评价
9.2	内部审核	4.5.5	内部审核

续表

条款号	ISO 45001:2018 要求及使用指南	条款号	OHSAS 18001:2017 要求
9.3	管理评审	4.6	管理评审
10	改进		
10.1	总则		
10.2	事件、不符合和纠正措施	4.5.3	事件调查、不符合、纠正措施
10.3	持续改进		

（三）职业健康安全管理体系的特征

1. 系统性

职业健康安全管理体系标准强调了组织结构的系统性，它要求企业在职业健康安全管理中同时具有两个系统，即从基层岗位到最高决策层的运作系统和监控系统，决策人依靠这两个系统确保体系有效运行。同时，它强调了程序化和文件化的管理手段，增强了体系的系统性。

2. 先进性

职业健康安全管理体系运用系统工程原理，研究和确定所有影响要素，把管理过程和控制措施建立在科学的危险辨识和风险评价的基础上，对每个要素规定了具体要求，保证了体系的先进性。

3. 动态性

职业健康安全管理体系的一个鲜明特征就是体系的持续改进，通过持续的承诺和改进，动态地审视体系的适用性、充分性和有效性，确保职业健康安全管理体系的日臻完善。

4. 预防性

危险辨识、风险评价是职业安全卫生管理体系的精髓所在，它充分体现了“预防为主”的方针。实施有效的风险辨识评价与控制，可实现对事故的预防、对生产作业的全过程控制、对特种作业和生产过程进行评价，并在此基础上进行职业健康安全管理体系策划，形成职业健康安全管理体系作业文件，对各种预知的风险因素做到事前控制，实现以预防为主的目的，并对各种潜在的事故隐患制订应急方案，力求损失最小化。

5. 全员性和全过程控制

职业健康安全管理体系标准把职业健康安全管理体系当作一个系统工程，以系统分析的理论和方法，要求全员参与，并对全过程进行监控，从而实现管理系统化的目的。

二、职业健康安全管理体系的管理方法——PDCA

（一）PDCA 的提出

PDCA 是由美国质量管理专家戴明提出的用于质量管理的一种动态控制理念，又称为“戴明环”，其管理理念来自持续改进（continuous improvement）。因此，这种管理方法或管理理念不仅适用于质量管理，也适用于安全管理等其他的管理领域。PDCA 模型如图 9-1 所示。

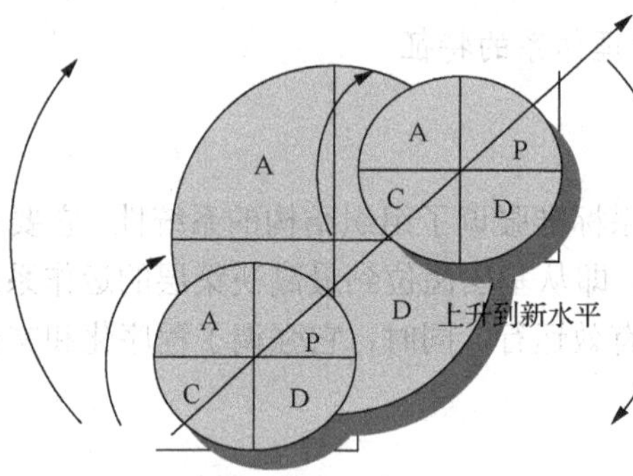

图 9-1　PDCA 模型

PDCA 中的每一个循环都要经过计划、执行、检查、处理四个阶段。

1. P——计划阶段

计划阶段包括调查分析、选题、确定目标、研究对策、确定实施计划。其步骤如下。

1）调查分析现状，找出存在的安全问题。

2）分析原因和影响因素。

3）找出影响安全的主要因素。

4）制定消除或者应对危险源的措施，提出行动计划、时间、地点、完成方法等。预计效率，并落实到具体执行者和实施时间。

2. D——执行阶段

组织对安全管理计划或措施的认真贯彻执行。

3. C——检查阶段

检查采取措施的效果。

4. A——处理阶段

处理阶段的工作主要是将实际工作结果与预期目标对比得出结论，并对成功案例进行总结提升，将其升华为标准；而对于失败案例，则要进行纠正和检讨，避免重蹈覆辙。这些措施又要反映到下一个计划中，就是处理。该阶段包括以下两个步骤。

1）总结经验、巩固成绩，进行标准化。

2）提出尚未解决的问题并找出原因，转到下一个 PDCA 循环中，进而提升管理效能。

经过这四个阶段，一个循环就完成了，然后进入下一个循环的计划、执行、检查、处理，一个循环接着一个循环进行下去，安全管理水平得以逐步提高。

（二）PDCA 循环的特点

1. 不断循环，安全成效步步提高

每一次 PDCA 循环的最后阶段，一般要求制定技术和管理的标准，总结经验和教训，研究改进和提高的措施，并按照新的标准，组织生产和施工，使下一个 PDCA 循环在新的基础上转动，从而达到更高的标准，使安全绩效保持上升的趋势。

2. 环环相扣，保证安全成效步步提高

要在整个企业都进行 PDCA 循环。企业是一个有机的整体，只有各个部门、各个单位、全体职工齐心合力，协调配合，才能干好工作，提高施工作业的安全管理水平。在开展 PDCA 循环时，如果整个企业搞的是大循环，则企业的各职能部门、分公司、事业部等要搞中循环，下属的项目部要搞小循环。上一级循环是下一级循环的依据，下一级循环是上一级循环的具体贯彻，这样通过循环把企业的各项工作有机联系起来，从而形成大环套中环、中环套小环，环环相扣，一环保一环，局部保整体的局面，从而促进整个企业提高施工项目作业过程中的安全管理水平。在整个管理过程中，如果有一环不按计划转动，就会影响整个大环的前进。

三、建筑业企业职业健康安全管理体系的构建

建筑业企业建立与完善职业健康安全管理体系可以提高企业的安全管理和综合管理水平，促进企业管理的规范化、标准化、现代化，并减少因工伤事故和职业病所造成的经济损失和因此所产生的负面影响，提升企业的信誉、形象和凝聚力，促进企业安全管理与国际接轨，增强建筑业企业在国内外市场中的竞争力，提高企业的经济效益。建筑业企业的职业健康安全管理体系的运行包含两个层面：一个是企业层面的运行；另一个是项目层面的运行。项目层面的职业健康安全管理体系是企业层面职业健康安全管理体系的重要组成部分，是企业健康安全管理体系的延伸和具体实施。

（一）建筑业企业职业健康安全管理体系构建流程

在建筑业企业建立职业健康安全管理体系，一般要经过策划准备、安全管理体系总体设计、编写安全管理体系文件、安全管理体系运行与改进、安全管理体系认证五个阶段。建筑业企业职业健康安全管理体系的构建及实施流程如图 9-2 所示。

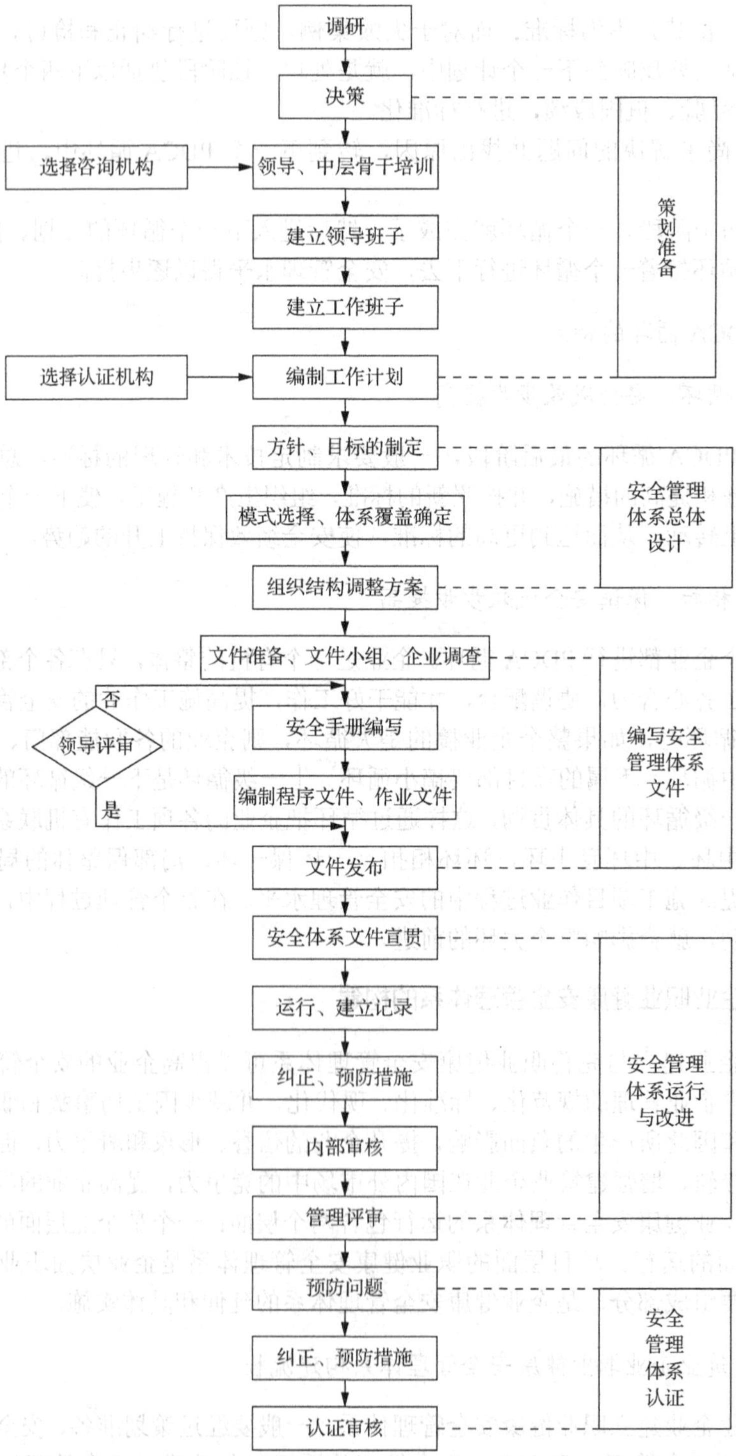

图 9-2　建筑业企业职业健康安全管理体系的构建及实施流程

（二）建筑业企业职业健康安全管理体系的认证

无论是内部审核，还是外部审核，其审核过程大致可分为审核提出、审核准备、现场审核与审核报告、编写措施的跟踪与证后监督四个阶段，具体如图 9-3 所示。

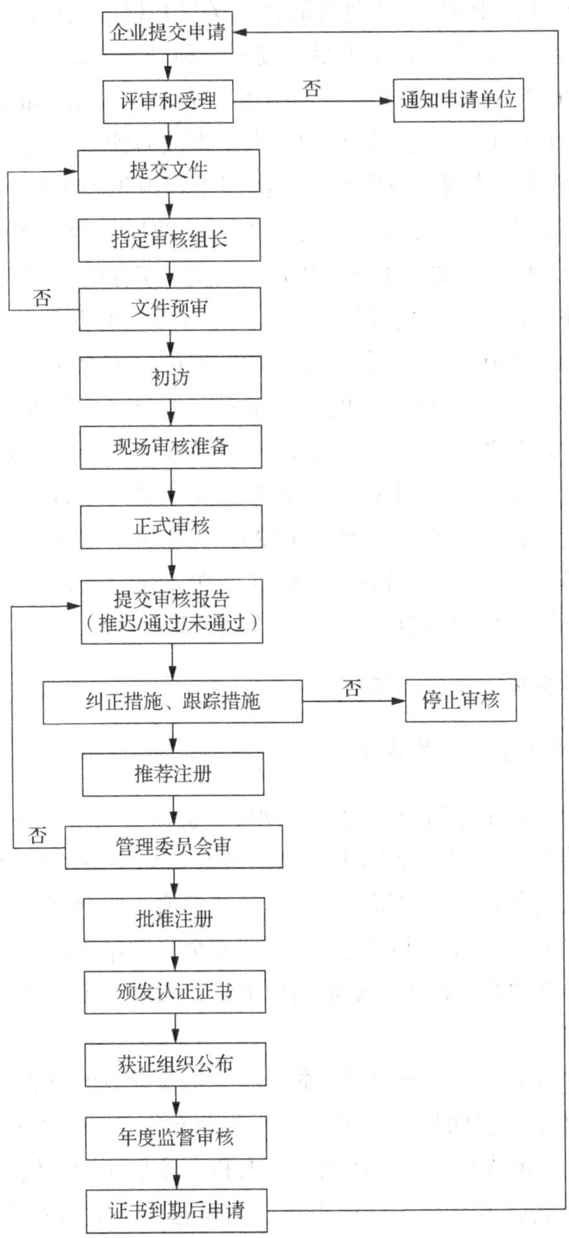

图 9-3　建筑业企业职业健康安全管理体系的认证流程

第二节　建筑业企业安全文化建设

安全文化的提出源自1986年4月苏联切尔诺贝利核电站核泄漏事故的发生，该事故使人们认识到，对安全文化的认识不足，没有一种“安全高于一切”意识，最终导致了事故的发生。1986年，国际核安全咨询小组（International Nuclear Safety Advisory Group，INSAG）提交了《关于切尔诺贝利核电站事故后评审会议的总结报告》，将“安全文化”引入核电领域，并逐步被世界大多数国家和组织所重视。1992年，我国首次翻译出版了INSAG组织编写的小册子《安全文化》。随后安全文化在我国得到了长期的发展，国务院颁发的《国务院关于进一步加强安全生产工作的决定》（国发〔2004〕2号）明确要求推进安全生产理论、安全科技、安全文化等方面的创新，不断增强安全生产工作的针对性和实效性。2006年，国务院办公厅印发的《安全生产“十一五”规划》将安全文化建设列为主要任务和重点工程，国家安全生产监督管理总局组织制定并印发了《“十一五”安全文化建设纲要》。为了进一步加强和指导企业安全文化建设，国家安全生产监督管理总局颁布了《企业安全文化建设导则》（AQ/T 9004—2008）和《企业安全文化建设评价准则》（AQ/T 9005—2008）。2010年，国家安全生产监督管理总局制定并印发了《国家安全监管总局关于开展安全文化建设示范企业创建活动的指导意见》，标志着我国企业安全文化建设进入了一个新阶段。

一、建筑业企业安全文化的定义与层次

（一）建筑业企业安全文化的定义

建筑业企业安全文化是建筑业企业安全物质财富和安全精神财富的总和，包括：建筑业企业在长期安全生产和经营活动中形成的或有意识塑造的被全体员工接受和遵循的、具有企业特色的安全思想和意识、安全作风和态度、安全规章制度与安全管理机制及行为规范；企业安全生产和奋斗的安全目标、安全进取精神；安全舒适的生产和生活环境与条件、安全生产的企业形象；安全的价值观、安全的审美观、安全的心理因素和企业的安全风貌、习俗等。

把安全文化的内容引入不同的领域，继承和创造保障人的身心安全与健康，并使不同领域的物质层面和精神层面相互作用。企业安全文化是一个企业对职业安全与健康的价值观、期望、行为模式和守则，是职工个人和企业集体的价值观、态度、思维方法和行为方式的综合产物，即从个人层面上讲，它是指员工对自身生命和家庭责任的尊重；而从企业层面上讲，是企业对员工生命和价值的真心关注和对社会责任的积极承担。具体而言，企业安全文化是指企业在长期的实践安全管理中形成的管理理念和方

法，是企业领导和员工的安全意识和行为素质，以及与之相适应的安全管理体制、组织结构和运行方式。

（二）建筑业企业安全文化的层次

建筑业企业安全文化可分为安全文化物质层、安全文化制度层、安全文化行为层和安全文化观念层四个层次，这四个层次构成了安全文化的整体结构，它们相互渗透、相互影响、相互制约，其中安全文化物质层是基础，安全文化观念层是核心，而安全文化行为层和安全文化制度层是安全文化物质层与安全文化观念层互通的桥梁。

1. 安全文化物质层

安全文化物质层是指为保证人们生产生活的安全性而以物质形态存在的条件、环境设施的总和，或者说能够满足人们安全需求的各种物质形态要素的总称。例如，古代的盾，如今的安全帽、灭火器、消防栓等，它们是安全文化的载体，能够真实地反映安全文化整体的发展水平，进一步体现企业的安全生产思想和管理水平等。

2. 安全文化制度层

安全文化制度层是指包括安全方面的制度化的社会组织形式和各种规定，如安全规章制度、安全操作流程、安全防范措施、安全管理制度、作业指导书等。

3. 安全文化行为层

安全文化行为层是指人的安全文化观念层面的综合反映，具体表现为在生产和生活过程中的安全行为准则、思维方式、行为模式等。同时，它在一定程度上影响着制度和观念的建设，包括人们对安全的认识、态度、行为习惯等。

4. 安全文化观念层

安全文化观念层是指为全体成员所共同遵守、用于指导和支配人们安全行为的以价值观为核心的意识观念的总称，是安全文化的主要部分，引导和促使制度层、行为层和物质层向好的方向建设和发展。

二、建筑业企业安全文化的特征

（一）以人为本，以安全与健康为宗旨

建筑业企业安全文化提倡“爱”与“护”，以“人文关怀”为中心，以员工安全文化素质为基础所形成的群体和企业的安全价值观（建筑业企业生产经营与员工价值在安全取向上统一）和安全行为规范。它可以激励、引导、培育员工安全生产的态度和敬业精神，建立“安全第一，预防为主，综合治理”“尊重人、关心人、爱护人”“珍惜生命、安全生产”的安全文化，形成保护员工在生产经营活动中的身心安全与健康的安全文化氛围，建筑业企业安全文化是一种广施仁爱、尊重人权、保护员工的安全与健康的文化。它促使员工建立起自保、互爱、互救，以企业安全为荣的安全风尚，激发员工在心灵深处树立起安全、高效的个人和群体意识。

（二）广泛的社会性

建筑业企业员工在从事施工生产活动和日常生活中，处处都有安全问题，如施工作业安全、交通安全、防火安全、防疾病、防触电、防意外伤害等，都需要有相应的安全技术和制度规范来帮助解决。安全问题伴随员工的一生和工程施工过程及日常生活的各个方面，体现在生存环境的各个领域，因此建筑业企业安全文化具有广泛的社会性。

（三）预防的超前性

“安全第一，预防为主，综合治理”是建设工程项目安全生产的总方针。建筑业企业安全文化注重预防预测、未雨绸缪、居安思危、防患于未然。企业安全文化所运用的“风险论”这一防灾理论强调对风险的主观预防性；“控制论”强调控制技术对预防事故的作用，“系统论”强调本质化安全；“安全相对论”强调重视安全标准和安全技术措施的时效性。上述几种理论都体现了以预防预测为重点。

（四）丰富的知识性

建筑业企业安全文化是生产经营和生活安全知识丰富经验的积累。建筑业企业安全文化的重要内容之一，就是对企业大量的工伤事故和非工伤事故进行调查、分析、处理，找出事故发生的直接原因和间接原因，并对这些事故进行统计，从中找出事故发生发展的规律，以利于采取行之有效的防范措施，杜绝类似事故的重复发生。同时，建筑业企业安全文化还借鉴国内外其他行业或企业的安全文化经验，不断完善和丰富自己的内容。

（五）鲜明的目的性

建筑业企业安全文化的目的就是要提高企业员工的安全文化素质，创造有效预防事故的人文氛围和物化环境，确保员工的身心安全与健康，保护企业的财产不受损失。另外，从企业安全文化内容本身来看，它不是一般性的文化，而是和企业安全管理实践密不可分的。不论是企业安全管理哲学，还是安全价值观、道德规范，都是针对企业安全管理这个目的。因此，建筑业企业安全文化具有鲜明的目的性。

（六）提升企业竞争力

建筑业企业安全文化强调企业的安全形象、安全目标和敬业精神，体现了企业的安全价值观和企业对安全生产、建筑产品的安全态度；还强调保障企业员工在生产经营活动中的身心安全与健康，所以对员工能产生很强的吸引力和凝聚力，也是提高企业竞争力的重要途径之一。

安全文化可以改变企业员工的安全价值观，培养员工的安全意识和安全道德；安全文化是企业员工从事施工生产经营及生活全部活动中安全行为的根本思维准则；安全文化能使员工从哲学、生活需要、企业承包、企业经营机制等方面把握安全体制的改革与创新，促使企业安全管理跨入新阶段。

三、建筑业企业安全文化的意义

建筑业企业安全文化管理，从微观到宏观，从总体到个体都具有十分重要的意义。

（一）安全文化建设是建筑业企业发展不可或缺的环节

过去建筑业企业安全生产主要依靠经验型管理。20 世纪 80～90 年代，人们开始意识到施工安全管理的成功往往取决于隐藏在管理制度和组织结构之下的安全文化。安全是人类永恒的主题，安全生产是一切经济活动的头等大事。安全文化有利于调动企业员工的劳动积极性和创造性，提高全员的安全生产素质，提高劳动生产率，创造“安全第一”的文化氛围，形成安全管理的新机制，促使企业稳定发展。

（二）安全文化建设是项目达到预期目标的有力保障

安全生产是建筑业企业经济持续、稳定、快速、健康发展的根本保证，是维护企业稳定发展的重要前提。安全文化作为一个新型的安全生产管理体系，是安全生产的基础，是建筑业企业文化的一部分；以建筑业企业安全生产为研究领域，以事故预防为主要目的。安全文化建设有利于进一步提高建筑业企业的安全管理水平，培养和造就大批安全管理人才和懂得安全技术的科技人才，增强建筑业企业的竞争力；能从根源上有效规避事故的发生，实现新的安全目标。

（三）建筑业企业安全文化关系到整个建筑业的健康发展

建筑业是世界各国重要的国民经济生产部门，也是各国职业安全事故率高的行业部门之一。建筑施工安全事故居高不下，暴露了传统安全管理的弊端。因此，建筑业企业安全文化建设通过创造一种良好的安全人文氛围和协调的人、机、物和环境的关系，从物质、制度、精神领域各个层面，从内在到外在、从无形到有形影响人的安全行为和自律能力，具有持久性。

（四）安全文化研究重在预防和管控，化被动为主动，变反馈为前馈

建筑业不同于传统的生产行业，不能完全依靠安全管理制度和劳动条件的改善来提高安全水平，建筑业的安全绩效与人的因素和组织关系更为密切。安全文化注重发挥员工的主观能动性，能够使员工的安全价值观念、思维方式和行为规范与安全生产的客观要求保持一致，同时能培养员工强烈的安全意识，促使员工树立自律思想、自觉遵章守纪，由内而外，形成长期效应。

四、企业安全文化的建设发展阶段

（一）三阶段周期

一个组织的安全文化建设与发展往往不是一蹴而就的，而是需要长期不懈的努力才能实现的。为了使组织能正确地认识现有安全文化的现状和渴望达到的状况来指导安全文化的发展，国际原子能机构（International Atomic Energy Agency，IAEA）在 1998 年出版了第 11 号安全报告丛书。在这份报告中，根据人对核安全的行为和态度的不同认识和接受水平，把安全文化的发展划分为以下三个阶段。

第一阶段，是只以规则和条例为基础的安全。这一阶段安全意识淡薄，安全视为外部要求，是技术问题，不愿意考虑安全问题，各部门交流协作很差，只遵守规则，讲安全被看作令人讨厌的事情。

第二阶段，是以良好的安全绩效作为组织的一个目标。这一阶段已经形成初步安全意识，但很少主动实施行动，领导重视安全绩效，行为问题被忽视，开始考虑安全绩效停滞不前的原因，愿意寻求其他组织的建议。

第三阶段，认为安全绩效总是持续改进的。这一阶段明确地意识到付诸行动，采取不断改进的方法，强调交流培训管理方式及提高效率和有效性。每个人都能做出贡献，认识到行为问题对安全的影响。

综上所述，不同的企业位于不同的阶段，各阶段发展所需的时间是不确定的，它在很大程度上取决于组织管理层的认识、个人的工作环境及其为建设安全文化所做出的承诺和努力。

（二）四阶段周期

杜邦公司通过对自身一百多年的安全管理经验教训的总结，形成了四阶段安全文化建设模型，安全文化建设和员工安全行为模型描述了杜邦公司安全文化建设过程中经历的四个不同阶段，即自然本能反应、依赖严格的监督、独立自主管理、互助团队管理。该模型的建立是基于杜邦公司历史安全伤害统计记录，以及公司和员工当时对安全认识的条件下曾做出的努力和具备的安全意识，是杜邦公司安全文化建设实践的理论化总结。该模型表明，只有当一个企业安全文化建设处于过程中的第四阶段时，才有可

能实现“零伤害、零事故”的目标。应用该模型，并结合模型阐述的企业和员工在不同阶段所表现出的安全行为特征，可初步判断某企业安全文化建设过程所处的状态及努力的方向和目标。根据杜邦公司的经验，企业安全文化建设不同阶段中企业和员工表现出的安全行为特征可概括如下。

第一阶段，自然本能反应。处在该阶段时，企业组织和员工对安全的重视仅仅是一种自然本能保护的反应，表现出的安全行为特征如下。

1）依靠人的本能。员工对安全的认识和反应是出于人的本能保护，没有或很少有安全的预防意识。

2）以服从为目标。员工对安全是一种被动的服从，没有或很少有安全的主动自我保护和参与意识。

3）将职责委派给安全经理。各级管理层认为安全是安全管理部门和安全经理的责任，他们仅仅是配合的角色。

4）缺少高级管理层的参与。高级管理层对安全的支持仅仅是口头或书面上的，没有或很少有在人力、物力上的支持。

第二阶段，依赖严格的监督。处在该阶段时，企业组织已建立起必要的安全管理系统和规章制度，各级管理层对安全责任做出承诺，但员工的安全意识和行为往往是被动的，表现出的安全行为特征如下。

1）管理层承诺。从高级领导层至生产主管的各级管理层对安全责任做出承诺并表现出无处不在的有感领导。

2）受雇的条件。安全是员工受雇的条件，任何违反企业安全规章制度的行为可能会导致被解雇。

3）害怕/纪律。员工遵守安全规章制度仅仅是害怕被解雇或受到纪律处罚。

4）规则/程序。企业建立起必要的安全规章制度，但员工的执行往往是被动的。

5）监督控制、强调和目标。各级生产主管监督和控制所在部门的安全，不断反复强调安全的重要性，制定具体的安全目标。

6）重视所有人。企业把安全视为一种价值，不但是对企业而言，更是对所有人（包括员工和合同工等）而言。

7）安全教育培训。安全教育培训应该是对系统性和针对性设计的。受训者应包括企业的高、中、低管理层，一线生产主管，技术人员，全体员工和合同工等。安全教育培训的目的是培养各级管理层、全体员工和合同工均具有安全管理的技巧和能力，以及良好的安全行为。

第三阶段，独立自主管理。处在该阶段时，企业已具有良好的安全管理及其体系，并获得各级管理层对于安全的承诺，各级管理层和全体员工具备良好的安全管理技巧、能力及安全意识，表现出的安全行为特征如下。

1）个人知识、承诺和标准。员工具备熟识的安全知识，员工本人对安全行为作出承诺，并按规章制度和标准进行生产。

2）内在化。安全意识已深入员工之心。

3）个人价值。把安全作为个人价值的一部分。

4）关注自我。安全不但是为了自己，也是为了家庭和亲人。

5）实践和习惯行为。安全无时无刻不在员工的工作中、工作外，成为其日常生活的行为习惯。

6）个人得到承认。把安全视为个人成就。

第四阶段，互助团队管理。处在该阶段时，企业安全文化深得人心，安全已融入企业组织内部的每个角落，安全为生产，生产讲安全，表现出的安全行为特征如下。

1）帮助别人遵守。员工不仅自己自觉遵守，而且帮助别人遵守各项规章制度和标准。

2）留心他人。员工在工作中不但观察自己岗位上的不安全行为和条件，而且留心他人岗位上的不安全行为和条件。

3）团队贡献。员工将自己的安全知识和经验分享给其他同事。

4）关注他人。关心其他员工，关注其他员工的异常情绪变化，提醒安全操作。

5）集体荣誉。员工将安全作为一项集体荣誉。

第三节　建设工程安全生产事故与应急管理

一、建设工程安全生产事故的定义、特点和种类

（一）建设工程安全生产事故的定义

建设工程安全生产事故是指在建设工程的新建、扩建、改建和拆除等活动中，由于各种原因导致的人员伤亡、财产损失或对社会造成不良影响的事故。这些事故可能涉及施工人员、周边居民、环境或其他相关方。

（二）建设工程安全生产事故的特点

1. 严重性

建设工程发生安全生产事故，因规模大，影响往往也较大，甚至造成群死群伤或巨大财产损失。除此之外，还给人们的心理及企业信誉带来不可估量的影响。建设工程安全生产事故给社会带来的负面影响大，备受媒体和群众关注，处理不当还会引发许多复杂的社会问题。

2. 不确定性与可变性

建设工程产品在生产过程中流动强、作业环境复杂、参与人员多、人员素质较低、外部环境影响大等特点决定了其不确定性强。其中，参与人员多、不均衡、采用分包模式，对安全管理都是极大挑战，并且安全隐患因外界条件变化而变化，影响因素多，会引发连锁反应，导致事故影响面扩大。

3. 复杂性

建设工程安全生产事故的发生常常是多种因素综合作用导致的，人的不安全行为、物的不安全状态、环境因素、管理上的缺陷这四类因素相互作用，事故发生时很难准确说明是哪种因素更多或更少。因此，导致事故发生的原因错综复杂，即使是同类事故，其发生的原因也可能有多种。

4. 多发性

某些事故，在某些部位、工序、作业中经常发生。例如，“四口、五临边”、基础工程施工过程中、模板工程施工作业过程中、脚手架施工作业过程中、塔吊或其他大型运输设备作业过程中等经常发生安全事故。

（三）建设工程安全生产事故的种类

1. 依据建设工程安全生产事故的严重程度划分

依据《生产安全事故报告和调查处理条例》第三条，根据生产安全事故（以下简称“事故”）造成的人员伤亡或直接经济损失，事故一般分为以下等级。

1）特别重大事故，是指造成 30 人以上（含 30 人）死亡，或者 100 人以上（含 100 人）重伤（包括急性工业中毒，下同），或者 1 亿元以上（含 1 亿元）直接经济损失的事故。

2）重大事故，是指造成 10 人以上（含 10 人）30 人以下死亡，或者 50 人以上（含 50 人）100 人以下重伤，或者 5000 万元以上（含 5000 万元）1 亿元以下直接经济损失的事故。

3）较大事故，是指造成 3 人以上（含 3 人）10 人以下死亡，或者 10 人以上（含 10 人）50 人以下重伤，或者 1000 万元以上（含 1000 万元）5000 万元以下直接经济损失的事故。

4）一般事故，是指造成 3 人以下死亡，或者 10 人以下重伤，或者 1000 万元以下直接经济损失的事故。

2. 依据建设工程安全生产事故危险源划分

根据对全国伤亡事故的调查分析，在建筑业伤亡事故中，高处坠落、物体打击、触电、机械伤害、坍塌事故为建筑业最常发生的五种事故。

1）高处坠落。高处坠落主要发生在以下作业地点：屋面、阳台、楼板等临边；预留洞口、电梯井口等洞口；脚手架、模板、塔机、物料提升机等的安装、拆卸作业。

2）物体打击。物体打击主要在同一垂直作业面的交叉作业中、通道口处上方发生坠落物体打击事故。

3）触电。触电事故发生的主要原因包括：对外电线路缺乏保护；未执行三级配电两级保护，未安装漏电保护器或漏电保护器失灵，未按规定进行接地或接零；机械、设备漏电；线缆破皮、老化；照明未使用安全电压等。

4）机械伤害。机械伤害主要指起重机械或机具、钢筋加工、混凝土搅拌、木材加工等机械设备对操作者或相关人员的伤害。

5）坍塌事故。随着高层和超高层建筑的增加，基础工程越来越大。同时，随着旧城改造的实施，拆除工程逐年增多，坍塌事故成为建筑业的第五大类事故。

除了以上五种安全生产事故外，建设工程安全生产事故还包括中毒、车辆伤害、瓦斯爆炸等20余种。

二、建筑业企业应急管理的概念

从安全学的角度看，应急是指为避免事故发生或减轻事故后果及其影响而须立即采取的超出正常工作程序的行动。应急管理是指突发事件发生前后，组织采用各种方法、调动各种资源应对突发事件的管理。应急管理的目的是通过提高突发事件发生前的预见能力和突发事件发生后的救援能力，将突发事件对组织带来的负面影响降到最低，致力于恢复组织的稳定性和活力，及时、有效地处理突发事件，恢复稳定和协调发展。

应急管理是国家治理体系和治理能力的重要组成部分，事关人民群众生命财产安全和社会稳定。习近平总书记在党的二十大报告中强调“坚持安全第一、预防为主，建立大安全大应急框架，完善公共安全体系，推动公共安全治理模式向事前预防转型。”我国应急管理系统人员拼搏进取、奋发有为，全力防范化解重大安全风险，持续提升自然灾害防治水平，加快推进应急管理体系和管理能力现代化。

建筑业企业应急管理是通过预先建立应急救援组织和队伍，建立事故预警和响应机制，做好应急救援技术和应急装备、应急物资等准备，一旦发生重大事故，立即开展救援行动，在最短时间内控制事态的发展，最大限度地减少人员伤亡、经济损失及环境破坏。

三、建筑业企业应急管理的原则

建筑业企业应急管理包括建立组织机构，预案编制、审批、演练、评价、完善，急救援响应工作程序及记录等内容。其原则如下。

1）快速反应原则。在建设工程安全生产事故应急管理过程中，必须反应迅速，立即采取有效、积极的应对措施，切不可延误时机。

2）以人为本原则。建设工程安全生产事故应急管理应将保护和保障企业员工健康和生命安全作为首要任务，最大限度地减少可能造成的人员伤害和财产损失。

3）预防为主原则。高度重视建设工程安全工作，增强忧患意识，善于总结和吸取以往的经验教训。坚持预防与应急相结合，常态与非常态相结合，制定综合预防和应对措施，防患于未然。

4）有效组织原则。建立专门的应急管理机构，分工明确、职责明晰，加强应急管理队伍建设，充分动员和发挥企业全体员工的作用，统一指挥、分工协作，形成反应灵敏、功能齐全、协调有序、运转高效的应急管理组织体系。

5）规范管理原则。加强应急管理，建立健全应急管理机制，明确机构设置、层级、权利与责任，使应对突发公共事件的工作规范化、制度化、法治化。

6）科技辅助原则。加强建设工程安全科学研究和技术开发，采用先进的监测、预测、预警、预防和应急处置技术及设施，充分发挥专家队伍和专业人员的作用，提高应对突发安全事故的科技水平和指挥能力，避免发生次生、衍生危害。

四、建筑业企业应急管理的三个阶段

应急管理是对安全事故的全过程管理，贯穿于事故发生前、发生中、发生后的各个过程。应急管理是一个动态的过程，包括应急准备、应急响应和应急恢复三个主要阶段。

1）应急准备。应急准备是应急管理过程的第一个环节，它是针对可能发生的安全事故，为迅速有效开展应急行动而预先所做的各种准备，包括相关部门和人员职责的落实，预案的编制，应急物资的准备和维护，对危险源进行识别、监控、预警等。

2）应急响应。应急响应是在安全事故发生后立即采取的应急救援行动，包括安全事故的报警与通报、启动应急预案、人员的紧急疏散、工程抢险、急救与医疗、信息收集与应急决策、指挥协调、外部救援等。应急响应的目标是尽可能地抢救受伤人员，尽可能把人员伤亡、财产损失等影响降到最低，同时避免衍生事故的发生。

3）应急恢复。应急恢复工作应该在安全事故发生后马上开展，使安全事故发生区域逐步恢复到正常状态。在现场基本稳定后，进行损失评估、原因调查、现场清理、善后处置和恢复生产等工作。事后还要对发生的安全事故进行总结。

五、基于预案库的建筑业企业应急管理体系

建筑业企业应急管理体系是指在应急管理理论的指导下，利用预案库辅助决策系统预先制订的应急预案，对建筑业企业突发安全事故进行信息监测和预警、应急响应、决策和指挥，以及善后、评估和反馈的一套紧密联系的管理体系，包括监测系统、组织系统、处理与反馈系统及辅助决策系统。在辨识和评估潜在重大隐患的基础上，运用已有预案库的案例提升编制应急预案的可行性，对应急机构职责、人员、技术、装备、设备、物资、救援行动及其指挥与协调等方面预先做出科学有效的安排，并最终对应急预案的使用效果进行总结评价，不断完善预案库系统，提高建筑业企业安全事故应急管理水平。

1. 建筑业企业应急管理监测系统

首先要建立应急管理监测系统，预防和消除危险源。建设工程项目中的危险源复杂多样，它有可能是人为的，也有可能是非人为的。例如，现场地基土质结构复杂，脚手架存在质量问题或搭设不符合要求，突发性自然灾害等都属于危险源。建筑业企业应当根据已有的危险源清单，对危险源进行评估，然后将危险源根据评估结果进行等级划分，进而对危险源进行动态监测。应急预防必须从这一阶段就开始，加强对人为危险源的防治、发现和处理，加强对各种非人为危险源（如自然灾害等）的预测。

2. 建筑业企业应急管理组织系统

应急管理组织系统就是要组建专门的应急机构，指定各部门的沟通负责人，加强与各部门之间的沟通，以确保突发安全事故信息能够快速传达相关部门，同时为保证应急救援工作的及时、有效，必须事先配备装备器材。应急管理组织平时要进行应急模拟训练，并加强培训员工的应急意识，学会识别项目潜在的安全隐患。安全事故发生时，应急管理组织应及时启动应急预案，充分发挥核心领导作用，注重各部门的协调，并做好对外宣传与形象塑造工作，注意新情况的发生与对策应变。紧急情况消除后，应急管理组织还要负责总结经验教训，不断加以改进，以提高项目的应急管理水平。

3. 建筑业企业应急管理处理与反馈系统

当面临无明显预兆的突发事件（如自然灾害等）及预控失败无法避免的突发安全事故时，就要启动应急管理处理与反馈系统，启动编制好的应急预案，按照突发安全事故的等级安排应急管理人员，调动系统资源，要按照预案标准和要求，根据新的情况不断改进措施，灵活应对。如果发生安全事故，应立即对现场进行处理，对所带来的损失和伤害进行善后处置，尽快使工程项目恢复正常。同时，要组织调查事故发生的原因，评估带来的影响，总结经验并将预案使用结果反馈到预案库中，做出适当的改进后存入预案库中。

4. 建筑业企业应急管理辅助决策系统

建筑业企业应急管理辅助决策系统是应急管理体系的关键部分。应急管理辅助决策系统包括人机交互系统、预案库系统、数据库系统、模型库系统、知识库系统等。它是一个典型的交互系统，需要通过人机交互充分发挥决策者与决策支持系统的优势，以便做出更科学、合理的决策，这里主要是指通过预案库辅助决策系统制定、使用和改进应急预案的过程。应急管理辅助决策系统采用基于案例推理（case-based reasoning，CBR）方法，模拟人类思维过程，在预案库中搜索以往成功的应急预案，再结合实际工程情况进行修改后生成适用于该工程项目的应急预案。

六、应急预案的基本内容

（一）应急预案体系

根据生产经营单位，应急预案分为综合应急预案、专项应急预案和现场处置方案。生产经营单位应根据有关法律、法规和相关标准，结合本单位组织管理体系、生产规模和可能发生的事故特点，科学合理地确立本单位的应急预案体系，并注意与其他类别的应急预案相衔接。

综合应急预案是生产经营单位为应对各种生产安全事故而制订的综合性工作方案，是本单位应对生产安全事故的总体工作程序、措施和应急预案体系的总纲。

专项应急预案是生产经营单位为应对某种或多种类型的生产安全事故，或者针对重要生产设施、重大危险源、重大活动防止生产安全事故而制订的专项工作方案。专项应急预案与综合应急预案中的应急组织机构、应急响应程序相近时，可不编写专项应急预案，相应的应急处置措施并入综合应急预案。

现场处置方案是生产经营单位根据不同的生产安全事故类型，针对具体场所、装置或设施所制定的应急处置措施。现场处置方案重点规范事故风险描述、应急工作职责、应急处置措施和注意事项，应体现自救互救、信息报告和先期处置的特点。

（二）综合应急预案的主要内容

1. 总则

1）适用范围：说明应急预案适用的范围。

2）响应分级依据事故危害程度、影响范围和生产经营单位控制事态的能力，对事故应急响应进行分级，明确分级响应的基本原则。响应分级不必照搬事故分级。

2. 应急组织机构及职责

明确应急组织形式（可用图示）及构成单位（部门）的应急处置职责。应急组织机构可设置相应的工作小组，各工作小组的具体构成、职责分工及行动任务应以工作方案的形式作为附件。

3. 应急响应

（1）信息报告

1）信息接报。明确应急值守电话、事故信息接收、内部通报程序、方式和责任人，向上级主管部门、上级单位报告事故信息的流程、内容、时限和责任人，以及向本单位以外的有关部门或单位通报事故信息的方法、程序和责任人。

2）信息处置与研判。①明确响应启动的程序和方式。根据事故性质、严重程度、影响范围和可控性，结合响应分级明确的条件，可由应急领导小组作出响应启动的决策并宣布，或者依据事故信息是否达到响应启动的条件自动启动。②若未达到响应启动条件，应急领导小组可做出预警启动的决策，做好响应准备，实时跟踪事态发展。③响应启动后，应注意跟踪事态发展，科学分析处置需求，及时调整响应级别，避免响应不足或过度响应。

（2）预警

1）预警启动。明确预警信息发布渠道、方式和内容。

2）响应准备。明确做出预警启动后应开展的响应准备工作，包括队伍、物资、装备、后勤及通信。

3）预警解除。明确预警解除的基本条件、要求及责任人。

（3）响应启动

确定响应级别。明确响应启动后的程序性工作，包括应急会议召开、信息上报、资源协调、信息公开、后勤及财力保障工作。

（4）应急处置

明确事故现场的警戒疏散、人员搜救、医疗救治、现场监测、技术支持、工程抢险及环境保护等方面的应急处置措施，并明确人员防护的要求。

（5）应急支援

明确当事态无法控制的情况下，向外部（救援）力量请求支援的程序及要求、联动程序及要求，以及外部（救援）力量到达后的指挥关系。

（6）响应终止

明确响应终止的基本条件、要求和责任人。

4. 后期处置

明确污染物处理、生产秩序恢复、人员安置等方面的内容。

5. 应急保障

1）通信与信息保障。明确应急保障的相关单位及人员通信联系方式和方法，以及备用方案和保障责任人。

2）应急队伍保障。明确相关的应急人力资源，包括专家、专兼职应急救援队伍及协议应急救援队伍。

3）物资装备保障。明确本单位的应急物资和装备的类型、数量、性能、存放位置、运输及使用条件、更新及补充时限、管理责任人及联系方式，并建立台账。

4）其他保障。根据应急工作需求而确定的其他相关保障措施，如能源保障、经费保障、交通运输保障、治安保障、技术保障、医疗保障及后勤保障等。

第四节 建筑业企业的安全投入

一、安全投入概述

（一）安全投入的相关概念

安全投入是指企业为了控制危险源、提升作业安全系数、营造安全氛围、减少或避免事故的发生所产生的全部费用。安全投入的主体是企业。对于建筑业企业和建设工程项目而言，安全投入主要用于施工过程中危险源的控制、预防安全事故的发生、保障建筑工程的安全状态等。

安全投资是指在安全生产活动中投入的人力、物力的总和，以货币的形式加以衡量。安全投资可分为人力和物力两类。其中，前者包括安全教育培训、员工应急救援等；后者包括施工安全设备设施的购买、养护及维修等。安全投资并不包括事故所带来的被动且无益的损失，如由于事故的发生所造成的误工、财产损失等。这一特征与安全投入不同。因此，对于建筑业企业和建设工程项目而言，由事故造成的企业在信誉、商誉、资质等方面的无形损失不属于安全投资的范畴。

因此，安全投资比安全投入更加突出经济属性，而安全投入则涵盖更为广泛的资源投入。

（二）安全投入的特点

为了确保建设工程项目利益相关者能够明白安全投入的重要性及安全投入所能带来的益处，就必须明白安全投入是怎么对减少事故的发生发挥作用的，也就是必须清楚建设工程项目安全投入的特点。安全投入的特点如下。

1）针对性。危险时刻存在于建设工程项目施工过程中，如果不针对这些危险采取有效控制措施，那么这些不安全因素随时都会发挥作用并带来安全生产事故。例如，安全教育培训投入就是针对提升施工参与人员的安全意识、安全知识和安全技能而进行的安全投入。安全设备设施投入就是针对施工现场不利于安全生产的恶劣环境而进行改善的安全投入。

2）预防性。安全投入是防止事前发生事故的预防性投资。它不一定跟其他类型的投入那样在进行投入后便会产生明显效果。建筑业企业在进行安全投入后，采取相应的预防措施，施工安全事故发生的概率会越来越小，事故得到了根本性的遏制。因此，安全投入具有预防性的特点。

3）风险性。不论什么行业，只要投入便会有一定的风险。这里的风险是指即使投入了一定的人力、物力和财力，结果并不一定达到预期的效果，也可能相差甚远。所以，安全投入也具有一定的风险性。即使对建设工程项目进行了一定的安全投入，也不能保证在施工生产过程中一定不会发生事故。只能说，一旦进行了安全投入，事故发生的概率就会降低。这就体现了安全投入的风险性。

4）潜在性。在大多数情况下，安全投入是否有效，常常只根据事故是否发生来判断。如果未发生事故，则认为事情本该如此，即不需要投入也行。而事故一旦发生，却认为安全投入并未发生作用，从而不能深入地理解安全投入的重要性。然而，实际情况是，只要进行科学合理的安全投入，事故发生的概率就会降低，或者即使事故发生了，但造成的损失会比未进行科学合理的安全投入要小很多。因此，安全投入的好处是潜在的。

二、相关法规对安全投入的要求

新中国成立以来，党中央、国务院一直重视安全生产投入问题，从1963年国务院发布《关于加强企业生产中安全工作的几项规定》开始，逐步明确、规范和加大安全生产投入。

《安全生产法》第二十三条第一款规定："生产经营单位应当具备的安全生产条件所必需的资金投入，由生产经营单位的决策机构、主要负责人或者个人经营的投资人予以保证，并对由于安全生产所必需的资金投入不足导致的后果承担责任。"

有关生产经营单位应当按照规定提取和使用安全生产费用，专门用于改善安全生产条件。安全生产费用在成本中据实列支。安全生产费用提取、使用和监督管理的具体办法由国务院财政部门会同国务院应急管理部门征求国务院有关部门意见后制定。

《建设工程安全生产管理条例》第二十二条规定："施工单位对列入建设工程概算的安全作业环境及安全施工措施所需费用，应当用于施工安全防护用具及设施的采购和更新、安全施工措施的落实、安全生产条件的改善，不得挪作他用。"

《国务院关于进一步加强安全生产工作的决定》（国发〔2004〕2号）第13条规定："建立企业提取安全费用制度。为保证安全生产所需资金投入，形成企业安全生产投入的长效机制，借鉴煤矿提取安全费用的经验，在条件成熟后，逐步建立对高危行业生产企业提取安全费用制度。企业安全费用的提取，要根据地区和行业的特点，分别确定提取标准，由企业自行提取，专户储存，专项用于安全生产。”

《建筑工程安全防护、文明施工措施费用及使用管理规定》（建办〔2005〕89号）第六条第二款规定：“投标方应当根据现行标准规范，结合工程特点、工期进度和作业环境要求，在施工组织设计文件中制定相应的安全防护、文明施工措施，并按照招标文件要求结合自身的施工技术水平、管理水平对工程安全防护、文明施工措施项目单独报价。投标方安全防护、文明施工措施的报价，不得低于依据工程所在地工程造价管理机构测定费率计算所需费用总额的90%。”

三、企业安全生产费用提取和使用管理办法

为了建立企业安全生产投入长效机制，加强安全生产费用管理，保障企业安全生产资金投入，维护企业、职工及社会公共利益，根据《安全生产法》等有关法律法规和国务院有关决定，2022年11月21日财政部、应急管理部联合制定并印发了《企业安全生产费用提取和使用管理办法》（财资〔2022〕136号），自印发之日起施行。该办法分总则、企业安全生产费用的提取和使用、企业安全生产费用的管理和监督、附则。第十七条规定了建设工程施工企业安全生产费用的提取标准。

为了加强安全生产费用管理，建立企业安全生产投入长效机制，维护企业、职工及社会公共利益，依据《安全生产法》等有关法律法规和《国务院关于进一步加强安全生产工作的决定》（国发〔2004〕2号）、《国务院关于进一步加强企业安全生产工作的通知》（国发〔2010〕23号）等，制定本办法。在中华人民共和国境内直接从事煤炭生产、非煤矿山开采、石油天然气开采、建设工程施工、危险品生产与储存、交通运输、烟花爆竹生产、民用爆炸物品生产、冶金、机械制造、武器装备研制生产与试验（含民用航空及核燃料）、电力生产与供应的企业及其他经济组织（以下统称“企业”）适用本办法。本办法所称安全生产费用是指企业按照规定标准提取，在成本（费用）中列支，专门用于完善和改进企业或者项目安全生产条件的资金。企业安全生产费用管理按照“筹措有章、支出有据、管理有序、监督有效”的原则进行管理。

建设工程施工企业以建筑安装工程造价为计提依据。各建设工程类别安全生产费用提取标准如下。

1）矿山工程为3.5%。

2）铁路工程、房屋建筑工程、城市轨道交通工程为3%。

3）水利水电工程、电力工程为2.5%。

4）冶炼工程、机电安装工程、化工石油工程、通信工程为2%。

5）市政公用工程、港口与航道工程、公路工程为1.5%。

建设工程施工企业编制投标报价应当包含并单列企业安全生产费用，竞标时不得删减。国家对基本建设投资概算另有规定的，从其规定。

建设单位应当在合同中单独约定并于工程开工日一个月内向承包单位支付至少50%企业安全生产费用。

总包单位应当在合同中单独约定并于分包工程开工日一个月内将至少50%企业安全生产费用直接支付分包单位并监督使用，分包单位不再重复提取。

工程竣工决算后结余的企业安全生产费用，应当退回建设单位。

四、安全生产费用的使用

建设工程施工企业（以及危险品生产与储存企业）安全生产费用应当按照以下范围使用。

1）完善、改造和维护安全防护设备设施支出（不含“三同时”要求初期投入的安全设施），包括施工现场临时用电系统、洞口或临边防护、高处作业或交叉作业防护、临时安全防护、支护及防治边坡滑坡、工程有害气体监测和通风、保障安全的机械设备、防火、防爆、防触电、防尘、防毒、防雷、防台风、防地质灾害等设备设施支出。

2）应急救援技术装备、设施配置及维护保养支出，以及事故逃生和紧急避难设备设施的配置、应急救援队伍建设、应急预案修订与应急演练支出。

3）开展施工现场重大危险源检测、评估、监控支出，安全风险分级管控和事故隐患排查整改支出，工程项目安全生产信息化建设、运维和网络安全支出。

4）安全生产检查、评估评价（不含新建、改建、扩建项目安全评价）、咨询和标准化建设支出。

5）配备和更新现场作业人员安全防护用品支出。

6）安全生产宣传、教育、培训和从业人员发现并报告事故隐患的奖励支出。

7）安全生产适用的新技术、新标准、新工艺、新装备的推广应用支出。

8）安全设施及特种设备检测检验、检定校准支出。

9）安全生产责任保险支出。

10）与安全生产直接相关的其他支出。

在规定的使用范围内，企业应当将安全生产费用优先用于满足安全生产监督管理部门、煤矿安全监察机构，以及行业主管部门对企业安全生产提出的整改措施或者达到安全生产标准所需的支出。

企业提取的安全生产费用应专户核算，按规定范围安排使用，不得挤占、挪用。年度结余资金结转下年度使用，当年计提安全生产费用不足的，超出部分应按正常成本费用渠道列支。

主要承担安全管理责任的集团公司经过履行内部决策程序，可以对所属企业提取的安全生产费用按照一定比例集中管理，统筹使用。

五、监督管理

企业应当建立健全内部安全生产费用管理制度，明确安全生产费用提取和使用的程序、职责及权限，落实责任，确保按规定提取和使用安全生产费用。

企业应当加强安全生产费用管理，编制年度安全生产费用的提取和使用计划，纳入企业财务预算，确保资金投入。

企业安全生产费用的会计处理，应当符合国家统一的会计制度的规定。

企业提取的安全生产费用属于企业自提自用资金，除集团总部按规定统筹使用外，任何单位和个人不得采取收取、代管等形式对其进行集中管理和使用。法律、行政法规另有规定的，从其规定。

各级应急管理部门、矿山安全监察机构及其他负有安全生产监督管理职责的部门和财政部门依法对企业安全生产费用提取、使用和管理进行监督检查。

企业未按本办法提取和使用安全生产费用的，由县级以上应急管理部门、矿山安全监察机构及其他负有安全生产监督管理职责的部门和财政部门按照职责分工，责令限期改正，并依照《安全生产法》、《中华人民共和国会计法》和相关法律法规进行处理、处罚。情节严重、性质恶劣的，依照有关规定实施联合惩戒。

建设单位未按规定及时向施工单位支付企业安全生产费用、建设工程施工总承包单位未向分包单位支付必要的企业安全生产费用以及承包单位挪用企业安全生产费用的，由建设、交通运输、铁路、水利、应急管理、矿山安全监察等部门按职责分工依法进行处理、处罚。

各级应急管理部门、矿山安全监察机构及其他负有安全生产监督管理职责的部门和财政部门及其工作人员，在企业安全生产费用监督管理中存在滥用职权、玩忽职守、徇私舞弊等违法违纪行为的，按照《安全生产法》《中华人民共和国监察法》等有关规定追究相应责任。构成犯罪的，依法追究刑事责任。

第十章　信息技术在安全管理中的应用

第一节　大数据在建设工程安全管理中的应用

一、大数据概述

（一）大数据的含义

大数据（big data）是指无法在一定时间范围内用常规软件工具进行捕捉、管理和处理的数据集合，是需要新处理模式才能具有更强的决策力、洞察发现力和流程优化能力的海量、高增长率和多样化的信息资产。该名词是从美国数据科学家的研究理论开始的，后来在全世界流行起来。为了理解大数据，字面的“大”作为对象被认定为主要特征。通过云计算，不同种类的数据被分割成不同的信息处理中心，进行分析和预测。

（二）大数据的特点

大数据的特点可概括为四个V，即大容量（volume）、多样化（variety）、快速化（velocity）、价值（value）大。大容量是指需要进行分析处理的数据量非常庞大，使用传统的数据处理工具往往不能在合理的时间内处理为预测趋势和指导决策的信息；多样化是指大数据包括来自不同领域、不同设备、不同平台的各种类型数据；快速化是指对数据的获取、处理、分析和应用快速；价值大是指挖掘出的知识对预测趋势有重要作用，是指导决策的重要依据。

大数据的特点表明，大数据有助于发现新事物、预测事物发展趋势，大数据与安全管理的结合具有广阔的前景。大数据技术的战略意义不在于掌握庞大的数据信息，而在于对这些含有意义的数据进行专业化处理。换言之，如果把大数据比作一种产业，那么这种产业实现盈利的关键，在于提高对数据的“加工能力”，通过“加工”实现数据的“增值”。

（三）大数据处理流程

大数据处理流程可划分为数据抽取与集成、数据分析和数据解释三部分。首先，从大量异构的数据源获取数据，采用特殊方法（包括数据聚合、数据修正、数据清洗、数据去噪），将不同数据类型（包括结构化数据、半结构化数据和非结构化数据）进行处理和集成，将其转化为统一的数据格式；然后，选择恰当的数据分析技术方法对这些数据进行分析；最后利用可视化等技术手段将分析结果展现给用户。

1. 数据抽取与集成

数据抽取与集成是大数据处理的基础环节，即从目标数据源中提取所需数据，经过关联、聚合等操作，将结构复杂多样的数据转换并存储为统一定义的结构。在此过程中，需要对已采集的数据进行清洗去噪，保证数据质量和可信性。

2. 数据分析

数据分析是数据处理流程的核心环节，用户根据数据分析的目的和需求，选取全部或部分数据进行进一步的处理和分析，主要方法包括数据挖掘、机器学习、统计分析等。

3. 数据解释

数据解释是将大数据分析结果形象地向用户展示和解释的过程。提升数据解释能力的方法包括可视化技术、人机交互技术、数据起源技术等。

二、大数据与安全管理

（一）大数据对安全管理的必要性

建设工程施工安全（特别是重大危险源的安全）直接关系到施工作业人员的生命和财产安全，也是影响建筑业可持续发展的关键因素，因此加强建设工程施工安全管理十分必要。然而，建设工程施工的粗放式管理、以纸质资料为信息载体，造成了无法精确统计现场人员、机械设备等各安全管理要素的基础数据，进而无法定量地分析安全数据，只能依靠经验，定性地进行分析、安全管理和决策。

基于现阶段安全管理的数据粗放式、不易统计、定性偏向的现状，应用数据挖掘技术进行安全基础数据的采集、共享，可以消除“数据孤岛”。通过应用大数据技术，可以为管理者提供决策支持，有效辅助施工安全管理。利用信息技术与经济社会的持续整合，产业数据共享平台的建设、挖掘、分析，可以有效地加快对信息源壁垒作战的安全性事故的开发和促进逻辑规律演化的因素，快速准确地剖析行业动态，并进行预估。与此同时，通过共享数据这个平台，使用大容量的数据资源，可以搭建企业内在数据，使互联网相关数据具有立体交流性，使安全生产实施、决策更具有科学性，更能发掘新模式、新概念，从而帮助建设工程施工企业和整个行业的转型升级。

（二）大数据下的安全管理应用

目前，大数据已在多个领域与安全管理结合应用。例如，创新运用大数据监控技术，以施工作业人员安全风险管控平台软件来实现智能信息化事先监督，保障电网工程的生产和施工安全；采用 Hadoop 软件基于 HDFS 架构的工程数据存储和分析技术来完成工程施工安全风险预警系统的搭建过程，将大数据技术成功地应用到桥梁工程领域；提出大数据施工安全管理模块系统，拟实现施工管理流程各关键节点全部计算机控制，防止人为差错带来的施工安全风险。深入分析作业危险特性和风险管控措施，并充分利用移动互联网、物联网和大数据等技术，研制针对建设工程施工过程高风险作业的全流程安全监管系统，以实现高风险作业各阶段工作全过程管控。

三、建设工程项目危险源管理——大数据的应用

危险源管理是安全管理的重中之重。建设工程项目危险源管理需要采集施工现场不安全环境因素、现场施工作业人员的不安全作业行为、机械运行数据，主要通过 Web 端、移动端、嵌入式系统采集现场实时数据、机械运行数据，建立数据仓库，承担对施工安全业务管理系统数据整合的任务，为商业智能系统提供数据抽取、转换和加载（extraction-transformation-loading，ETL），并按建设工程施工安全管理需要对数据进行查询和访问，为联机数据分析和数据挖掘提供数据基础。

通过大数据技术的应用，进行可视化分析（analytic visualizations），让数据说话，直观立体地看到结果，支持施工安全管理的决策。应用数据挖掘算法（data mining algorithms），使用集群、分割、孤立点分析，深入工程安全数据内部，挖掘安全管理价值。建立语义引擎（semantic engines），对非结构化数据进行智能分析。简单地说，就是能够从“文档”中智能提取信息。面对复杂的施工环境，采集到的数据往往是非结构化的，通过语义引擎，可以更加精准地从数据仓库中提取数据，完成数据分析。

（一）危险因素清单、重大危险源管理分析

建设工程项目施工现场，由于复杂恶劣的环境及天气、地理、设备等，经常会使施工现场存在一些潜在的危险源，为了提高项目安全管理，尽可能保证施工作业人员安全作业，应搜集整理可能导致危险事故的所有危险源，统一录入安全管理系统，方便项目组织识别危险源，为项目安全员排查故障带来便利。

建立危险因素库、重大危险源库，分部分项对项目进行预识别，明确项目重大危险源管理重点、难点，通过时态、状态分析，确定重大危险源是否正在进行及其风险系数和可能造成的危险程度。图 10-1 为危险源状态、类型及等级。

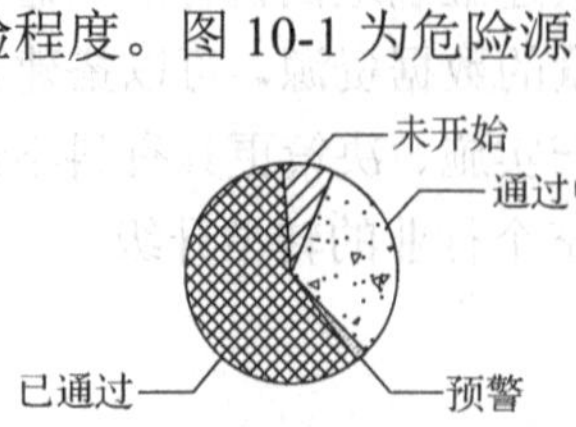

（a）危险源状态

名称	数量
未开始	3
通过中	23
预警	0
已通过	47

（b）危险源类型及等级

图 10-1　危险源状态、类型及等级

分析项目现阶段危险因素、重大危险源，发现存在于这些大量数据集中的关联性或相关性，确定该项目主要的危险类型及可能导致的伤害，确定主要监管措施、应急救援方案，精准定位，对资源进行有效部署。

对已造成伤害、发生事故的危险项目进行主成分分析，根据采集到的过程监管数据，确定项目伤害、事故主成分，通过大量的数据积累，可以反推关键管理要素，指导安全过程管理，管控好已导致事故的关键管理要素。

（二）危险作业类型分析

危险作业的进行需要通过审批验收流程，需相关责任人对作业条件进行确认后方可开始作业。危险性较大的作业需申请及审批，确认现场符合安全要求后方可开始作业。作业过程拍照记录留痕，作业记录汇总查看，作业与劳务管理挂钩。图 10-2 为危险作业状态、类型及等级。

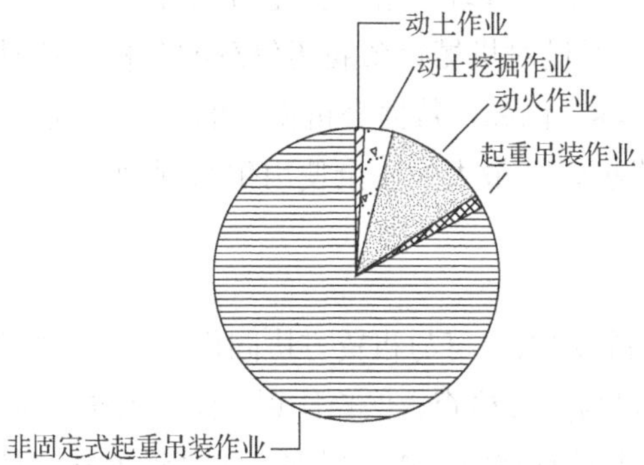

（a）危险作业状态

名称	数量
动土作业	5
动土挖掘作业	26
动火作业	109
起重吊装作业	7
非固定式起重吊装作业	770

（b）危险作业类型及等级

图 10-2　危险作业状态、类型及等级

应用大数据技术对危险作业类型、检查验收条件进行相关性分析，不同的危险作业类型，其检查验收条件也不同。对确定的危险作业，不同的检查验收条件及相关性必然有区别，故针对不同的危险作业类型，可以进行主成分分析，确定影响因素主成分，从传统经验的定性分析步入大数据应用下的定量分析，科学地分析数据，从而形成有力的支持决策。

（三）机械设备种类分析

建立机械设备全生命周期的云履历智库，大型特种机械设备（如塔吊、施工电梯等）在系统中将有一个唯一的 ID，收录该设备的基本信息，即出厂信息、产权信息、使用年份等，以及使用过程记录，即项目履历（如检查、保养、维修记录、运行记录等），生成该设备全生命周期履历，最终建立大型特种机械设备全生命期云履历智库，形成设备大数据库。表 10-1 为机械设备种类及管理。

表 10-1　机械设备种类及管理

设备信息			
设备唯一编号	TJ20100210-0522	设备类型	塔式起重机
设备型号	QTZ50	设备产权单位	江苏×××机械工程有限公司
设备产权编号	1	产权备案时间	2016-16-28 00:00
设备租赁单位	江苏×××机械工程有限公司	生产厂家	抚顺×××建筑机械有限公司
出厂日期	2012-03-13 00:00	出厂编号	09086

使用过程记录					
时间	项目	检查	保养	维修	操作
2017 年 2 月至今	西部云谷	62	13	2	查看详情
2014 年 5 月～2016 年 10 月	国际医学中心	150	36	5	查看详情
2012 年 2 月～2014 年 3 月	沿海赛洛城三期	121	25	2	查看详情

机械设备云履历智库可以承担对施工机械安全管理系统数据整合的任务，为商业智能系统提供数据抽取、转换和加载（ETL），通过对机械设备履历信息的分析，从时间、空间上加强对不同种类机械设备的检查、保养。例如，数据分析得出的关键部位、最优检查保养频率，通过最优的成本投入获得机械设备最大的安全使用生命周期。

（四）机械设备事故分析

在机械设备使用过程中，项目机械设备管理人员可与租赁方协同作业，进行机械设备检查、保养、维修，机械设备管理人员可以自定义检查、保养计划，保证工作到位，系统自动对未完成的工作生成预警，提醒责任人及时完成工作，以保证机械设备安全管理，如图 10-3 所示。

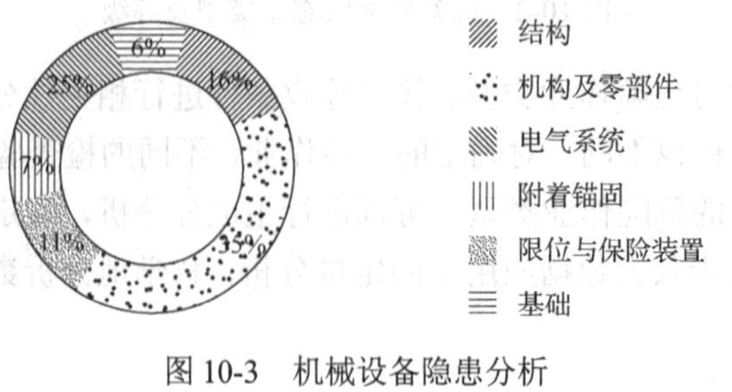

图 10-3　机械设备隐患分析

系统可以获取检查中可采集机械设备的隐患数据、保养中发现的设备问题、维修中产生的故障数据，并对这些结构化数据进行统计及整体、个体分析。整体分析输出针对工程行业、某一机械类别的易发问题，如结构、机构及零部件、电气系统等某一类因素的作用比较显著，可以就该类因素做针对性的解决方案，以优化机械设备安全管理。

（五）结果分析

1. 危险因素清单、重大危险源管理分析

该部分主要分析结果是安全隐患、重大危险源安全“双控”的关键管理要素清单，通过安全隐患库、重大危险源辨识库的应用，在建设工程项目使用过程中不断完善这两个危险因素库，并应用大数据分析各建设工程项目使用系统自动辨识的大量累计数据。可针对安全隐患库、重大危险源数据库分析出安全“双控”的关键管理要素清单，指导安全管理过程，管控好易产生高风险的关键安全过程要素。

根据不同类型建设工程项目的工程特点，也可以做二次关联性分析，量化确定不同工程特点的建设工程项目的高频率危险因素、重大危险源，指导后续相关建设工程项目的安全施工，提前预防，以实现安全管理目标。

2. 危险作业类型分析

将危险作业作为安全管理的重点。根据不同工程特点的建设工程项目的主要危险作业清单，用数据量化主次程度。基于以上分析得出危险作业前的检查验收条件，可对危险作业的前置条件制订更加科学严谨的有针对性的方案，降低危险作业过程的风险，从而达到安全作业的目的。

3. 机械设备种类分析

分析不同种类机械设备安全使用生命周期的最优检查频率、最优保养频率。通过最优的成本投入获得机械设备最大的安全使用生命周期。通过对机械设备云履历数据的分析，可以确定机械设备检查的最优频率及检查的关键部位。通过科学的手段获取机械设备检查保养的最优解，从而降低安全使用机械设备的整体成本。

4. 机械设备事故分析

量化分析得到机械设备频发故障清单，反向分析出机械设备检查关键项、保养关键项。通过对故障、事故机械设备的历史履历数据进行分析，得出机械设备在施工条件下易发生的故障，以及其遗漏的检查保养项，反向推理出机械设备应该加强的检查保养项。用科学的分析结果去指导机械设备的检查保养工作，以期获得最大的机械设备安全使用生命周期。

第二节　BIM 技术在建设工程安全管理中的应用

一、BIM 技术概述

（一）BIM 技术与 CAD

建筑信息模型（BIM）是由 Autodesk 公司于 2002 年提出来的，BIM 概念的演变过程经历了 40 多年。BIM 技术是建设工程信息的高度集成化，从功能要求和作用属性来看，BIM 技术是传统计算机辅助设计（computer-aided design，CAD）技术的升华，即从二维的工程造型到多维的建筑信息模型的演变。20 世纪 50 年代末，CAD 技术应运而生，其发展经过了三个阶段，即传统 CAD、3DCAD 和 OOCAD（面向对象的计算机辅助设计）。然而，建筑业的 CAD 技术却没有实现 OOCAD 技术的功能要求，直到 BIM 技术的出现，OOCAD 技术才算真正实现了。

CAD 技术的出现推动了建筑业信息化的发展，改变了传统手工绘图的方式，随着时代的发展，CAD 技术的缺陷也逐渐暴露出来。传统 CAD 技术的缺陷有以下几点：①二维绘图缺乏主观创造性，约束了设计师的想象力；②设计修改工作量大，信息共享难；③设计交付图与效果渲染图差异大；④各参与方不能进行有效沟通和交流等。

然而，利用 3DCAD 技术构建的是简单的造型模型，它只是一种几何模型，无法在模型中附带其他工程属性。这种模型只能体现工程的造型特征，没有其他工程信息（如进度、造价等），无法给予工程管理人员和操作人员更多的帮助。

BIM 技术一般可从两个角度来理解：一方面，BIM 技术可视为一种信息载体，主要含有建设工程实体、机械设备及进度计划等数据信息，以及各构件的各种属性。BIM 包括各专业、各工种的信息。另一方面，BIM 技术可视为建立建筑信息模型的行动，包括信息的采集、分析和共享等。各参与方在相应权限范围内可以输入相关信息数据，并能从中输出得到所需的数据，从而为设计和施工提供便利，以提高安全管理效率。

美国建筑科学研究院对 BIM 的定义是：BIM 是一个可以进行资源信息交互和共享的平台，可以共享任何有关建筑本身的几何信息和物理特性，为建筑全生命周期中的所有参与方对信息进行分析提供准确可靠的依据。在项目从规划、设计、施工到运营维护的各个阶段，不同参与方可以通过在 BIM 中插入、提取和修改信息，以实现在一个高度集成的平台上进行协同作业。

（二）BIM技术的特点

1. 可视化

现代建筑产品造型复杂、形式各异，人们无法完全通过大脑去想象。然而，具有可视化特点的 BIM 技术，可以让平面线条式的物体以一种立体三维的实物图像展现在人们面前；以往建筑业在设计阶段也可以做效果图，然而此类效果图是由专门的制作团队通过读取设计方的线条式信息而制作的，并非由数据信息自动生成，构件之间的反馈性和互动性欠缺。然而，BIM 技术可视化的特性是可以跟不同部分之间进行联动并可以反馈。利用 BIM 技术，建设工程项目的全生命周期都能在可视化下进行。所以，BIM 技术不但可以展示效果图、生成报表，而且从整个建设过程中的交流讨论到决策都可以在可视化的状态中开展。

2. 可出图

BIM 技术的出图并非平常的出自建筑设计院的设计图，而是帮助业主通过对建筑信息模型进行可视化展示、动态模拟、优化协调之后得出以下图纸。

1）综合管线图（通过碰撞检测并进行修改后的设计文件）。

2）综合结构留洞图或预埋套管图。

3）碰撞检测侦错报告和建议改进方案。

3. 可协调

建设工程项目在设计时，各部门之间沟通不充分往往会出现不同作业部分之间的碰撞问题。例如，布置采暖、通风、空气调节等方面的管路时，各部门只能负责完成自己的施工图，在进行实际铺设管道时，可能这个地方正好有结构设计的梁等构件，妨碍了铺设管道，这就是常见的碰撞问题，这种问题不应该在出现后再进行解决。BIM 技术的协调性特点就可以提前解决此类问题。在建设前期，通过 BIM 技术协调各部门之间的碰撞问题，并提供协调数据。解决碰撞问题并非 BIM 技术协调性的唯一功能，它还可以协调电梯井布置、防火分区、地下排水布置和其他布置等。

4. 可优化

利用 BIM 技术的优化性特点可做如下工作。

1）优化项目方案。将建筑设计与经济回馈分析联系在一起，可以随时计算因设计变化而产生的经济回馈影响；甲方在方案选择时不仅可以考虑建筑表面形式，还可以通过对比确切地知道哪种设计最符合自身需要。

2）特殊项目的设计优化。如屋顶、幕墙、裙房、大空间等地方可能存在不规则形状设计，虽然这些地方对于整个建筑来说占比不大，但耗费的资金和时间会很多，而且往往也是施工难点，出现的施工问题较多。通过 BIM 技术的优化性能提前对施工方案进行优化，可以大大减少资金和时间的消耗。

5. 可模拟

建设工程项目在设计阶段，BIM 技术可以对其导热性、采光、疏散应急、节约能源等需要模拟的地方进行仿真试验；在工程施工过程中，通过将三维模型与工程进展相结合可以进行四维模拟，模拟过程中可以对施工方案进行优化；在运营维护阶段，可以模拟如火灾应急逃跑、紧急逃生等特殊状况问题的解决。

二、BIM 技术应用于建设工程安全管理研究的适用性分析

1. 技术适用性

一方面，安全模型的建立，可以有效地发现施工过程中存在的安全隐患，并通过制订安全方案对安全隐患进行控制；另一方面，沟通信息可以共享，通过 BIM 技术能够解决实际生产过程中信息沟通少的问题，能够使交换和分享信息成为现实，从而保证各部门数据的一致性，减少各部门的压力，有助于施工安全的管理，也能对施工计划进行改进。

2. 经济适用性

在费用方面，与其他建设工程项目方面的程序相比，BIM 技术费用较高，且对计算机有很高的配置要求。但利用 BIM 技术进行建设工程项目精益化管理，会使发生安全事故的概率下降，从而在总的成本方面会减少费用。

3. 环境适用性

应该普及参数化、可视化、三维模型设计，以及利用 BIM 技术协同工作等技术，提高设计水准，减少工程投资，实现从设计、采购、建设、投产到运营的全生命周期的综合运用。

BIM 技术在我国起初只在大型标志性建筑中应用。例如，被称为 BIM 技术经典之作的上海中心项目、上海世博会的某些场馆建设等。但经过几年的发展，一些一般体量的项目中也开始应用 BIM 技术。目前，在 BIM 技术的使用水平上，我国与欧美等发达国家仍存在一定差距，但发展速度较快，未来有巨大的提升空间，它将赋予建筑业更广阔的发展前景。

三、基于 BIM 技术的建设工程安全管理工作

（一）引入 BIM 技术对建设工程安全管理工作的改变

建设工程安全管理作为建设工程项目管理的一部分，其重要性越来越受到工程参与

方的重视。但建设工程安全管理有其特殊性，从系统的角度，安全管理不可能脱离项目管理的其他管理模块，这些管理要素互相影响，呈联动效应，并且安全事故的发生有其偶然因素。引入 BIM 技术，必然会对建设工程安全管理工作带来很大变化，主要体现在组织结构和安全管理方式的改变上。

1. 组织结构的改变

组织结构是建设工程安全管理体系的基础，也是基于 BIM 技术的建设工程安全管理工作推进的动力源泉。

传统的建设工程安全管理工作的组织架构较为简单，负责安全管理的建设单位和施工单位是组织架构中的主导，其他单位主要是监督和配合建设单位和施工单位完成建设工程安全管理工作。

基于 BIM 技术的建设工程安全管理体系下，各参与方指派具有 BIM 技术和建设工程安全管理能力的人员，组建基于 BIM 技术的安全管理工作小组，该工作小组不再以建设单位和施工单位为核心，而是以建设单位为核心，建设单位指导安全管理工作小组开展工作。从建设工程决策阶段开始，到项目设计阶段、施工阶段直至运营阶段终止。建设工程各个阶段都有安全管理工作小组参与完成，都有工程各参与方的相关业务，承接建设工程全生命周期安全管理的 BIM 技术支持工作。

基于 BIM 技术的建设工程安全管理工作不再仅仅是建设单位或施工单位的职责，甚至不是由其承担主要职责，而是建设工程各参与方一起开展安全管理工作，并较早参与到工程建设过程中，承担各自的安全管理职责。传统安全管理的信息交互方式是由多个单线条组成的，即承包商与工程各参与方之间的信息流动。基于 BIM 技术的建设工程安全管理体系是各参与方之间的安全管理信息都聚集在 BIM 技术信息共享平台上，组成信息“面”，成为 BIM 技术安全管理小组、工程各参与方和信息平台传递信息的方式。这种信息交换方式是一种“点对面”的模式，信息共享效率更高，节约了建设工程各参与方为获取相关信息而耗费的人力、物力及时间，可以提高组织的工作效率。

这样的组织结构变化，促使安全管理信息集成化和高度共享，实现建设工程各个阶段和各参与方之间协同工作，提高了管理效率，使建设工程全生命周期安全管理模式得以付诸实现。

2. 安全管理方式的改变

传统的建设工程安全管理方式，首先，业主在建设工程项目前期策划阶段评估策划方案的安全风险，在工程设计阶段进行工程设计成果的安全可靠性分析。然后，在建设工程施工阶段，以其工作方式为业主主导项目安全监督管理，具体由施工单位承担安全管理工作，防止安全事故的发生。传统的建设工程安全管理方式主要有：进行详细的地质勘查和现场周围资料的调查；挑选有资质等级和优良履历的施工队伍；成立现场安全管理委员会，指导施工现场安全管理工作的开展；定期为各参与方管理人员和各工种施工作业人员开展安全知识培训，增强他们的安全管理水平和安全防范意识；制订安全事故应急预案，建立安全事故应急机制；针对雨季、冬季和技术难度大的建设工程项目编制专项施工方案。

通过在建设工程安全管理过程中应用BIM技术，将从以下几方面改进传统的建设工程安全管理工作方式。

1）完善可行性研究方案和设计成果。在工程策划和设计阶段，通过BIM技术的运用，对建设工程虚拟再现化，发现原有可行性研究方案和设计成果可能引发的安全隐患，从而修改和完善可行性研究方案及设计成果。

2）合理编制安全管理保证体系、布置施工现场和组织安全施工。施工阶段是建设工程安全管理中最重要的一个阶段，施工阶段安全管理水平的高低影响着工程质量、工期和成本目标。在施工现场总平面图出来后，可以借助BIM技术，构建施工现场四维动态模拟，进而编制更为合理的安全保证体系，采取合适的安全保障措施，合理规整施工现场。在施工方案编制后，利用BIM技术可进行虚拟施工，及早发现施工方案在实施过程中可能出现的安全问题，然后完善施工方案并采取相应措施，避免安全问题的发生。

3）提高施工作业人员施工操作的规范性。在施工作业人员开展作业前，借助BIM技术开展四维虚拟施工演示，有助于施工作业人员更具体地理解工艺要求和施工流程，从而使施工过程更加规范化，提高了安全管理的效率和效益，减少了因安全问题造成的损失。

4）优化建设工程项目的运营方案，提高运营管理人员的管理水平。基于BIM技术的运营可视化，能够及时发现建设工程项目运营期间可能发生的安全问题，进而修改和优化项目的运营方案，必要时甚至可修改施工方案及设计方案，提高工程实体的品质，增加运营收入，提高投资方的收益。借助于BIM技术的四维虚拟化运营展示，可以提升运营管理人员的管理水平，减少安全问题的发生。

（二）BIM技术在建设工程安全管理体系中的应用

1. BIM技术应用的工作过程

在建设工程全生命周期安全管理工作中引入BIM技术，可以在建设工程各个阶段实现设计成果模型化、工程施工虚拟化、信息集成化，以及建设工程各参与方工作协同化等优势。在配置相关硬件和BIM软件后，结合工程实际特点，即可实现BIM技术条件下建设工程安全管理工作，并构建建设工程安全管理保障措施等。建设工程安全管理体系中BIM技术应用的工作过程主要包括以下三个部分。

1）BIM 技术策划阶段：制定 BIM 技术应用目标。此阶段是在分析建设工程各阶段安全管理目标和要求的基础上，确认 BIM 技术应用的目的，制定 BIM 技术应用大纲。

2）BIM 技术实施阶段：实施 BIM 技术应用目标。在确定了 BIM 技术应用目标后，结合现有条件，制定 BIM 技术实施安排，确定 BIM 技术应用内容及采用的 BIM 技术软件。BIM 技术应用完成后，确定建设工程各参与方的 BIM 技术工作任务。

3）BIM 技术应用阶段：依据工程各参与方安全管理任务，确定 BIM 技术应用的承担方和相关权限，培训 BIM 技术应用操作人员。

2. 建设工程安全管理中 BIM 技术的应用

我国目前在建设工程中应用 BIM 技术已取得了一定的成果，各种类型的复杂项目都在一定程度上运用了 BIM 技术，主要有设计优化、虚拟施工、协同信息平台等。总结 BIM 技术在国内外建设工程领域的应用可以得出，BIM 技术可以提高建设工程的效率和效益，但是针对建设工程全生命周期管理的应用几乎没有，大多局限于工程管理某个目标（如造价方面）或某一阶段（如施工阶段），且部分工程项目应用 BIM 技术都是处在试验阶段，没有完整的、成熟的产品。

BIM 技术在建设工程安全管理中的应用，主要选择了冲突检测、管线综合、施工现场模拟、施工方案模拟、安全决策五个方面。这五个方面包含 BIM 技术基本应用点，以及三维、四维和五维的 BIM 技术应用。

1）冲突检测。它是指通过建立 BIM 建筑信息三维空间几何模型，在数字模型中提前于工程项目具体实施前发现各不同专业在空间上的冲突、碰撞问题。通过预先发现和解决这些问题，提高工程项目的设计质量并减少对施工过程的不利影响。

2）管线综合。在 BIM 技术环境下，各专业设计人员通过三维虚拟模型的整合，在虚拟环境中直观地发现问题，大大提高了工作效率。另外，通过有效的管线冲突解决方案，显著减少了后期建设过程中的工程变更，可提升工程建设效率，缩短工程工期，减少变更费用。

3）施工现场模拟。施工现场模拟的目的是在施工现场总平面布置图的基础上，以 BIM 技术方式表达施工现场的合理性，检查施工现场的不足，协助相关人员进行施工现场的管理。

4）施工方案模拟。应以实际施工方案为模拟对象，通过 BIM 技术手段进行表达，包括三维多角度展示、构造拆解、工序搭接顺序、专业配合、作业尺度预留等。施工方案模拟展示应能真实、充分地反映施工的重点和难点，并对实际操作起到良好的预判和指导作用。

5）安全决策。通过 BIM 技术手段，借助于安全管理工具，如安全评估、安全监视和安全监测，进行安全决策，预先解决建设工程安全管理问题，提高安全管理效率。

（三）基于BIM技术的建设工程安全管理体系框架

在构建基于BIM技术的建设工程安全管理体系之前，应该深入分析建设工程安全管理的基本特点，并结合BIM技术的具体应用。基于BIM技术的建设工程安全管理体系主要包括基于BIM技术的建设工程安全管理平台和基于BIM技术的建设工程安全管理保障体系两个部分。

基于BIM技术的建设工程安全管理平台是建设工程各参与方开展安全管理的操作平台，包括基于BIM技术的建设工程安全管理信息平台和基于BIM技术的建设工程安全管理运作模式。安全管理信息平台是对建设工程各阶段安全管理信息进行管理，以实现信息共享和协同管理。安全管理运作模式是建设工程各阶段的安全管理具体措施。基于BIM技术的建设工程安全管理保障体系是建设工程各阶段安全管理工作得以实施的保障体系，主要有组织保障、技术保障和制度保障三部分，这三部分的保障措施是由政府、行业、企业等提供力量。

四、基于BIM技术的建设工程危险源的管控

（一）建设工程施工危险源管控系统功能需求

建设工程施工危险源管控系统是基于BIM技术，利用BIM危险源信息数据库、射频识别（radio frequency identification，RFID）、传感器等先进技术，对建设工程施工中的信息数据进行采集和处理的可视化系统。若收集到的数据超过标准值，则系统平台会给相应管控人员发出提醒并提出管控措施。危险源管控系统功能需求总结如下。

1. 危险源信息的自动采集

传统的建设工程施工危险源检查主要是通过现场检查，然后采取口头交底及整合文件信息等方式进行，其中信息繁杂、传递效率低且容易出错。但安全事故发生具有突发性，传统的管控方式具有滞后性。BIM技术可以改变传统施工危险源报告的方式，它通过采集和辨识管控危险源信息并对危险源信息进行实时监控与传输，与各平台接口、软件连接，对信息进行汇总，做好三维安全交底等工作，使信息的传递和查找变得更加方便、灵活。运用BIM技术，能够在建设工程项目进度中将危险源的状态提前辨识出来，并使其相结合，从而改进施工现场布置情况，让施工作业人员对安全隐患的排查处理措施更加清晰、明了，方便对施工作业人员进行安全培训，以减少由于危险源管控不及时而产生的伤亡事故，从而提高建设工程的施工效率。

2. 危险源管控信息集成与共享

建设工程施工危险源在不同时间、不同地点和不同人员操作的情况下有其各自的特点。危险源管控要做到对危险源的规范操作，及其对应的防控措施与责任分配，需要有

一套完整的流程，同时对不同信息的采集也需要用不同标准的设备去对接。所以，要达到信息集成不是简单的叠加，而是对信息进行深度分析利用，形成一个综合的整体，才能进行有效的共享。

3. 危险源信息的实时性与可视化

危险源的管控要做到实时性才能在最短的时间内降低风险、减少损失，对采集到的危险源数据信息进行实时显示与传输，通过 BIM 技术实现可视化，能够让管理人员对危险源状态的了解更加明确。在 BIM 系统中会对危险源信息做一个阈值规定，当危险源信息超过此阈值时，就会立即预警，提醒管理人员实施相关的安全管控措施。

（二）基于 BIM 技术的建设工程施工危险源管控方案架构设计

基于 BIM 技术的建设工程施工危险源管控方案是以 BIM 系列软件 Autodesk Navisworks、Fuzor 及 RFID 技术等为平台，利用数据接口和 C 语言，以危险源信息数据库为基础，与前端传感器采集数据信息相结合，并通过各功能模块进行集成共享，从而达到安全管控的目的。基于 BIM 技术的建设工程施工危险源管控系统具体架构流程设计如图 10-4 所示。

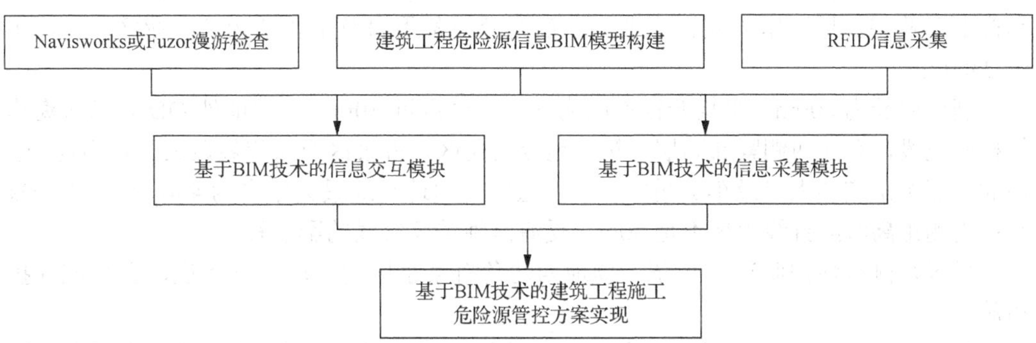

图 10-4　危险源管控系统具体架构流程设计

1）危险源信息采集模块有多种数据采集终端，如 RFID、传感器、激光扫描仪、视频监控等都能作为危险源信息采集的方式。在数据采集终端将危险源信息采集成功后，将其实时传输到模块中，包括危险源的位置、发现时间、施工作业人员的不安全行为、机械的不安全状态及安全防护设施，然后调取信息存储模块中的安全防护设施信息，如防护栏杆、防护棚、安全网、盖板等，并根据危险源的具体情况匹配相应的防护措施。

2）危险源信息交互模块是将采集模块采集到的数据信息及基于 Navisworks、Fuzor 技术的监测信息数据，与 BIM 技术进行有效整合，来实现各专业方对建设工程施工中危险源的管控。

五、BIM 技术应用案例[①]

（一）项目背景

HT 项目为原址重建项目，项目总建筑面积为 494 073.00m^2，工程总投资 137 亿元，占地面积为 32 802.60m^2。其中：地下车库 5 层，建筑面积为 141 376.52m^2，规划新建三座塔楼，配置裙房，东裙房（含其范围内塔楼）建筑面积为 24 089.45m^2，西裙房（含其范围内塔楼）建筑面积为 43 148.90m^2，T1 塔楼建筑面积为 68 426.00m^2，T2 塔楼建筑面积为 154 479.00m^2，T3 塔楼建筑面积为 62 553.13m^2。设计沿用基于老 HT 酒店项目六边形的平面轮廓，立面元素提取老 HT 酒店项目的设计语言，用近似比例及色彩关系呼应老 HT 酒店的风格，同时以简洁有力的手法表达“海之韵”的设计理念。现代的建筑手法融合 HT 酒店的气质元素，HT 项目将给市民带来老建筑记忆的新城市标记。

T1 塔楼的功能为五星级酒店和精品办公区，该建筑为钢筋混凝土框架核心筒结构，41 层，建筑高度为 210m。T2 塔楼为 5A 级写字楼及五星级酒店，该建筑的结构形式为钢筋混凝土核心筒+钢框架结构，建筑高度为 369m（73 层），塔顶设对外开放的艺术中心、观光层。T3 塔楼为高级公寓，钢筋混凝土框架剪力墙结构，建筑高度为 245m（54 层）。裙房为 5 层，框架结构，功能涵盖酒店配套附属用房、会议中心、精品商业等业态。地下室 6 层，主要为酒店配套设备用房及主题博物馆商业区，设停车位 2300 个。

基坑周长为 800m，平均开挖深度为 25m，最深近 30m。工程地处 QD 市黄金海岸线核心地段，东西两侧紧邻高层建筑，地处居民区、办公区及海岸线风景区集中地带；南北紧邻主干道的人员及车流量大，基坑边缘与用地红线最大距离为 4m，场地十分狭小；南侧距离海湾直线距离不足 50m，受海洋性季风气候的影响较大。

场区东侧有新旧暗渠各一条，场地西北角有某小区的一段燃气管道，已采取保护措施。

HT 项目施工高峰期间安装塔吊 8 台，其中 T2 塔楼安装 1 台 STL1000 型动臂塔吊、1 台 STT850 型动臂塔吊，STT850 前期为内爬升式安装，至 3 层改为外挂式安装形式。

HT 项目塔楼外架采用全钢液压附着式升降脚手架，其中 T2 塔楼核心筒外墙采用爬模，内墙采用液压顶升钢平台。

（二）基于 BIM 技术的建筑施工安全管理的实施

1. 基于项目特点的危险源分析

（1）高度高：最高达 369m

高空坠物：高空坠物打击范围大、坠物能量高。

① 作者根据相关资料改编而成。

消防：高度超过 100m 后完全依赖自身消防能力。

（2）超高层密集：塔楼最近的间距只有 55m

起重设备干涉：起重设备密集、工作范围内与多台设备存在干涉，建筑物达到一定高度后，塔吊司机完全依赖指挥信号。

交叉作业：各塔楼之间存在高差，外立面装修随进度跟进，与主体施工存在交叉作业现象。

（3）临近主干道：距离东海路只有 26m，距离香港路只有 35m

高空坠物：建筑物距离主干道最近只有 26m，高空坠物极易对车辆、行人造成打击。

水泥浆、油污飞溅：受风力影响，作业面水泥浆、油污等污染物极易因飞溅造成污染，引起投诉、索赔。

（4）大风天气多：预报每年超过 5 级风的天气达到 103 天，高空风速更大

高处坠物：作业面、楼地面及外立面施工易受风力的影响，工具、工件、垃圾易被风吹落，造成物体打击。

水泥浆、油污飞溅：作业面水泥浆、油污等污染物易随风飘散，影响范围非常大。

扬尘：楼地面垃圾清理不及时易受风力的影响形成扬尘。

（5）深基坑：最深处达到 27m

基坑坍塌：基坑深度达到 27m，支护有缺陷或坑边大量堆载易引起基坑坍塌。

上人马道：马道高度近 30m，中间无法设拉结点，基本靠地脚螺栓和自身强度确保稳定。

坡道车辆管理：坡道陡、弯急、狭窄，人车混流易导致车辆伤害，也易导致车辆坠落。

高空坠物：坑边施工、堆载易发生高空坠物。

（6）施工场地狭小

坑边距离红线最宽 5m、最窄 3m，协调用于施工的绿地只有 1000m^2。

坑边堆载：大量周转材料需要从坑边转入坑内，对基坑支护造成不利荷载。

2. BIM 建模

（1）BIM 组织框架

1）业主 BIM 团队。

协调所有参与工程建设的单位和提供 BIM 技术服务的单位按照事先的规定使用 BIM：包含规定和统一参与工程建设各方使用 BIM 的标准，对招投标文件里对 BIM 的要求进行规定，对投标单位的工作能力进行核查，对参与工程建设各方和提供 BIM 服务单位完成结果进行检验收付。

收集内部需求，确定各阶段 BIM 应用场景，与 BIM 咨询顾问一起审定各应用工作流程。

审核发布本项目的 BIM 技术标准和工作程序，并监督 BIM 顾问和各参与方按要求执行。

负责在 BIM 系统运行过程中进行各方协调，包括业主、设计方、BIM 咨询顾问、分包方等多渠道全方位的沟通。

2）BIM 咨询。

① 制定 BIM 项目级标准；

② 建立施工图设计阶段建筑、结构、机电专业模型，并应用模型生成各类应用报告，提交业主审核；

③ 指导施工阶段总包 BIM 应用，审核总包单位 BIM 模型；

④ 辅助业主对总包方的 BIM 成果进行考核；

⑤ 协助业主保证各参建方的 BIM 应用符合 BIM 标准。

3）设计联合体。

① 负责初步设计和施工图设计；

② 负责提交各类设计文档，以及设计交底；

③ 负责建模前的图纸审查，配合建模团队建模；

④ 依据业主审核通过的 BIM 优化建议进行设计调整。

4）监理单位。

① 检查施工实际与 BIM 模型的一致性，出具相应检查报告并监督整改；

② 审查承包商提交的 BIM 施工进度计划模拟、BIM 施工专项方案模拟等成果，提出修改意见，并监督实施；

③ 在各分部分项工程的验收工作中，需依据 BIM 模型出具相应的检查报告及验收结论；

④ 竣工验收时，对最终交付的模型进行提取及核查，确保模型的真实性和准确性，同时移交 BIM 模型时，给出对模型的验收结论。

5）总包方。

① 按照 BIM 实施标准规范和 BIM 技术标准，组织内部 BIM 实施体系，配备 BIM 专业人员；

② 负责从业主和设计团队接受施工图设计图纸和设计阶段 BIM 模型，管理并更新各 BIM 参建方 BIM 模型成果，最终形成竣工模型；

③ 在 BIM 模型基础上，采用 Navisworks 等软件进行施工模拟；

④ 总体负责施工阶段的 BIM 应用，对所有参与 BIM 应用的分包商进行管理和协调。

（2）BIM 模型建立

将 CAD 图纸导入 BIM 建模软件，生成基本模型图，如图 10-5 所示。

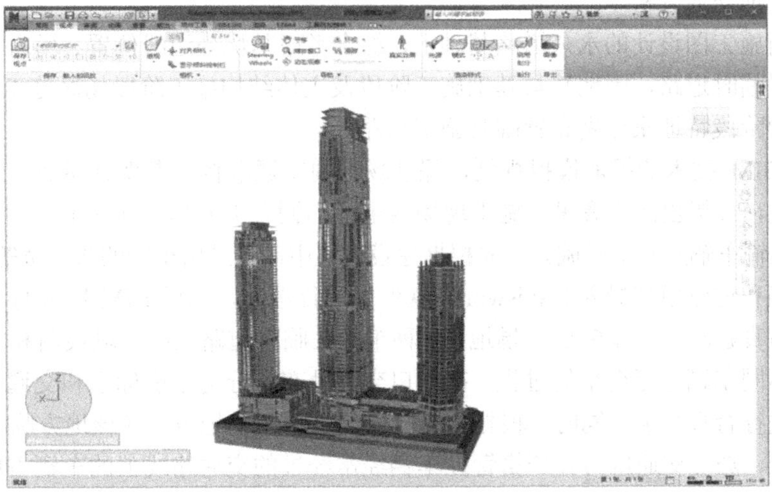

图 10-5　HT 项目 BIM 模型

3．基于 BIM 的施工场地布置

（1）施工场地布置

本项目建筑体量大、场地较狭小，所以场地的合理布置尤为重要。在进行场地布置之前，将临建、材料堆放处、安全通道、钢筋加工区等通过 Revit 2016 与建筑模型融合，形成图 10-6 所示的模型。通过观察模型发现，安全通道设置不足，及时新增了安全通道，确保了作业应急行走和疏散通道，保证了人员的安全。

图 10-6　HT 项目场地布置模型

（2）交通运输模拟

在地下室大体积混凝土浇筑过程中，由于场地受限、一次性浇筑方量大，对现场的交通运输能力、溜管排布及混凝土浇筑泵的布置是巨大考验，容易出现施工安全问题。在混凝土浇筑之前，利用 BIM 技术，将浇筑设备按照 1∶1 比例与基本模型结合，结合跳仓法施工工法，通过 Navisworks 软件进行了混凝土浇筑平面布置模拟，改进了混凝土浇筑方案，最终实现了 36h 完成 1.2 万 m^3 C60 高标号混凝土一次性浇筑。

图 10-7 施工现场 BIM 总平面图

（3）场地交通分析

在平面施工图设计的永久道路基础上，综合考虑基坑外边线位置、场内材料运输需求等来布置临时道路，因地基与基础施工阶段及主体结构施工阶段场区施工特征不同，故根据两种阶段特征来分别布置临时施工道路。

利用 BIM 技术的提前模拟规划，保证场地内交通顺畅，发现并避免出现机械之间的碰撞问题，并提出改进意见。施工现场内主要车辆有土方车、混凝土车、泵车、挖掘机等材料运输车辆及施工机械。首先根据建设过程中需要进出车辆的长、宽等有关参数，将所有车辆和道路模型导入 Navisworks 软件中进行漫游，利用 BIM 技术的 Navisworks 在场地里仿真建材运输车辆出入场地、各种车辆在临时道路上的行驶线路和卸装货物位置及模拟不同车辆进行会车的过程，在路口交叉处布置分道指引标志和交通警示牌，对进场车辆进行合理分流。同时，根据仿真找出经常会车的地方，在该地方临时道路一侧建设错车台，舒缓交通压力并严格管控车辆经常经过的交通路线上的车辆占用时间，尤其是钢筋进货车和混凝土泵车等。经过运用 Navisworks 软件多次调整得到最合适的交通线路。

通过对 BIM 技术的合理利用，在控制成本方面减少了临时道路施工量，节约了资源投入，充分体现了现场绿色施工特点，同时避免了机械碰撞等安全问题，解除了安全隐患。施工现场 BIM 总平面图如图 10-7 所示。

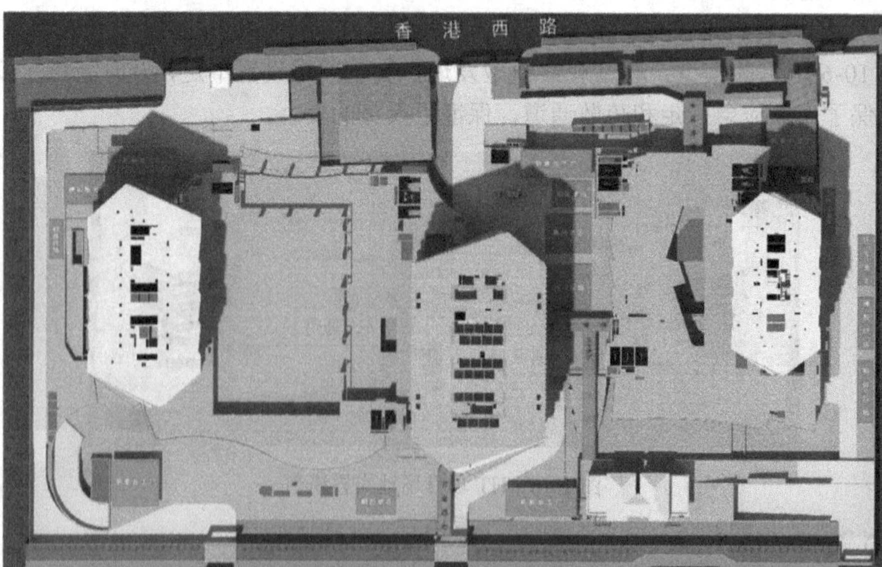

图 10-7　施工现场 BIM 总平面图

4. 基于 BIM 的施工模拟

本工程高峰期需要安装 8 台塔吊，因为不同施工阶段模型展现的工况及各楼栋开工竣工时间不同，塔吊各批次的安装时间不同，各塔吊覆盖建筑面积不同，相互间交叉作业区域较大，所以防止塔吊间、塔吊同建筑物间发生碰撞，是首先要考虑的安全问题。

在项目前期方案中，用传统的 CAD 平面图对塔吊进行了布置。项目实施前期运用 BIM 技术对群塔机进行建模及动态模拟，将塔吊控制在 8 台，不但减少了塔吊前臂之间的交互面积，使群塔作业的整体安全管控难度减小，还使建材堆放处的规划得到了进一步提升。

当检测到问题时，立即对原施工计划进行修改，重新进行检测，直到问题解决为止。通过建立好的模型进行各阶段的碰撞检测，确定群塔机初始安装高度及施工过程中随着楼层的不断升高、施工工况不断变化下的塔吊顶升的合理高度。

5. 效果评价

通过案例分析的方式对 BIM 技术在建设安全管理中的应用进行分析，可以看出使用 BIM 技术在施工安全管理方面的优势如下。

1）施工前通过 BIM 技术识别危险源，能够模拟施工过程。在逼真的虚拟状态下，有利于准确地辨识可能会出现的安全隐患，从而制定相应的防护措施。同时，通过 BIM 模型模拟施工，针对重点部位进行检查，及时对隐患部位进行修改，并提出安全建议。

2）通过危险源辨识、模拟建造等步骤后，对施工人员进行可视化的安全教育培训，把施工人员置于虚拟的现实施工状态下，有助于增强他们的安全意识和操作技能，从根本上减少安全事故的发生。

第三节 VR 技术在建设工程安全中的应用

一、VR 技术的定义及特点

1. VR 技术的定义

虚拟现实（virtual reality，VR）技术，又称为“灵境技术”“虚拟实境”，是一种可以创建和体验虚拟世界的计算机仿真系统。它是利用计算机模拟现实，构建一个三维空间的虚拟环境，是一种多源信息融合的交互式的三维动态视景和实体行为的系统仿真技术。用户通过佩戴 VR 头盔、VR 眼镜等各种相关传感设备模拟进入一个现场的环境，这些设备能够让用户体验出关于人类视觉、听觉、触觉等多种感官的真实感受和环境，为用户提供了一种亲临现场的体验，能够及时、全方位、没有边界限制地感受身边场景。

VR 技术可以说是仿真技术的一个重要方向，通过结合计算机技术、多媒体技术、传感技术等多种技术，让 VR 技术变得更加有趣且具有时代特征。虚拟影像是由计算机生成的三维立体的动态逼真的图像。然而，除了可以感受计算机生成的三维影像在视觉上传递的震撼外，听觉、触觉、动感等都可以感受到，甚至还有嗅觉等感知的营造。自然技能是指人的头部转动，眼睛、手势或其他人体行为动作，由计算机来处理与用户的动作相适应的数据，对用户的输入做出实时响应，并分别反馈到用户的五官。

2. VR 技术的特点

1）VR 技术的还原真实性。VR 技术建立的虚拟环境是由基于真实数据建立的数字模型组合而成，严格遵循工程项目设计的标准和要求，通过强大的三维建模技术建立逼真的三维场景，对规划项目进行真实“再现”。

2）VR 技术的可分析性。根据建设工程人员的特点和安全隐患事故的分析，交互式的 VR 技术平台可以针对特定用户和组织做出独特的处理。VR 技术应用可以创建建设工程项目人员施工所需的特殊场景，并在培训中提供即时反馈。例如，VR 技术可以评估人群在面对地震时应急预案的成效；反之，根据提供的即时数据找出差距和需要改进的地方，并进行反复训练。

3）VR 技术的多元性。VR 技术可以将诸如用电或消防等建设工程施工各场地一致同步到各个区域，组织多个工种同时进行培训。在用户进行模拟的过程中，VR 技术可以将传统的建设工程安全培训元素（如幻灯片的图形和数据）嵌入虚拟环境，进行实时教育培训；更加逼真的视听刺激，提高用户的重视程度，同时在模拟中锻炼建设工程施工作业人员对于建设工程安全施工的应对学习能力。

4）VR 技术的可选性。VR 技术的应用允许建设工程施工作业人员按照自己的节奏来感受体验，逐步而全面地掌握相关的防范知识。在进行集体培训时，VR 技术平台可以提供小组讨论和分析的场景，用来讨论个体行为的正确性及是否能保证团队协作。

5）VR 技术的综合性。建设工程安全培训方案可以模拟各类施工环境，如民用建筑施工、工业建筑施工、装配式建筑施工及构筑物施工情境等多种虚拟场景，这在现实建设工程安全培训中几乎是不可能实现的。与此相反，VR 技术却可以很容易地模拟出这些危险和条件苛刻的环境，从而提升教学效果。

二、VR 技术在建设工程安全中的应用

（一）VR 技术在安全教育培训中的应用

近年来，建设工程施工安全教育培训模式逐渐完善，体验式安全教育培训使建设工程施工作业人员更加贴近实际地感受到危险的存在及危险所造成的严重后果，体验培

训效果良好。在体验式培训中，将 VR 技术应用于建设工程施工，是建设工程项目安全培训模式的改革创新。通过设计建设工程施工场景，根据项目实际情况构建五维模型，并将设计的场景通过计算机的渲染技术设计出逼真的模拟场景，模拟在施工过程中可能出现的危险事故，借助体验式的设备使体验人员体验到施工过程中的各种安全事故。

在建设工程施工之前，通过利用 BIM 技术可以完成接近实际情况的建筑信息模型，只是这类可视化的三维模型对使用者来说是看上去的感觉，有很大的局限性。将 BIM 和 VR 这两种技术相结合，使用者不仅能看到而且能够进入 1∶1 的虚拟模型中进行切身感受，如同身临其境一般。VR 技术的进一步发展使体验者能够通过触觉来接触到模型，施工之前就能看到施工时的状态，并能确切掌握在施工过程中可能发生的事情，不管是设计单位还是施工单位都可以得到充分的指导，从而避免问题或事故的发生。

建设工程项目可以建设 VR 技术安全体验馆，体验者在 VR 技术安全体验馆中能够体验触电、高处坠落、坍塌、安全帽冲击、使用灭火器等体验项目。与传统的安全教育培训体验相比，受训人员在虚拟环境切身体验工程施工过程中的触电、坍塌、高处坠落等工程事故，能够真实感受到项目建设中可能发生的各种安全事故，让受训人员从内心深处理解和记住自己在作业时可能遇到的危险状况，从而产生一种发自内心的安全意识和防范心理，真正起到警醒作用。此外，这种培训教育方式更能引起参与者的兴趣，使组织者更容易将教育内容传授给他们，让他们以一种积极的心态去学习并掌握必要的安全防护措施和应急自救知识，使安全教育培训发挥其应有的作用。

（二）VR 技术在优化施工方案中的应用

建设工程项目施工组织中的施工场地平面布置图，利用 BIM 技术构建模型，并在其中放置临时设施、机械设备，并对材料储藏区、堆放区、加工区、办公区及生活区进行划分。在三维模型中对已有的施工场地布置进行合理性检查。以材料的供给输送为例，现场物料运输通常是多台塔吊交叉作业，为保障项目的进度，实现成本优化的目标，借助 VR 技术进行虚拟操作，可以检查塔吊间是否存在干扰关系，以及在物料运输过程中是否会与现场作业人员、构件设备产生时间与空间上的碰撞。通过对运输方案的模拟体验，梳理危险源清单，对施工场地规划布置模型进行优化布置，并合理组织人员工作区间分布，优化施工方案，降低人机安全事故触发概率。

在项目实际施工前，借助 VR 技术对施工场地布置、施工方案及施工组织安排进行多方位的模拟演练，分析项目实施的可行性，提出优化或修正建议，事先规避关键部位物料运输过程中存在的安全风险，建立优化的施工场地规划布置方案模型，指导项目施工，从而保证项目的安全进展。

（三）VR 技术在安全应急演练中的应用

传统的安全应急演练是在一种假设条件下进行的应急准备，这种假设条件与真实事故情景差异巨大，传统的应急演练让参与者感觉枯燥死板，且因为没有“亲身经历”，使很多参与者在演练过程中投入不够，但当面对真实安全事故发生时又手足无措。将 VR 技术加入应急演练中，不仅降低了演练的成本，更重要的是它能够提供传统应急演练不能相比的安全事故情境。参与者在应急演练过程中，不仅能“亲身经历”，还能“看到”“摸到”。这种视觉、触觉等感受的冲击，让参与者能够体验较为真实的事故情境，且对于演练知识和技能更有图像化、形象化的认识，记忆更加深刻和牢固。

基于 VR 技术的应急演练让人们可以在特殊情况发生时知道如何应对。借助 VR 技术，参与者只需要戴上 VR 眼镜，即可真实感受 VR 技术带来的神奇境界。眼前就能出现安全事故现场，参与者根据前期所做的应急准备，以及演练过程中的语音提示，实施自救或者其他活动。例如，对受伤人员的救助，可以根据提示完成心肺复苏等急救措施，即视互动 VR 系统将显示病人的心脏复苏情况，为专业医护人员的到来赢得宝贵的救治时间。

利用 VR 技术建立虚拟场景，使体验者通过“身临其境”充分感受到高处坠落、物体打击、触电、火灾等各种事故现场带来的心理及身体的双重感官印象，然后通过肢体动作与周围虚拟环境进行互动，提升参与者的系统性应急技能。利用 VR 技术可以模拟各种不同类型施工现场安全事故的发生，通过不断的练习、培训，可以提升建设工程项目人员面对安全事故的应急能力。

第四节　智慧工地建设与建设安全管理

一、智慧工地概述

1. 智慧工地的定义

智慧工地是指运用信息化手段，通过三维设计平台对工程项目进行精确设计和施工模拟，围绕施工过程管理，建立互联协同、智能建造、科学管理的施工项目信息化生态圈，并将此数据在虚拟现实环境下与物联网采集到的工程信息进行数据挖掘分析，提供过程趋势预测及专家预案，实现工程施工可视化智能管理，以提高工程管理信息化水平，从而逐步实现绿色建造和生态建造。

由该定义可知，智慧工地是一个复杂的系统工程，它是各种信息技术子系统的集成，是基于互联网基础上实现各类信息技术子系统之间的信息共享，通过数据的深入分析与利用，实现对施工现场的人、机、料、法、环等资源的集中管理，以可控化、数据化及可视化的智能系统对项目管理进行全方位、立体化的实时监管。

2. 智慧工地的技术系统构成

1）数据交换标准技术。要实现智慧工地，就必须做到不同项目成员之间、不同软件产品之间的信息数据交换。由于这种信息交换涉及的项目成员种类繁多、项目阶段复杂，且项目生命周期时间跨度大、应用软件产品数量多，只有建立一个公开的信息交换标准，才能使所有软件产品通过这个公开标准实现相互之间的信息交换，实现不同项目成员和不同应用软件之间的信息流动。

2）BIM 技术。BIM 技术在建筑物全生命周期内可以有效地进行运营维护管理，体现在：①BIM 技术具有空间定位和记录数据的能力，将其应用于运营维护管理系统可以快速准确地定位建筑设备组件；②对材料进行可接入性分析，选择可持续性材料进行预防性维护，制订行之有效的维护计划。BIM 与 RFID 技术相结合，将建筑信息导入资产管理系统，可以有效地进行建筑物的资产管理。BIM 技术还可以合理高效地使用建筑物空间。

3）可视化技术。可视化技术能够把科学数据（包括测量获得的数值、现场采集的图像或是计算中涉及、产生的数字信息）变为直观的、以图形图像信息表示的、随时间和空间变化的物理现象或物理量呈现在管理者面前。该技术是智慧工地能够实现三维展现的前提。

4）3S 技术。3S 技术是遥感技术（remote sensing，RS）、地理信息系统（geography information systems，GIS）和全球定位系统（global positioning systems，GPS）的统称。3S 技术是空间技术、传感器技术、卫星定位与导航技术和计算机技术、通信技术相结合，多学科高度集成的对空间信息进行采集、处理、管理、分析、表达、传播和应用的现代信息技术，是智慧工地成果的集中展示平台。

5）VR 技术。VR 技术是利用计算机生成一种模拟环境，通过多种传感设备使用户“沉浸”到该环境，实现用户与该环境直接进行自然交互的技术。它能够使应用 BIM 技术的设计师以身临其境的感觉、以自然的方式与计算机生成的环境进行交互操作，体验比现实世界更加丰富的感受。

6）数字化施工系统。数字化施工系统是指依托建立数字化地理基础平台、地理信息系统、遥感技术、施工现场数据采集系统、施工现场机械引导与控制系统、全球定位系统等基础平台，整合施工现场信息资源，突破时间、空间的局限，建立一个开放的信息环境，以使建设工程项目的各参与方更有效地进行实时信息交流，利用 BIM 技术成果进行数字化施工管理。

7）物联网（internet of things，IoT）。它是新一代信息技术的重要组成部分，物联网就是物物相连的互联网。物联网通过智能感知、识别技术与普适计算，广泛应用于网络的融合中，因此也被称为继计算机、互联网之后世界信息产业发展的第三次浪潮。

8）云计算技术。云计算是网格计算、分布式计算、并行计算、效用计算、网络存储、虚拟化和负载均衡等计算机技术与网络技术发展融合的产物。它旨在通过网络把多个成本相对较低的计算实体，整合成一个具有强大计算能力的完美系统，并把这些强大的计算能力分布到终端用户手中，是解决BIM技术中大数据传输及处理的最佳技术手段。

9）信息管理平台技术。信息管理平台技术的主要目的是整合现有管理信息系统，充分利用BIM技术中的数据来进行管理交互，以便让建设工程各参与方都能在一个统一的平台上协同工作。

10）数据库技术。BIM技术的应用，将依托能支撑大数据处理的数据库技术为载体，包括对大规模并行处理（massively parallel processing，MPP）数据库、数据挖掘电网、分布式文件系统、分布式数据库、云计算平台、互联网和可扩展的存储系统等的综合应用。

11）网络通信技术。网络通信技术是BIM技术应用的沟通桥梁，是BIM技术数据流通的通道，构成了整个BIM技术应用系统的基础网络。具体建设工程项目可根据实际工程建设情况，利用手机网络、Wi-Fi、无线电通信等方案，实现工程建设的通信需要。

二、智慧工地安全管理的特点

1. 全天候的管理监控

为建筑业企业或政府监管部门提供全天候的人员、安全、质量、进度、物料、环境等监管及服务，辅助管理人员全方位地了解施工现场情况。

2. 全流程的安全监督

基于智慧工地物联网云平台，对接施工现场智能硬件传感器设备，利用云计算、大数据等技术，对监测采集到的数据进行分析处理、可视化呈现、多方提醒等，以实现对施工现场全方位的安全监督。

3. 全方位的智能分析

通过对智能硬件端进行实时监测，采集施工现场的人、机、料、法、环等各环节的运行数据，基于大数据、人工智能等技术，对海量数据进行智能分析和风险预控，辅助管理人员进行决策，从而提高施工现场项目的建设效率。

“智慧工地”就是通过施工现场综合管理平台和移动智能设备形成更全面的项目各环节互联互通，可实现信息共享，提高人员沟通效率；依靠视频、图片等实时资料，不受空间限制，从办公室到施工现场都能实时掌握施工进度、质量及安全文明状况，及时发现并解决施工现场出现的各类问题。

三、智慧工地对施工作业人员安全管理的应用

1. 人员管理

建设工程施工现场实名制管理是加快建设工程施工现场信息化、系统化管理的基础。建设工程施工现场实名认证，有利于加强建设工程施工作业人员的管理，降低安全事故的发生率，为建设工程施工现场信息化用工，建立一个全面、高效、统一、智能的建设工程用工信息服务系统。

建设工程相关人员进入施工现场，执行实名制管理制度。禁止施工作业人员从建筑车辆进出通道进入施工现场。进出施工现场有序进行，不能前后拥挤；必须佩戴安全帽，禁止在施工现场区域抽烟。实名制通道 24h 有人值守，监督检查施工作业人员进出施工现场刷脸验证情况，禁止任何人非法闯入，以及为他人刷脸（卡）开闸；禁止一人刷脸多人尾随。系统运维人员按照管理要求，保持实名制管理系统安全稳定运行，保持软硬件系统持续可用。保证实名制信息录入设备、人员通行信息采集及时记录并上传。

通过建设工程施工现场实名制系统，可以清晰地分配施工作业人员的工作量、工作时间，提高施工作业人员的责任心与工作积极性。施工现场实名制的实施有利于施工作业人员的统一管理，记录班组到个人的考勤上工情况，有利于合理规划施工现场布局，综合调配人力、物力。

2. 安全帽的识别与定位

安全帽佩戴识别系统基于智能图像识别技术，通过实时监测施工作业人员是否佩戴安全帽并可以进行智能提醒，能有效避免施工作业人员因不佩戴安全帽而引发的安全事故。智能安全帽定位系统是运用智能安全帽研发的一套人员定位管理系统方案，如区域实时定位、人数统计、辅助人员考勤、自动报警等功能，可用于对施工现场空旷区域人员的实时管理。

3. 安全教育培训

基于先进的 VR 技术，结合 VR 设备、电动机械，以相关安全规范为标准，全面考量现场施工时的安全隐患，以三维动态的形式全真模拟出现场施工时的真实场景和险情，实现施工安全教育交底和培训演练的目的。体验者可通过 VR 技术体验馆“亲历”施工过程中可能发生的各种危险场景，并掌握相应的防范知识及应急措施。系统中以仿真的场景来模仿安全事故的发生全过程，将视觉、听觉、触觉和动感完美地融为一体，让体验者真实感受建设工程安全生产事故中诸如坠落、震动、摇晃等效果，让体验者对“不安全的”事故有切身的体验，从而强化自身的安全意识。

四、智慧工地对施工现场的安全技术交底与安全检查

安全隐患排查管理主要是通过安全管理系统，以手机拍照的方式记录问题和整改要求（如时间等），然后一并发送给相应责任人，责任人对问题进行整改并回复，记录人对问题以拍照、录像的方式进行复核，并将复核情况上传，形成闭环。整改通知单、罚款单、安全日志自动生成，对于安全管理工作非常方便，可提高一线施工作业人员的作业效率，将安全管理具体任务落实到位，分清责任。

传统的安全技术交底通过会议、技术交底表格、做样板等方式进行，安全技术交底为二维平面图或者文字说明，无法客观地反映如何进行详细的施工作业，不容易把握重点。通过 BIM 技术可以使用三维建模进行安全技术交底，使施工作业人员能够全方位地查看施工区域，直观地了解施工的内容，准确地把握各项施工要求，从而提高施工的安全性。

五、基于智慧工地对施工现场危险源监控的应用

1. 远程视频监控系统

远程视频监控“智慧工地”中的远程视频监控技术是基于“互联网+”实现对施工现场的安全、质量、环境等方面的远程监督与管理。通过在施工现场合理布置监控点位，真正实现对施工现场监控的全覆盖。建设单位、监理单位、施工单位通过移动应用端和 PC 端，实时准确地了解施工现场的施工情况，及时发现安全隐患，提出有效的整改措施，预防安全事故的发生。同时，远程视频监控技术极大地节约了建设工程项目的管理成本，提高了施工现场的工作效率，规范了施工现场安全作业，增强了施工现场各管理人员与作业人员的安全意识。

2. 塔机安全监控管理系统

1）塔机安全监控管理系统。基于传感器技术、嵌入式技术、数据采集技术、无线传感网络与远程数据通信技术，实现建设工程塔机单机运行和群塔干涉作业防碰撞的开放式实时安全监控与声光预警报警等功能，以及实时动态的远程监控、远程报警和远程告知，使塔机安全监控成为开放的实时动态监控。

2）吊钩可视化管理系统。该引导系统实时以高清图像向塔吊司机展现吊钩周围实时的视频图像，使司机能够快速准确地做出正确的操作和判断，解决了施工现场塔吊司机的视觉死角、远距离视觉模糊、语音引导易出差错等行业难题。

3. 升降机与卸料平台的监控管理系统

基于传感器技术、嵌入式技术、数据采集技术与远程数据通信技术，实现施工升降机运行实时动态的远程监控、远程报警和远程告知等。通过技术手段保障对升降机使用

过程和行为的及时监管，切实预警、控制设备运行过程中的危险因素和安全隐患。

基于物联网、嵌入式技术、数据采集、数据融合处理与远程数据通信技术，实时监测载重数据，并上传云平台，具有随时查看卸料平台当前状态、查询历史记录、声光预警报警等功能，辅助操作员及时采取正确的处理措施。

4. 高支模自动化监测系统

高支模自动化监测系统由高大模板支撑综合分析仪、高大模板支撑无线采集器、高精度倾角计、位移计、荷载传感器、结构配件、声光报警器和高大模板支撑实时监测管理云平台组成。该系统采用无线自动组网、高频连续采样、实时数据分析及现场声光报警等功能，在施工监测过程中达到秒级响应危险情况、自动触发多种报警功能，及时提醒施工作业人员在紧急时刻撤离危险区域，有效降低了施工安全风险，其各项性能指标均达到并超过现有高支模人工监测标准。

5. 地下工程及深基坑监测系统

地下工程及深基坑监测系统对卫星定位、机器人测量、传感器、移动通信等技术进行综合运用，按照物联网模式初步构建监测体系，对施工现场数据进行动态采集与传输，进一步获得精确的监测结果，具体包括建设工程登记、巡视检查登记、简报数据登记、原始资料查询、监测情况查询、预警报警，以及将异常情况推送到公司级或者更高一级的信息管理平台。若监测单位需要扩大通知区域，可进行补发操作，增加发送对象，同时对短信内容进行科学编辑。

六、实际案例①

（一）案例项目基本情况介绍

青岛国际院士港产业核心区试验区智能制造 LC0306-32、LC0306-53 地块位于山东省青岛市李沧区金水路以南，汉川路以西，达川路以东，是山东省重点工程。该工程包含 5 栋高层塔楼，建筑设计概念为“智能矩阵”，突出“智能制造”的产业主题，以开放性大空间为主，形成可分可合、灵活多变的功能模块。用于现代海洋、新基建相关的智能制造、高端装备制造及其他产业相关的智能制造和高端装备制造等厂房及配套办公用房。该工程建筑结构形式为框架剪力墙结构，安全等级为二级，防水等级 I 级，设计使用年限为 50 年，该工程项目由中诚祥建设集团有限公司承建。

青岛国际院士港产业核心区试验区智能制造 LC0306-32、LC0306-53 建立了以项目经理为首，项目总工、各专业施工员、安全员、资料员、劳务员等各方面的管理人员组成该工程的智慧工地管理机构；制定了智慧工地人员岗位职责和实施细则，进一步明确了职责分工，压实了工作责任，提升了办事效能，增强了项目人员上下抓落实的主动性，

① 作者根据网络相关资料改编而成。

形成分工合理、运转协调、科学高效的管理体系；编制了智慧工地管理制度，加强了中诚祥建设集团有限公司对智慧工地的建设管理，规范了智慧工地建设活动，提升了项目管理科技化、智慧化水平，实现了“智能建造，智慧管理”的目标。

该项目智慧工地严格按照山东省《智慧工地建设评价标准》组织建设，达到山东省三星级智慧工地标准，包括项目人员管理、视频监控管理、危大工程监管、现场物料管理、绿色施工管理、安全隐患排查六大基础项，以及安全创新、质量提升、智能建造应用、科技创新应用四大推广项、23 个小项，分别是钢丝绳损伤检测、塔机激光定位系统、智能螺栓监测、卸料平台监测、外墙脚手架监测、智能临边防护网监测、施工临电箱监测、智能烟感、测距巡到位系统、吊篮监测、智能安全帽、安全教育一体机、大体积混凝土测温、实测实量、标养室监测、车辆清洗 AI 识别、BIM 模型可视化、智慧图纸、5G 工程应用场景、5G+AR 眼镜巡检交互系统、智能广播、三维激光扫描仪、无人机应用。

（二）智慧工地建设应用效果

1. 人员管理

通过人员管理实名制系统、考勤系统，同时应用人脸识别、身份采集、门禁考勤、安全教育一体机等设备，实现项目人员管理的数字化、信息化和智能化，较传统人员管理效率提升 50%，管理成本降低约 36 万元。

2. 视频监控

通过实时显示、夜间监控、AI 识别、自动扫描、全景拼图和储存回放等功能，视频监控有效整改范围扩大 70%、整改下发速度提升 80%、问题记录效率提升 100%。

3. 危大工程管理

1）人脸识别设备加强了塔吊及升降机司机的管理。

2）塔吊安全监测及吊钩可视化弥补了管理盲区。

3）塔吊和施工电梯智慧监测协助安全检查整改，整改及时性提升 100%。

4）高支模监测、深基坑监测确保了施工过程的安全。

4. 现场物料管理

1）材料过磅精准验收，有效控制偏差，节约钢筋 140 余吨、混凝土 1200 余方。

2）在收料、验收、数据统计方面，物资管理人员每日可节约 1h。

3）见证取样检测功能、混凝土取样一标一码，实现了质量追踪。

5. 绿色施工管理

1）环境监测+自动喷淋系统，使绿色文明施工效率提高，预警降低，降尘差值增加，减少了30%水资源浪费。

2）智慧用水用电监测（远程抄表，数据自动对比）效率提高 8 倍，分区用电管控用电降低 10%。

3）实行建筑垃圾分类；利用 BIM 和智能化技术精准下料，降低了建筑材料的损耗率，提高了临时设施和周转材料重复利用率，实现了项目建筑垃圾减量化。

6. 安全隐患排查

1）安全巡检记录代替安全“三清单”，提升管理效率 80%。

2）通过闭环管理、超期预警、信息推送等功能，整改及时性提升了 100%。

7. 推广项

1）钢丝绳损伤、智能螺栓、卸料平台、外墙脚手架、智能临边防护网、施工临电箱、智能烟感、吊篮等监测，极大地协助了日常安全管理，减少了安全检查工作量，提高了安全工作效率。

2）大体积混凝土温度监测，提升管理效率 200%，降低管理成本 50%。

3）测距巡到位系统协助项目质量管理，降低管理成本 24 万元。

4）BIM 模型可视化，使项目在机电管线综合、碰撞检测、技术交底、施工组织等方面实现精细化管控。

下篇

建设工程质量与安全综合管理

第十一章 工程质量与安全伦理研究

第一节 工 程 伦 理

一、工程伦理的内涵及组成

伦是指人与人之间的关系，理是指道理、规则。伦理是指人与人相处的各种道德准则。它反映出在处理人与人、人与社会、人与自然之间关系时应遵循的道理和准则。这种伦理规范往往明确了行为者的选择原则、范围，以及相应的责任，同时规定了什么是应当做的，什么是不应当做的。工程伦理，又称为工程师伦理，是关于工程技术人员在工程活动中（包括工程设计和建设及工程运转和维护中）的道德原则和行为规范的研究。工程师的职业伦理规定了工程师职业活动的方向，并着重培养工程师在面临义务冲突、利益冲突时做出判断和解决问题的能力，前瞻性地思考问题、预测自己行为的可能后果并做出判断的能力。它包括质量和安全，诚信、正直和公正。

技术伦理、利益伦理和责任伦理是工程伦理的三大核心组成部分。

（一）技术伦理

工程活动是一项技术因素贯穿始终的实践活动。显然，技术伦理与工程伦理有着密不可分的联系。技术伦理是一种以工程技术活动中所面临的伦理问题为研究对象而进行的道德反思。具体而言，技术伦理约束和调节着工程技术本身设计、实验，技术产品生产和使用中所产生的内在伦理问题，也规范着技术人员和技术消费者之间的外在伦理道德关系。事实上，技术伦理不仅调节着工程技术活动的内外关系，更是一种主体把握工程技术活动的实践精神。由此可知，技术伦理的目的在于探讨如何保证或增进技术活动的正当性，以使技术活动能够真正造福人类。工程师在实施工程技术活动的过程中，受到两个方面的道德要求影响：①由于受雇于雇主，这就要求要忠诚于雇主；②作为工程师的角色，不能违背职业操守，要承担起对公众和社会的责任。

（二）利益伦理

众所周知，经济活动与技术活动都是工程活动的重要属性。在工程伦理学中，利益伦理是一个重要的维度。正常情况下，现代工程活动都具备共同目标，如果对共同目标进行细化，按其目标不同进行划分，可分为直接的技术目标、经济目标和间接的社会目标，统一和非统一的工程利益主体并存。项目的成功离不开项目利益相关者之间良好的合作关系。因为这种合作关系能够形成项目组织的协同效应，而这种协同效应是促进项目成功的关键要素。由此可知，对于工程活动中的各种利益关系采取有效措施使其处于和谐状态，这是工程伦理学的主要内容，也是需要解决的基本问题。

工程活动中利益关系复杂，主要表现在两个方面：一方面是在工程内部，工程共同体（包括工程投资者、设计者、管理者、工程师、使用者等）在工程活动决策、规划、设计、施工、监管和验收等环节与阶段，基于诉求的差异，导致多重利益关系架构；另一方面是工程和社会、自然等外部环境之间的利益关系。工程项目之所以存在并发展，是为了给一部分人或地区带来直接利益，这种利益可以体现在经济上，也可以体现在文化上。但同时也可能给另一部分人或地区造成损害，这是不可避免的。工程在实施时，在对局部利益产生作用的同时，也会对全局利益造成影响。

（三）责任伦理

在工程活动内部和外部的各方面及环节，都体现出责任伦理的内容。作为一个内容十分复杂的伦理领域，在此仅从主体和限度两个角度对工程责任伦理加以分析和研究。

1. 工程责任伦理主体

除了工程活动的主体之外，工程活动内外相关者也是工程责任伦理主体。通常情况下，工程活动的责任主体是指有组织的集团和群体，而参与具体建设的人数难以限量，少则数人，多则上万人。工程的决策者制定出工程目标，确定各种约束条件，并掌握工程的进展情况；对于承担设计者的工程师要充分考虑工程目标，结合约束条件，进行工程方案的设计工作；而对物资、人员进行合理调配的职责则由管理者承担；具体的工程施工操作则由具体实现者——工人来承担。工程师因其掌握的技术和专业知识，在工程活动中不仅是技术上的权威，更是道德上的领导者。

2. 工程责任伦理限度

工程责任伦理的限度问题一直是研究的重点，基于对工程活动内部本身的责任，和对经济社会可持续发展、人类福利责任的思考，不难得出由“有限责任”向“无限责任”延伸是工程责任伦理限度研究的主要经历。各国在制定工程伦理准则之初，主要是针对内部事务做出规定，其中的重点内容是强调作为工程师要履行对雇主的义务，并体现出忠诚和职业道德。由于时代的发展和环境的变化，加之资源日益匮乏，各种全球性问题不容忽视。工程师要发挥社会普遍责任逐渐成为各国工程学会的一种共识。在工程责任伦理限度的视域下，前者体现为“有限责任”，其针对性较强，明确将工程活动自身（尤其是内部）作为对象提出基本责任要求；而后者则属于“无限责任”，是社会发展在受到工程活动影响后所进行的深刻反思的结果。“有限责任”是工程责任伦理的基本要求，是工程活动主体在从事工程技术活动时所要承担的责任。

二、工程伦理的原则

（一）以人为本原则

以人为本就是以人为主体，以人为前提，以人为动力，以人为目的。以人为本是工程伦理观的核心，是工程师处理工程活动中各种伦理关系最基本的伦理原则。它体现的是工程师对人类利益的关心，对绝大多数社会成员的关爱和尊重之心。以人为本的工程伦理原则意味着工程建设要有利于人的福利，提高人民的生活水平，改善人民的生活质量。

（二）关爱生命原则

关爱生命原则要求工程师必须尊重人的生命权，意味着要始终将保护人的生命摆在重要位置，意味着不支持以毁灭人的生命为目标的项目的研制开发，不从事危害人的健康的工程的设计、开发。这是对工程师最基本的道德要求，也是所有工程伦理的根本依据。尊重人的生命权而不是剥夺人的生命权，是人类最基本的道德要求。

（三）安全可靠原则

在工程设计和实施中以对待人的生命高度负责的态度充分考虑产品的安全性和劳动保护措施，要求工程师在进行工程技术活动时必须考虑安全可靠，对人类无害。

（四）关爱自然原则

工程技术人员在工程活动中要坚持生态伦理原则，不从事和开发可能破坏生态环境或对生态环境有害的工程，工程师进行的工程活动要有利于自然界的生命和生态系统的健全发展，提高环境质量。要在开发中保护，在保护中开发。在工程活动中要善待和敬畏自然，保护生态环境，建立人与自然的友好关系，实现生态的可持续发展。

（五）公平正义原则

正义与无私相关，包含着平等的含义。公平正义原则要求工程技术人员的伦理行为要有利于他人和社会，尤其是面对利益冲突时要坚决按照道德原则行动。公平正义原则还要求工程师不把从事工程活动视为名誉、地位、声望的敲门砖，反对用不正当手段在竞争中抬高自己。在工程活动中体现尊重并保障每个人合法的生存权、发展权、财产权、隐私权等个人权益。工程技术人员在工程活动中应该时时处处树立维护公众权利的意识，不任意损害个人利益，对不能避免的或已经造成的利益损害给予合理的经济补偿。

第二节　工程质量伦理

工程是一个系统性的操作过程，涉及多个主体条件下的综合行为。它包括选择工程目标、做出决策、进行设计、实施和评估等阶段。根据工程活动的系统性特征，可以得出在不同的工程系统中，工程质量中的伦理问题有着不同的概念和价值界定。因为工程是技术应用并建造实物的过程，所以它具有过程性的特征。这从客观上决定了在不同的过程系统中，工程质量中的伦理问题会展现出不同的伦理特征和要求。工程质量中的伦理主要包括工程设计质量的伦理、工程施工质量的伦理和工程管理质量的伦理三个方面。

（一）工程设计质量的伦理

工程设计质量的伦理是指工程设计作为为建设项目提供技术依据的设计文件和图纸的过程，在建设项目生命周期中起着重要作用，是整体规划和具体实施意图的重要环节，关系到技术与经济的协调，是确定和控制工程造价的关键阶段。工程设计是展示工程系统中的意识、思维和目的的综合计划活动，是整个工程活动的起点和源头。工程设计质量的伦理要求与人类的思维力、道德和价值观息息相关。工程设计的目的决定了对人类思维力的考验，反映道德和价值观的体现。这种道德和价值观的体现决定了工程在伦理方面的走向和最终结果，也决定了工程伦理的整体规划和人文体现。根据马斯洛的需求理论，需求动机是行为的首要因素。工程设计作为直接行为，以人类的安全需求为基础。这种安全需求是整个工程系统的最终目标和指导原则。工程设计具有选择性，工程设计质量伦理要求设计过程中将安全性确定为最重要的系统需求。因此，工程设计的伦理性在整个设计过程中得到体现，而安全需求排在经济利益和其他利益之前。工程设计是人类需求的直接反映。这种需求在伦理上直接体现在设计行为中，工程设计的伦理界定直接决定着需求目标的必然后果。

（二）工程施工质量的伦理

工程施工质量是工程系统中至关重要的环节，它直接关系到工程的伦理和道德标准。在施工阶段，工程系统从计划和设计阶段转变为具体的实践阶段。这个阶段是将理论上的设计图纸转化为现实中对自然环境进行利用和改造的具体过程，而在这个过程中直接体现了工程的目标和质量要求。计划质量是工程系统的起点，施工质量是其最终的落脚点。任何一个完美的计划都需要相应的执行来支持和完成，而施工质量的伦理性体现在施工过程中所采用的技术、材料和完成标准等方面。首先，技术伦理对施工质量具有重要影响。在选择和应用技术时，需要考虑技术的适用性、可靠性和安全性等因素。同时，应该积极关注技术的创新，尝试新的施工方法和工艺，以提高施工质量。其次，材料伦理是决定施工质量的关键因素之一。在选择材料时，应该考虑其质量、性能和可持续性等方面。合理选用和使用高质量的材料，可以确保工程的稳定性和长期性，从而提高施工质量。最后，完成标准伦理是评估施工质量的重要依据，应该严格按照相关标准和规范进行施工，确保工程达到或超过预期的质量要求；还应该承担相应的施工责任，确保每个细节都符合施工要求，从而保证最终评估出的质量是准确可靠的。

综上所述，施工质量在工程系统中具有重要地位，它涉及技术伦理、材料伦理和完成标准伦理等方面。施工者对于技术的创新与否、所选用的材料的合理性及施工责任的贯彻都影响着施工过程质量的最终评估。

（三）工程管理质量的伦理

工程管理质量是指社会监督管理方在工程系统的实施过程中所坚持的管理机制、措施的量化标准。工程系统是社会公共系统和安全的一环，是监督工程系统是否完整持续进行的外部保障，这种保障是建立在公共权力保障机制上的一种延伸权。工程管理质量伦理是以符合社会公共利益和大众价值为评判标准的，这种价值观是以法律所赋予的公共权利和社会责任为基础的体系化标准，是反映政府在公共政策中的控制力和维护力的具体体现。工程管理质量伦理具体反映在实际的过程系统中就是以政府为中心的行政审批部门和过程监管部门在实际管理过程中是否按照严格的管理标准去操作和行动。监督管理部门的社会责任感、职业道德和能够积极履行责任是决定能否及时发现工程运行过程中不规范行为的直接影响因素，对保证工程质量尤为重要。

第三节 工程安全伦理

工程安全伦理是从工程和工程师的视角，要求工程师及其设计的工程需要考虑工程的长期安全风险和保障社会公众长期的安全健康利益。在探讨工程安全伦理结构时，一方面，应考量如何使“不伤害（不威胁）他者”与“不被他者伤害（威胁）”有效实现；另一方面，应厘清工程行动者在保护自我安全与维护他者安全之间如何权衡实现。概而言之，需要认真思考以下几个问题：①业主或雇主、管理者都要调整思想观念，明确安全理论，体现出以人为本的精神。②坚持对生命价值的尊重，增强安全伦理责任感，具备高度安全伦理责任心，从而获取员工的支持和认可。③认识到伦理行为所产生的作用，在社会上体现出积极且远远超过道德说教和单一的宣传活动。④伦理在工程实践中，能兼顾实现人与自然的和谐统一。工程过程中的安全伦理主要包括工程决策中的安全伦理、工程实施中的安全伦理和工程运行中的安全伦理三个方面。

（一）工程决策中的安全伦理

工程决策是指工程决策主体在工程活动的各个阶段所作出的所有决定行为及选择

过程，其决定了工程活动的发展方向和工程整体。在工程决策中首先要考虑技术问题，但“工程决策的核心不是技术问题而是价值问题，工程决策的价值就是工程决策所追求的目标是私人利益还是社会利益”。在这种情况下，工程决策要置身于伦理道德的规范之下，在适应并满足伦理要求的条件下明确决策理念和决策程度，制定出发展规划，并规定治理权限等，同时要把工程的特殊性纳入伦理诉求。为了把伦理目标变为现实，需要正确对待工程决策，科学制订决策方案，使决策主体认识到自己应承担的责任和义务，虽然决策效益和效率是非常重要的内容，但更重要的是将生命财产的安全实现与最大限度地维护生态环境共同考虑，从而实现人与自然的和谐共生。

（二）工程实施中的安全伦理

设计是工程实施的核心环节。在工程哲学中，其主要体现为人的思维、想象、目的、意志及手段相互作用的过程。显然，设计的目的性存在，客观上决定了设计活动必然涉及对实现目的所需要采取的手段的道德伦理考量。准确地说，工程活动所采取的实施方式和手段应是正当的，合乎工程伦理规范的。由此可知，在工程设计环节，一方面必须正视人与自然的相互依存关系，尊重自然，在发挥人的主观能动性改造自然的同时控制自然，为人类服务；另一方面，“人类有权相互共同生活”，故在运筹决策实现设计目的的过程中，必须坚持“以人为本”的标准，使工程设计主体清楚是否应该承担责任、应当承担什么责任及怎样承担责任，自觉利用客观规律为人类的正当需要和目的服务。在工程实施中的工程招投标环节，也客观存在诸多伦理问题。由于人的本性、价值判断及招投标双方经济地位存在差异，加之经济利益的博弈，使得不同程度的道德败坏现象时有发生。这些现象使工程招投标本应具有的公正、合理的价值遵循受到严重影响，破坏了有序竞争，并增加了工程活动潜在的安全风险。因此，在工程招投标过程中，对涉及影响招投标效果的价值判断和行为进行有效的道德伦理规范与约束，应当予以重视。

（三）工程运行中的安全伦理

在现代产业活动中，工程运行的伦理贯穿整个过程，产业行为存在之处，必然有工程运行伦理随行。从一般意义上看，工程完成实施后，即视同完工，但由于工程性质不同，在对过程本身的使用、管理中也会出现截然不同的情况，一类工程在交付使用后，工程主体退出，生产功能结束，写字楼、运动场、住宅楼、公路桥梁等工程都属于此范围。还有一类工程在完成实施阶段后，在交付使用时与前工程不同，不能进行直接交接，它以生产任务和目的为指向，工程实体还要承担生产功能，这类工程所涉及的范围较广，如钢铁厂、生产线、电站等。只要进行生产任务，此类工程必须发挥作用，并进入有序的运行状态。如果工程不能正确运行，则生产活动无法完成，工程运行中的道德反思也会失去存在的意义。在实际情况中，工程运行过程是由不同环节组成的，而不同环节又都存在一定的伦理要求。

第十二章　工程质量与安全行业监督管理

第一节　质量行业监督

一、建设工程质量监督的概念

为了加强房屋建筑和市政基础设施工程质量的监督，保护人民生命和财产安全，根据《建筑法》和《建设工程质量管理条例》，由政府对在中华人民共和国境内主管部门实施新建、扩建、改建房屋建筑和市政基础设施工程实施质量监督管理。

工程质量监督管理，是指主管部门依据有关法律法规和工程建设强制性标准，对工程实体质量和工程建设、勘察、设计、施工、监理单位（以下简称“工程质量责任主体”）和质量检测等单位的工程质量行为实施监督。工程实体质量监督，是指主管部门对涉及工程主体结构安全、主要使用功能的工程实体质量情况实施监督。工程质量行为监督，是指主管部门对工程质量责任主体和质量检测等单位履行法定质量责任和义务的情况实施监督。

二、建设工程质量监督的内容

1）执行法律法规和工程建设强制性标准的情况。

2）抽查涉及工程主体结构安全和主要使用功能的工程实体质量。

3）抽查工程质量责任主体和质量检测等单位的工程质量行为。

4）抽查主要建筑材料、建筑构配件的质量。

5）对工程竣工验收进行监督。

6）组织或者参与工程质量事故的调查处理。

7）定期对本地区工程质量状况进行统计分析。

8）依法对违法违规行为实施处罚。

三、建设工程质量监督的实施管理

（一）实施部门

国务院住房和城乡建设主管部门负责全国房屋建筑和市政基础设施工程（以下简称“工程”）质量监督管理工作。县级以上地方人民政府建设主管部门负责本行政区域内工程质量监督管理工作。工程质量监督管理的具体工作可以由县级以上地方人民政府建设主管部门委托所属的工程质量监督机构（以下简称“监督机构”）实施。

（二）实施权限

主管部门实施监督检查时，有权采取下列措施：①要求被检查单位提供有关工程质量的文件和资料；②进入被检查单位的施工现场进行检查；③发现有影响工程质量的问题时，责令改正。

工程竣工验收合格后，建设单位应当在建筑物明显部位设置永久性标牌，载明建设、勘察、设计、施工、监理单位等工程质量责任主体的名称和主要责任人姓名。

县级以上地方人民政府建设主管部门应当根据本地区的工程质量状况，逐步建立工程质量信用档案。县级以上地方人民政府建设主管部门应当将工程质量监督中发现的涉及主体结构安全和主要使用功能的工程质量问题及整改情况，及时向社会公布。

四、政府对施工质量监督的实施程序

（一）受理建设单位办理质量监督手续

在工程项目开工前，监督机构接受建设单位有关建设工程质量监督的申报手续，并对建设单位提供的有关文件进行审查，审查合格签发有关质量监督文件。建设单位凭工程质量监督文件，向建设行政主管部门申领施工许可证。

（二）开工前的质量监督

监督机构应制订工作计划组织实施。在工程项目开工前，在施工现场召开由工程建设参与各方代表参加的监督会议，公布监督方案，提出监督要求，并进行第一次监督检查工作。检查的重点是参与工程建设各方主体的质量行为。检查的主要内容如下。

1）检查参与工程项目建设各方的质量保证体系建立情况，包括组织机构、质量控制方案、措施及质量责任制等。

2）审查参与建设各方的工程经营资质证书和相关人员的资格证书。

3）审查按建设程序规定的开工前必须办理的各项建设行政手续是否齐全完备。

4）审查施工组织设计、监理规划等文件及审批手续，检查结果的记录保存。

（三）施工过程的质量监督

1）监督机构按照监督方案对工程项目全过程施工的情况进行不定期检查。检查的内容包括：参与工程建设各方的质量行为及质量责任制的履行情况；工程实体质量和质量控制资料的完成情况，其中对基础和主体结构阶段的施工应每月安排监督检查。

2）对工程项目建设中的结构主要部位（如桩基、基础、主体结构等）除进行常规检查外，监督机构还应在分部工程验收时进行监督，监督检查验收合格后，方可进行后续工程的施工，建设单位应将施工、设计、监理和建设单位各方分别签字的质量验收证明在验收后三天内报送工程质量监督机构备案。

3）监督机构对在施工过程中发生的质量问题、质量事故进行查处。根据质量监督检查情况，对查出的问题可以签发《质量问题整改通知单》或《局部暂停施工指令单》，对问题严重的单位也可根据问题的性质签发《临时收缴资质证书通知书》等处理意见。

（四）竣工阶段的质量监督

在竣工阶段，监督机构主要是按规定对工程竣工验收工作进行监督。

1）竣工验收前，对在质量监督检查中提出的质量问题的整改情况进行复查，了解其整改情况。

2）竣工验收时，参加竣工验收会议，对验收的组织形式、程序等进行监督。

（五）编制工程质量监督报告

编制工程质量监督报告，并提交到竣工验收备案部门，对不符合验收要求的责令改正，对存在的问题进行处理，并向备案部门提出书面报告。

（六）建立工程质量监督档案

建设工程质量监督档案按单位工程建立。要求归档及时、资料记录等各类文件齐全，经监督机构负责人签字后归档，按规定年限保存。

第二节　安全行业监督

习近平总书记高度重视安全生产工作，作出一系列关于安全生产的重要论述，一再强调要统筹发展和安全。《安全生产法》第六十二条规定：“县级以上地方各级人民政府应当根据本行政区域内的安全生产状况，组织有关部门按照职责分工，对本行政区域内容易发生重大生产安全事故的生产经营单位进行严格检查。应急管理部门应当按照分类分级监督管理的要求，制定安全生产年度监督检查计划，并按照年度监督检查计划进行监督检查，发现事故隐患，应当及时处理。”

一、安全行业监督机构

（一）国务院安全生产委员会

国务院安全生产委员会是根据 2003 年 10 月 29 日国务院办公厅发出的《关于成立国务院安全生产委员会的通知》设立的，旨在加强对全国安全生产工作的统一领导，促进安全生产形势的稳定好转，保护国家财产和人民生命安全。

国务院安全生产委员会办公室设在应急管理部，承担国务院安全生产委员会的日常工作。国务院安全生产委员会办公室的主要职责是：研究提出安全生产重大方针政策和重要措施的建议；监督检查、指导协调国务院有关部门和各省、自治区、直辖市人民政府的安全生产工作；组织国务院安全生产大检查和专项督查；参与研究有关部门在产业政策、资金投入、科技发展等工作中涉及安全生产的相关工作；负责组织国务院特别重大事故调查处理和办理结案工作；组织协调特别重大事故应急救援工作；指导协调全国安全生产行政执法工作；承办国务院安全生产委员会召开的会议和重要活动，督促、检查国务院安全生产委员会会议决定事项的贯彻落实情况；承办国务院安全生产委员会交办的其他事项。

国务院安全生产委员会的主要职责有以下内容。

1）在国务院领导下，负责研究部署、指导协调全国安全生产工作。

2）研究提出全国安全生产工作的重大方针政策。

3）分析全国安全生产形势，研究解决安全生产工作中的重大问题。

4）必要时，协调部队参加特大安全生产事故应急救援工作。

5）完成国务院交办的其他安全生产工作。

党的十八大以来，全国在建立健全安全生产“责任大厦”上夯基固本、添砖加瓦。党政同责、一岗双责、齐抓共管、失职追责，成为“唤起工农千百万，同心干”的集结号、冲锋号，凝聚了安全生产发展的磅礴力量。国务院安全生产委员会印发通知，明确了43个国务院安全生产委员会成员单位安全生产工作职责分工。全国32个省、自治区、直辖市和新疆生产建设兵团对安全生产“党政同责、一岗双责”作出制度性规定。

（二）应急管理部

应急管理部组织编制国家应急总体预案和规划，指导各地区各部门应对突发事件工作，推动应急预案体系建设和预案演练。应急管理部的具体职责和工作内容有：建立灾情报告系统并统一发布灾情，统筹应急力量建设和物资储备并在救灾时统一调度，组织灾害救助体系建设，指导安全生产类、自然灾害类应急救援，承担国家应对特别重大灾害指挥部工作；负责指导火灾、水旱灾害、地质灾害等的防治工作；负责安全生产综合监督管理和工矿商贸行业安全生产监督管理等工作。公安消防部队、武警森林部队转制后，与安全生产等应急救援队伍一并作为综合性常备应急骨干力量，由应急管理部管理，实行专门管理和政策保障，采取符合其自身特点的职务职级序列和管理办法，提高职业荣誉感，保持有生力量和战斗力。应急管理部要处理好防灾和救灾的关系，明确与相关部门和地方各自职责分工，建立协调配合机制。

（三）住房和城乡建设部

住房和城乡建设部指导全国建筑活动，组织实施房屋和市政工程项目招投标活动的监督执法，拟订勘察设计、施工、建设监理的法规和规章并监督和指导实施，拟订工程建设、建筑业、勘察设计的行业发展战略、中长期规划、改革方案、产业政策、规章制度并监督执行，拟订规范建筑市场各方主体行为的规章制度并监督执行，组织协调建筑企业参与国际工程承包、建筑劳务合作。

（四）各省（自治区、直辖市）人民政府建设主管部门

各省（自治区、直辖市）人民政府建设主管部门指导全省（自治区、直辖市）建筑活动，组织实施房屋建筑和市政工程项目招投标活动的监督执法。负责监督管理全省（自治区、直辖市）建筑市场，组织拟订规范建筑市场各方主体行为的规章制度并监督执行。承担建筑工程质量安全监管责任，组织拟订全省（自治区、直辖市）建筑工程质量、建筑安全生产和竣工验收备案的政策、规章制度并监督执行。拟订全省有关工程建设实施阶段的地方标准，制定和发布工程建设全省（自治区、直辖市）统一定额，并接受国务院建设主管部门的指导和监督。

各省（自治区、直辖市）人民政府建设主管部门下属的职能管理部门——质安处，其主要职责为：负责全省（自治区、直辖市）建筑工程质量和安全的监督管理；参与拟订建筑工程质量、建筑安全生产和建筑工程竣工验收备案的政策、技术标准和规章制度并组织实施；制定建筑工程质量和安全生产指标、考核标准并组织实施；组织或者参与工程重大质量和安全事故的调查处理。

（五）各省（自治区、直辖市）应急管理厅

各省（自治区、直辖市）应急管理厅承担全省（自治区、直辖市）安全生产综合监督管理责任，负责组织省（自治区、直辖市）政府安全生产大检查和专项督查；负责统计和通报安全生产情况；受省（自治区、直辖市）政府委托或授权，依法组织事故调查处理工作；监督检查事故防范和整改措施的落实情况；参与事故责任追究落实情况的监督检查。

（六）各级建筑施工安全监督站

各级建筑施工安全监督站提供依照有关规定和规程标准，对建筑行业的施工安全进行监督检查。

（七）第三方巡检机构

第三方巡检机构受行业监管部门委托进行实地检查调研，并形成调查结果报告反馈给监管部门，由监管部门进行处罚或处置。

二、安全行业监督内容

（一）内业资料

1）检查建设工程开工条件资料，查阅总分包企业承包（发包）资质和安全生产许可证。

2）检查建设单位和施工单位承包合同和委托总包管理协议，施工单位与分包单位的分包合同，掌握各项工程合同范围及变更手续的合法性。

3）检查设计单位变更施工图设计文件是否满足施工安全规范要求。

4）检查勘察、设计文件中是否注明可能发生滑坡、坍塌地质灾害的部位，提出防止安全事故发生的意见。

5）检查建设单位、施工单位是否合法发包工程运输业务并签订运输安全责任书。

6）检查监理企业编制项目监理规划和细则是否包括安全施工监管内容，查看项目总监对施工组织设计和专项施工方案的审批情况。

7）检查监理人员实施巡视检查的情况，关键部位、关键工序是否实施旁站监理记录。

8）检查监理人员开展隐患排查治理的情况，查看签发《监理工程师通知单》的督促整改及闭合情况，查阅施工现场安全防护、文明施工措施费的监督使用情况。

9）检查项目负责人现场带班和管班制度，以及危险性较大分部分项工程专项施工方案编审、论证制度和工程清单管理制度。

10）监督施工单位指派与工程规模相应的专职安全生产管理人员数量。

11）查看项目管理人员、监理人员、特种作业人员等持证上岗资格证书，查看企业安全生产“三类人员”证书。

12）检查施工作业人员岗前安全培训和三级教育记录，检查混凝土搅拌机、卷扬机、高处作业吊篮等机械作业人员上岗前技术培训证书。

13）检查施工组织设计和危险性较大分部分项工程专项施工方案编制、审批及专家论证资料，检查危险性较大分部分项工程书面安全技术交底。

14）检查建筑起重机械设备产权备案表、装拆告知、检测与验收和使用登记，查看钢管、扣件等材料检测报告。

15）查看建设单位、监理单位督促施工企业落实限期整改情况，以及书面反馈整改到位情况。

16）检查企业每月安全检查和项目安全检查记录，查看起重机械使用单位或委托安装单位对起重机械每月两次的周期安全检查记录。

（二）实地检查

1）模板支架（高支模等）的底板、垫板、剪刀撑设置，支撑架与结构可靠连接，步距、跨距偏差，自由段长度，扫地杆距离，可调托撑螺杆直径是否符合标准规范。

2）落地脚手架、悬挑脚手架、满堂脚手架的架体基础，剪刀撑设置，连墙件设置，步距、跨距偏差，作业层防护栏杆设置，安全网（平网、密目网）设置，悬挑架钢梁锚固支座设置，开口处的防护，水平杆立杆的设置是否符合标准规范。

3）钢管表现质量及尺寸是否有偏差、扣件拧紧的扭力矩及外脚手架、脚手板铺设是否符合标准规范。

4）卸料平台的悬挑钢梁设置及锚固情况、悬挑式卸料钢平台在明显处设置荷载限定标牌是否符合标准规范。悬挑式卸料钢平台每侧斜拉杆或钢丝绳调换应分别设置且使用圆钢材质、悬挑式卸料钢平台两侧及水平洞口防护情况、悬挑式卸料钢平台位置设置在物料不易碰撞的位置。

5）附着式升降作业安全防护平台的附着支座设置、附着支座受力螺栓安装、防坠落装置、防倾覆装置、同步控制装置、电动提升装置、架体支撑跨度、架体高度宽度、架体水平悬挑长度、架体水平支撑结构、竖向悬臂高度、翻板铺设、开口处防护是否符合标准规范。

6）基坑检测项目、检测点设置及成果是否符合方案及设计要求。

7）基坑坡顶、坡面和坡底排水措施是否符合要求。

8）基坑支护结构是否按审批通过的方案执行。

9）基坑坡顶地面有无明显裂纹，基坑周边堆载是否符合设计及方案要求。

10）基坑周边建筑物有无明显变形。

11）高处作业吊篮防坠安全锁是否有效、防坠安全锁标定期限是否大于 1 年、安全带专用安全绳固定是否在可靠位置、吊篮上限位是否安装或失灵。

12）高处作业吊篮悬挂机构前支架支撑不得安装在女儿墙或挑檐边缘、前梁外伸长度是否符合说明书要求、前支架与支撑面是否垂直、配重块是否固定或重量是否符合设计规定。

13）高处作业吊篮钢丝绳是否断丝松股硬弯锈蚀、安全钢丝绳是否与工作钢丝绳相同或独立悬挂、安全钢丝绳是否悬垂。

14）高处作业吊篮的吊篮安装平台组装长度是否符合说明书要求、吊篮组装配件是否为同一厂家。

15）高处作业吊篮在升降作业中吊篮内作业人数是否不超过 2 人、吊篮内人员安全带是否用安全锁扣挂置在独立设置的安全绳上、作业人员是否从地面进出吊篮。

16）配电系统（TN-S）是否符合要求、是否采用二级配电二级保护且是否可靠。

17）配电设备、线路防护措施是否可靠、外电防护设施设置是否符合要求，剩余电流保护器参数是否符合要求。

18）是否有电阻测定记录、电阻测定值是否符合规范要求。

19）配电箱、开关箱中的剩余电流保护器是否具有缺相保护功能，电器设备带有变频器、三相交流整流器等装置的，是否选用特殊的 B 型剩余电流保护器。

20）带有变频器的电气设备导电线路电缆是否选用铜线，交流电焊机开关箱是否配置二次侧触电保护器。

21）施工现场各临边设置是否不低于 1.2m 的防护栏杆，施工现场安全防护网设置是否符合相关标准规范要求，抽查样本不符合率是否小于 20%。

22）施工现场楼梯口和预留洞口防护是否符合要求，抽查样本不符合率是否小于 10%。

23）通道口及加工区搭设的防护棚是否严密、牢靠，防护棚长度是否符合坠落半径要求，抽查样本不符合率是否小于20%。

24）电梯井口（门）是否有可靠的洞口防护措施，电梯井内每隔两层且不大于10m是否设置一道安全网，抽查样本不符合率是否小于10%。

25）钢结构、网架结构安装用支撑结构地基基础承载力和变形是否满足设计要求，安装用支撑结构是否按设计要求设置防倾覆装置，单榀钢桁架（屋架）安装时是否未采取防失稳措施。

26）建筑防火措施及临时消防设施是否符合标准规范。

27）工地周边围挡、产尘物料堆放覆盖、路面场地的硬化及绿化、出入车辆冲洗、渣土车辆密闭运输、土方开挖湿法作业（仅限于土石方开挖工程，以不产生扬尘为标准）、现场搅拌混凝土配置砂浆禁用情况、安装视频监控设备及运行情况、施工现场内的非道路移动机械有无环保标识等是否符合标准规范。

（三）安全行业监管流程

1）收到监督或巡检通知。一般由行业主管部门发起，下级单位或第三方机构履行监督任务。

2）收到监督、巡检通知后，相关单位编制监督或巡检计划与巡检告知书。

3）安全监督人员按照监督计划，依据法律法规和工程建设强制性标准进行监督检查。检查内容如上述"（二）实地检查"。

4）监督人员在抽查过程中发现工程项目施工现场存在安全生产隐患的，应当责令立即整改；无法立即整改的，下达《安全隐患限期整改通知书》，责令限期整改；安全生产隐患排除前或排除过程中无法保证安全的，下达《安全隐患停工整改通知书》，责令从危险区域内撤出作业人员。对抽查中发现的违反相关法律、法规规定的行为，依法实施行政处罚或移交有关部门处理。

5）被责令限期整改、停工整改的工程项目，施工单位应当在排除安全隐患后，由相关单位组织验收，验收合格后形成《安全隐患整改报告》，提交监督机构。

6）监督机构收到施工单位提交的《安全隐患整改报告》后进行查验，必要时进行现场抽查。经查验符合要求的，监督机构向停工整改的工程项目发放《工程项目恢复施工通知书》。

7）责令限期整改的工程项目，逾期不整改的，约谈其企业负责人和安全管理部门负责人或下达《安全隐患停工整改通知书》；责令停工整改的工程项目，拒不整改继续施工的，经监督机构主要负责人批准，下达《工程项目强制停电告知书》，通知有关单位依法强制执行停工指令；对情节严重的，将其行为上报相关建设行政主管部门依法处理。

第十三章　建设工程保险

第一节　建设工程质量保险

一、建设工程保险概述

（一）建设工程保险的概念

1）《中华人民共和国保险法》（以下简称《保险法》）所称保险，是指投保人根据合同约定，向保险人支付保险费，保险人对于合同约定的可能发生的事故因其发生所造成的财产损失承担赔偿保险金责任，或者当被保险人死亡、伤残、疾病或者达到合同约定的年龄、期限等条件时承担给付保险金责任的商业保险行为。

保险责任的确认以保险合同和保单为依据。

2）建设工程保险，是针对建设工程在建造和使用的全生命周期中可能出现的物质损失和人身伤亡，由投保人（包括建设单位、施工单位或工程风险的其他承担者）与保险人（保险公司）签订建设工程保险合同并向保险人支付保险费，由保险人按照建设工程保险合同约定提供保障的一种综合性保险。

建设工程保险概念的理解如下。

1）建设单位、承包商或其他工程风险承担者均可投保相应的建设工程保险险种。

2）建设工程保险的承保期间不仅包括工程建造过程，还包括使用过程。

3）建设工程保险的保险责任范围很广，包括人为因素、自然灾害、意外事故造成的人身伤害、财产损失或其他经济赔偿责任。

4）建设工程保险是涉及财产险、人身险、责任险、保证险等的综合性险种。

建设工程保险包括建筑安装一切险、勘察设计责任险、安全生产责任险、工程质量潜在缺陷保险等诸多险种。只要是建设工程领域的保险险种，均属于建设工程保险的范畴。

建设工程保险是采用最普遍也最有效的工程风险管理手段之一，是风险转移的主要手段，即通过购买相应的保险，参与工程建设的组织和个人将面临的风险转移给保险公司，意外事故一旦发生，投保人遭受的损失将得到保险公司的经济补偿，从而达到有效转移风险的目的。

（二）建设工程保险的特点

（1）建设工程保险承保的风险具有特殊性

建设工程保险承保的风险的特殊性表现在以下三个方面。

1）建设工程保险在承保被保险人物质财产损失风险的同时，还可能承保被保险人的意外伤害风险、第三者责任风险及职业责任风险。

2）承保的风险标的大部分为露天建设，或者位于地下、水下等，而且建设工程一般历时较长，要经历严寒和酷暑，抵御风险的能力较弱。

3）承保的风险标的在整个保险期间始终处于一种动态的过程，而且存在大量的交叉作业，可能受到各种错综复杂风险因素的综合影响，使风险的不确定性加大。

（2）建设工程保险对承保项目和风险的保障具有综合性

建设工程保险针对承保风险的特殊性提供了综合性的保障。建设工程保险除了承保各种财产损失外，还承保第三者责任和职业责任等责任风险。同时，建设工程保险还针对建设工程的具体情况，提供运输途中、建设工程人员工地外出途中、工程保修期中各类风险的专门保险。

（3）建设工程保险的承保期限具有不确定性

通常意义上的财产保险的保险期限都是比较固定的，一般为一年，可以按年投保。建设工程保险的保险期限依据不同险种和不同建设工程而定，有的险种按年投保，有的险种按工程项目投保。按工程项目投保的，一般是根据项目的工期确定的，往往是几年，甚至十几年，而且时间上也不以整年为单位。

另外，与其他财产保险不同，建设工程保险期限的起止日期无法在签订保险合同时确定具体日期，而是依据保险单的规定，与建设工程的实际工期一致。

（4）建设工程保险合同中的附加条款具有多样性

由于各种建设工程的风险情况不同，很难设计出一种适合所有项目的保险合同，建设工程保险在投保时，为适应不同的建设工程，可以在主险的基础上，附加各种附加条款或扩展条款，来承保与建设工程有关的各种财产风险、费用损失及人员伤亡风险，也可以将一些财产风险及费用损失列明除外。

这些附加条款或扩展条款是建设工程保险的重要组成部分，保险人及投保人可根据保险标的的实际情况灵活运用。

（5）建设工程保险的被保险人具有广泛性

由于工程项目建设过程中的复杂性，可能涉及的参与方和关系方众多，主要包括建设单位、总承包商、分包商、设备供应商、勘察设计单位、工程监理、质量检测机构等，他们均可能对工程项目拥有保险利益，成为被保险人。

（6）建设工程保险的承保金额具有巨大性

建设工程往往投资巨大，尤其是随着工程技术水平的提高和工程质量要求的提高，建设工程的投入也不断增加。在建设工程保险中，保险金额的确定是以投保标的价值或投保人所承担的经济赔偿责任为基础的，保险合同的标的通常包括建筑安装工程项目、施工设备和器具、建筑材料和现场人员的人身健康和寿命等。因此，一般来说建设工程保险的保险金额很高。

（7）建设工程保险的保险金额具有变动性

建设工程保险物质损失部分的保险金额针对的是建设工程的实际价值，而建设工程的实际价值随着工程建设的进度是逐渐增长的，不同的时点具有不同的保险金额，到工程完工时，保险金额达到最大。所以，在保险期限内的任何一个时点，其保险金额是不同的。

建设工程保险在投保时，一般按照工程概算或工程合同价作为保险金额，在保险期限内发生风险事件时，一般视为足额投保，按实际损失进行赔偿，待工程竣工验收后，按工程的实际结算金额作为保险金额调整保险费。

（8）建设工程保险的保险费率具有个别性

建设工程由于其单一性和特殊性，风险也具有极大的差异性，无法设定固定或统一的保险费率。在承保时，保险公司会对承保工程的风险进行评估，根据承保工程的现场条件、被保险人的管理水平和风险管理能力等厘定专门的保险费率，以适应建设工程的唯一性。

（9）建设工程保险的保险双方具有信息不对称性

信息不对称性在工程保险市场表现得非常明显，常常表现在保险人与投保人之间所掌握的信息不对称上。

由于建设市场的产品单件性、流动性、露天高空作业、人员流动性等特性，保险公司的检查监督较难，对隐蔽工程质量等检验难度大；同时，由于保险合同采用的是格式合同，大部分条款都由保险公司制定，投保人由于保险专业知识的缺乏对保险条款不能清楚理解，并且对保险公司的运营流程也不了解；保险公司与投保人之间的这种信息不对称很容易引起道德风险与逆向选择出现，即可能导致被保险人有意促进风险事件的发生或扩大损失，而保险公司为了避免此类道德风险，减少自己的损失而可能提高保费等。

（三）我国建设工程保险的发展历程

根据《中国保险史》的记载，我国从 1973 年开始经营建设工程保险业务，当时建设工程保险是作为涉外保险业务中的新险种出现的。

从我国建设工程保险的发展历史来看，可以将其划分为以下三个阶段。

第一阶段：涉外业务经营阶段（一般认为是 20 世纪 70 年代）。根据有关资料记载，1979 年年初我国的一位台湾商人在江浙一带投资，对由 8 个旅馆建筑组成的项目办理了保险，这是我国最早的一份建设工程保险业务。

第二阶段：涉外业务与国内业务并存经营阶段。出现这种“并存经营”现象的主要原因是当时我国保险市场唯一的经营主体——中国人民保险公司，其业务管理是按照“涉外业务”和“国内业务”进行划分的。

这个阶段通常认为是从1980年全面恢复国内业务时开始的。这一时期，随着国内保险业务的全面恢复及工程建设项目的增多和投资来源的多元化，建设工程保险逐渐发展起来。

1994年，建设部、中国人民建设银行（1996年3月26日正式更名为“中国建设银行”）印发了《关于调整建筑安装工程费用项目组成的若干规定》（以下简称《规定》），将保险费项目计入建筑安装工程费用中，为建设工程保险的发展初步奠定了基础。

该《规定》指出“建筑安装工程费由直接工程费、间接费、计划利润、税金等四个部分组成。”其中，间接费，由企业管理费、财务费和其他费用组成。企业管理费是指施工企业为组织施工生产经营活动所发生的管理费用，其中第10项就是保险费，即企业财产保险、管理用车辆等保险费用。

第三阶段：全口径经营阶段（从1996年开始）。这个阶段的突出特点是建设工程保险不再按照业务性质划分为涉外业务和国内业务，而是将所有建设工程保险业务纳入统一口径进行统计、经营和管理。

从2003年开始，中国建设工程保险进入大发展时期。在改革开放的大形势下，经济的快速增长拉动了基础建设“井喷式”的发展，为建设工程保险的发展创造了有利的条件和环境。

在法律法规方面，《保险法》《中华人民共和国担保法》《建筑法》《中华人民共和国合同法》《中华人民共和国招标投标法》《建设工程质量管理条例》等一系列的法律、法规、规章、规范性文件的颁布，不仅促进了建筑市场机制的发育，也为推行建设工程保险制度提供了重要的法律依据。中国建设工程保险在较短的时间内取得长足的发展与进步。

目前，我国的建设工程保险制度正在逐步趋于完善，但其发展规模与快速发展的建筑事业相比仍显得不相适应。建设工程项目的投保率仅为全社会固定资产投资额的10%左右，而发达国家一般在90%以上。究其原因，有人们对建设工程保险认识不足的因素，把保险当成额外的负担，而没有认识到保险的作用；也有体制方面的因素，某些建设工程项目还存在利益主体和风险主体不够明确的现象；还有保险公司自身的因素，保险公司对工程保险技术准备不足，宣传力度不够。

今后，随着我国国民经济的持续发展，固定资产的投资仍将维持在一定规模，建设工程保险市场的发展潜力巨大，但由于种种限制因素，挑战和机遇并存。

（四）建设工程保险体系

建设工程保险体系是将金融保险、工程技术、项目管理、法律制度按照一定的秩序和联系方式进行交叉，形成一个多角度、多层次的建设工程保险系统，对建设工程提供一整套保险保障措施，包括从工程项目决策直至工程竣工投入使用的所有阶段，以及所涉及的项目参与各方，使工程的全生命周期都置身于保险中，各参与方也均有自己投保的险种，充分保障各方的权益，真正起到全面发挥建设工程保险的作用。

（1）全生命周期的保险体系

建设工程全生命，是从建设项目策划构思到报废拆除的全过程，包含构思决策可行性研究、勘察设计、招投标、施工采购、竣工验收、运营、维护及报废拆除或回收再利用的全过程，可划分为三个阶段，分别是决策设计阶段、建造实施阶段和运营使用阶段。对于已经建成的项目，运营、维护及拆除阶段管理仍然是全生命周期管理体系中的环节。建设工程保险体系的全生命周期覆盖，是将建设工程整个生命周期的全过程作为一个整体考虑。表 13-1 为全生命周期的保险体系。

表 13-1　全生命周期的保险体系

建设工程保险险种	决策设计阶段	建造实施阶段	运营使用阶段
勘察责任保险	←———	————	———→
设计责任保险	←———	————	———→
投标保证保险		←→	
差额保证保险		←———→	
履约保证保险		←———→	
预付款保证保险		←——→	
付款/支付保证保险		←———→	
业主支付保证保险		←———→	
建筑工程一切险		←———→	
安装工程一切险		←———→	
施工责任保险		←———	———→
监理责任保险		←———	———→
设备材料质量保险		←———	———→
意外伤害保险		←———→	
安全生产责任保险		←———→	
环境污染责任保险		←———→	
保修保证保险			←→
工程质量潜在缺陷保险			←———→
物业管理责任保险			←———→
巨灾保险			←———→

（2）建设工程各参与方的工程保险体系

建设工程各参与方的工程保险体系如图 13-1 所示。其中，建设工程各参与方简介如表 13-2 所示。

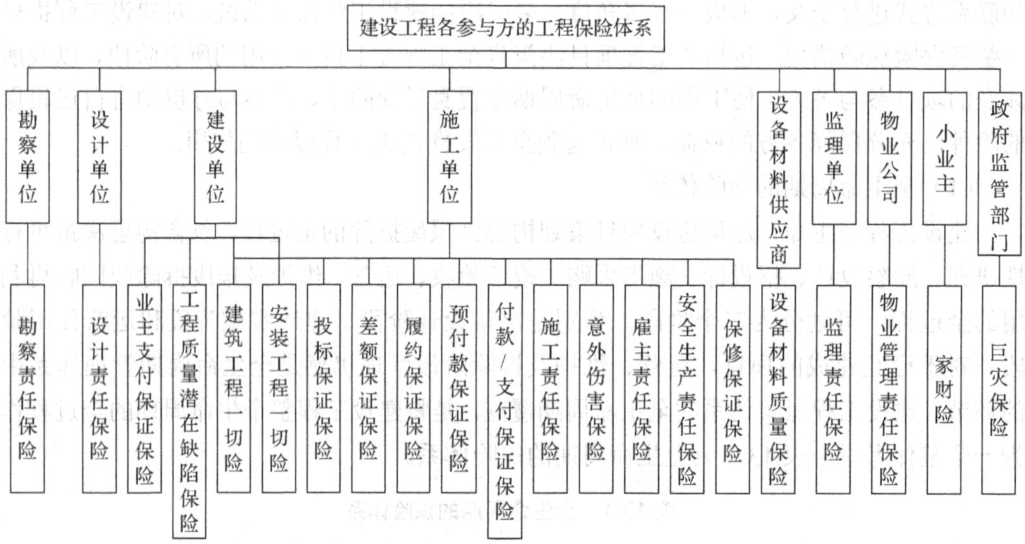

图 13-1　建设工程各参与方的工程保险体系

表 13-2　建设工程各参与方简介

单位	简介	关系	备注
建设单位	建筑工程的投资方，对该工程拥有产权。履行提出建设规划、提供建设用地和建设资金的责任	委托勘察、设计、施工、监理等单位进行工程建设	处于建设工程的核心地位
勘察单位	从事工程测量、水文地质和岩土工程等工作的单位	受建设单位委托	
设计单位	从事建设工程可行性研究、建设工程设计、工程咨询等工作的单位	受建设单位委托	
工程总承包单位	按照合同约定对工程项目的勘察、设计、采购、施工、试运行（竣工验收）等实行全过程或若干阶段承包的单位	受建设单位委托	总承包单位和分包单位就分包工程对建设单位承担连带责任
施工总承包单位	从事土木工程、建筑工程、线路管道设备安装、装修工程施工承包的单位	受建设单位委托	总承包单位和分包单位就分包工程对建设单位承担连带责任
分包单位	完成某特定工作内容并与承包商签订分包合同的单位	受建设单位委托	工程主体结构的施工必须由施工总承包单位自行完成
劳务单位	受总承包单位或分包单位委托从事劳务作业的单位	受总承包单位或分包单位委托	
设备材料供应商	为工程建设提供建筑材料或设备的单位	受建设单位、总承包单位或分包单位委托	
监理单位	依照有关法律、法规和建设单位要求，在建设单位委托的范围内对建设工程进行监督管理的单位	受建设单位委托	

续表

单位	简介	关系	备注
施工图审查单位	按照有关法律、法规，对施工图涉及公共利益、公众安全和工程建设强制性标准内容进行审查的单位	受建设单位委托	
质量检测单位	依据有关法律、法规、工程建设强制性标准和设计文件，对建设工程的材料、构配件、设备及工程实体质量、使用功能等进行测试，确定其质量特性的单位	受建设单位委托	
政府监管部门	各级住房和城乡建设主管部门	监督工程各参建主体	
小业主	房屋所有权人	与建设单位为房屋买卖合同关系	

建设工程保险体系的各参与方覆盖，是为建设工程从决策设计阶段到运营使用阶段涉及的各参与方进行保险设计，转移经济风险，保障各方的合法权益，但不转移投保人依法承担的法律责任。

（五）建设工程质量保险的概念

建设工程质量保险的概念包括狭义的建设工程质量保险和广义的建设工程质量保险。

狭义的建设工程质量保险，是指建设工程质量潜在缺陷保险（inherent defects insurance，IDI），即由建设工程的建设单位投保，保险公司根据法律、法规和保险条款约定，对在保修范围和保修期限内出现的由建设工程质量潜在缺陷所导致的投保建筑物损坏，予以赔偿、维修或重置的保险。潜在缺陷保险以建设单位为投保人，业主为被保险人，建设过程中委托第三方风险管理机构进行过程控制，保险期内由保险公司负责维修赔付。潜在缺陷是指在正常条件下，由于设计、施工、勘察等问题的影响，导致在竣工验收阶段无法或难以发现，而在建筑使用过程中被发现的质量问题。

广义的建设工程质量保险，是指由保险机构对建设工程质量损坏予以赔偿、维修或重置的保险。建设工程质量保险包括建设工程质量潜在缺陷保险、建设工程质量保证保险、建设工程各参建主体职业责任保险等与建设工程质量有关的保险。

建设工程质量保险承保的是投保人的经济赔偿责任，不免除投保人依法须承担的其他法律责任。

（六）建设工程质量保险的意义

（1）保障人民合法权益，维护社会稳定

房屋作为一种特殊产品，其本身是人民群众重要的财产和生活保障，其质量的优劣，直接关系到广大人民群众的切身利益。当出现质量问题时，如果赔偿机制不健全，用户始终处于弱势地位。在用户得不到合理赔偿的情况下，很容易导致社会问题。

通过实施建设工程质量保险制度，完善了建设工程质量保障体系，充分发挥了利用保险化解矛盾纠纷的功能作用，更重要的是消除了因责任主体消失或难以履职而导致的业主权益得不到保障的情况，也把政府的角色回归到宏观监管的位置，维护社会的和谐稳定。

（2）代表最终用户规范建设单位质量行为

无论对于社会投资类工程，还是财政投资类工程，工程的建设单位和最终用户都是不同的主体，建设单位在工程建设中首先考虑的是追求自身利益最大化，而最终用户对工程招标、工程施工、竣工验收过程缺乏监督权与话语权。

实施建设工程质量保险制度后，最终用户因建设工程质量缺陷而导致损失的风险就转移给保险公司。所以，在保障建设工程质量方面，保险公司与最终用户的利益相同，保险公司成为最终用户利益的代言人，将现行制度下最终用户无法到场，对工程招标、工程施工、竣工验收过程缺乏监督权与话语权的状态进行转变，在工程建设中真正引入代表最终用户权益的主体参与工程质量管控，规范建设单位的质量行为。

（3）落实工程参建单位的质量责任

我国法律法规规定的基础设施工程、房屋建筑的地基基础工程和主体结构工程的最低保修年限，为设计文件规定的该工程的合理使用年限，而质量保证金留置的时间为缺陷责任期（一般为6个月、12个月或24个月），缺陷责任期与主体结构的保修期之间存在巨大空档期，在缺乏有效经济制约手段或赔偿机制的情况下，主体结构设计使用年限的保修责任无法得到落实。但是，由于主体结构设计使用年限长达50年甚至100年，实施工程质量保险制度后，可以实现主体结构全生命周期的质量保障，落实了主体结构质量保修责任。

（4）促进行业可持续健康发展

实施工程质量保险，可以有效使用市场诚信体系、差别化浮动保费、保险杠杆等市场手段，结合信息联动等管控途径，对行业进行强有力的调节及监督。

同时，施工单位投保工程质量保险的项目，可以不再预留质量保证金，极大地减轻了建筑行业的经济负担，有利于解决建筑行业供应链和担保链引起的“蝴蝶效应”，有利于促进建筑行业的健康持续发展。

（5）健全建设工程金融体系

建筑行业具有投资大、周期长、风险高、不可逆的特点，而保险作为风险管理中重要的一种手段，可以实现风险分散和风险转移的作用。建立我国工程质量保险制度，是孵化培育我国具有自主特色的“工程金融体系”的载体，将促进保险行业与建筑行业相结合，有利于发展工程保险市场，健全建设工程金融体系。

（6）加快我国企业与国际接轨

国际社会实施工程质量保险制度已相当成熟，是确保工程质量最直接、最有效的途径之一。这些国家的工程质量保险不但保障了工程质量，而且已成为项目投融资的必备条件和投标的资格要求，从而促进建设工程企业的规范化管理。实施工程质量保险，可以加快我国企业与国际制度接轨的步伐，提高企业的工程质量意识和风险意识。同时，将有利于提高我国企业的国际竞争力，使我国企业更好、更快地走出去，更好地服务于国家“一带一路”倡议，也是我国企业国际化战略的保护器。

二、国外建筑工程质量保险概况

建筑工程质量保险制度起源于法国，之后西班牙、意大利、英国、瑞典、丹麦、芬兰、澳大利亚、墨西哥、巴西、日本、沙特阿拉伯、阿联酋、卡塔尔、喀麦隆、刚果、摩洛哥、中非、突尼斯、阿尔及利亚、加蓬、毛里求斯，以及美国的新泽西州、加拿大的不列颠哥伦比亚省等国家和地区均进行了实施。

（一）法国住宅工程质量保险制度

1. 法国住宅工程质量保险制度的发展历程

法国是开展强制建筑工程质量保险最早和较为成熟的国家。从 1978 年制定《斯比那塔法》实施对建筑工程质量十年潜在缺陷保险以来，建立了较为完整的建筑工程质量保险框架体系。

1804 年，《拿破仑法典》又称《法国民法典》或《民法典》规定：建筑师和设计师必须在建筑完工 10 年内负有对房屋结构缺陷做维修的责任；在 10 年保证期后，除非证明建筑师或设计师有欺诈行为，否则建筑工程所有者将对建筑工程负完全的责任。[①]

法国的《民法典》规定了建造者责任的法律体系，特别是第 1792 条和第 2270 条。该法律适用于各种类型的建筑工程，要求所有参建单位，包括业主、承包商、设计师、工程师、材料制造商和质量检查机构对工程承担自实际竣工起 10 年的质量责任，这 10 年中的第一年称为竣工保证期，在竣工保证期内承包人必须对业主提出的各种问题进行维修。10 年保证期后，建筑工程所有者（即建筑工程的最终消费者）将对建筑工程负完全责任。此外，参建单位从实际竣工起两年内对项目的建筑附属设备缺陷进行担保。法国在上述法定建造者责任基础上建立了强制的 IDI 保险制度，其主要内容包括：强制建造单位购买建造者责任险；强制建设单位（或业主）购买潜在缺陷保险；对工程设计和施工过程进行强制技术监督。法定建造者责任是实施强制建造者责任险和强制业主潜在缺陷保险的前提，强制技术监督制度是实施强制潜在缺陷保险的技术基础。

2. 法国潜在缺陷保险制度的构成

法国潜在缺陷保险制度的构成如图 13-2 所示。

---

① 徐波，赵宏彦，2004. 建筑工程质量保险探析：法国等国家建筑工程质量保险考察[J]. 建筑经济（9）：5-8.

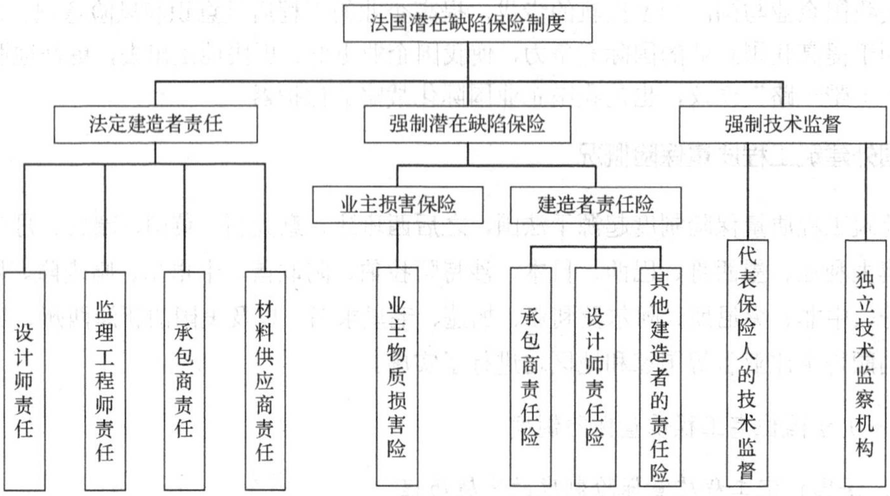

图 13-2　法国潜在缺陷保险制度的构成

（1）责任

所有参与建设项目的个人、组织、机构都有质量责任，包括建设单位、施工单位、承包商、工程师、质量检查机构等。具体的质量问题也有明确的规定，包括结构牢固、防渗漏、建筑良好运行等，质量责任期限如表 13-3 所示。

表 13-3　质量责任期限

项目	结构牢固性	噪声控制与保温	防渗漏	良好运行
主体结构、地基基础	10 年	10 年	2 年	—
固定在结构上的设备	10 年	10 年	2 年	—
独立于建筑物的设备	—	10 年	—	2 年

（2）保险

法国的潜在缺陷保险分为十年责任险和房屋损害险，这两种保险的区别如表 13-4 所示。

表 13-4　两种保险的区别

项目	十年责任险	房屋损害险
是否强制	强制	强制
投保人	各类承包商	业主、销售人或开发商
被保险人	投保人	业主
保险范围	法国《民法典》第 1792 条、第 1792-6 条，这些潜在缺陷涉及建筑物的牢固、安全（包括消防安全）和不满足隔声、保温等功能要求。对于屋面、外墙防水和渗漏等则是附加的	在保险期限内规定的潜在缺陷造成如下事故或危险：房屋的损毁；房屋的损坏；房屋存在可能倒塌的威胁。 保险人负责赔偿、修理、更换及加固房屋的费用

续表

项目	十年责任险	房屋损害险
保险期限	自实际完工开始十年	自实际完工开始十年
保险费率	设计师为年总收入的 0.3%， 建造商为年总收入的 0.8%～0.9%， 检查机构为年总收入的 0.35%	建筑工程总造价的 3%左右

（3）质量监督

实施建筑工程质量监督是该保险运行的重要基础。TIS 机构（technical inspection service）国内常翻译为质量风险管理机构，不得实施与该项目建设的任何责任方有利益牵扯的行为，同时为避免机构数量过多带来的市场恶性竞争，TIS 机构必须得到由法国建设部成立的建筑工程检查机构认证委员会的同意，审查包括管理水平和技术能力两方面，否则不能开展相关业务。

TIS 机构要根据每个项目的具体情况，设置不同的检查方案，从项目工程的方案设计、图纸检查、施工现场等各个方面进行质量监督。

（4）房屋质量潜在缺陷保险运行体系

法国房屋质量潜在缺陷保险运行体系如图 13-3 所示。

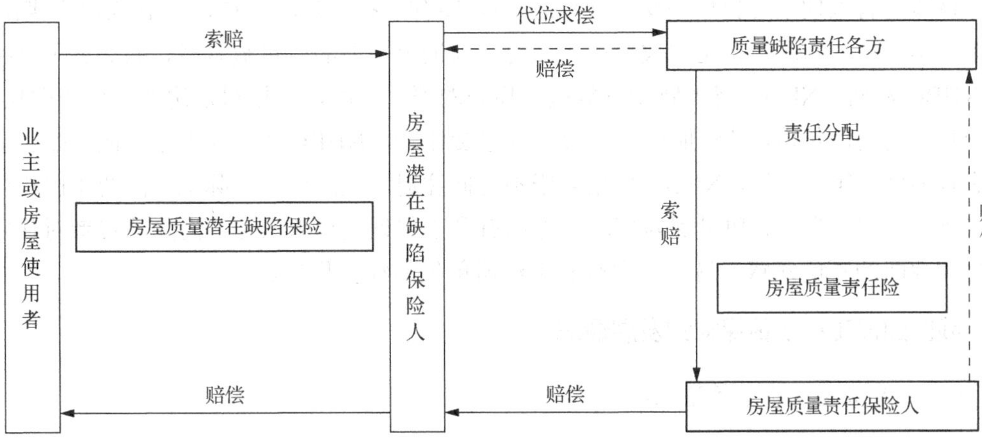

图 13-3 房屋质量潜在缺陷保险运行体系

（二）英国住宅工程质量保险制度

英国国家房屋建筑委员会（National House Building Council，NHBC）是英国住宅保证项目的最大机构，以 NHBC 为代表的住宅保障项目运行机构专为私人住宅房屋（通常是低层房屋）提供担保、保险和质量检查等服务。拥有上万家注册建筑商和开发商，每年建造的新住房量约占英国住房总量的 90%，英国国家住宅保障项目模式也以 NHBC 为代表。日本、瑞典、荷兰、丹麦、澳大利亚等国家的模式都是参照英国 NHBC 建立的。

NHBC 本身集成了房屋质量保险制度的所有功能模块，将 10 年保险模式中由多方完成的工作集于一体。该模式的主要功能模块包括注册管理模块、质量管理模块和质量保险模块三部分，这三部分是不可分割和协同工作的有机整体。

1. NHBC 模式的工作原理

住宅质量在管理上以注册管理模块作为保证，包括单位注册管理和房屋注册管理，在技术上由质量管理模块作为保证，包括质量信息与标准制定和质量检查，在经济上由房屋质量保险模块作为保证。其中，房屋质量保险不仅是整个模式体系的经济支撑，而且贯穿整个保证体系。

2. 质量保险模块

NHBC 还是一家注册的保险公司，它是英国新住房质量担保和保险的最大提供者，其受保范围包括新建、改造、联建和自建的住房。

凡经注册的建筑商和开发商，只要遵守 NHBC 的标准，其新建和改建的住房均可得到由 NHBC 所提供的工程质量保险，其保单名为“Buildmark”。

保险的有效期限为自住宅交付使用之日起 10 年。持有这种保单，在 10 年保证期内的第二年后，凡受保的新建和改建住房出现了保证范围内的质量缺陷时，购房者可直接向 NHBC 索赔。NHBC 将视质量事故造成损失的严重程度，直接对购房业主做出赔偿，在交付后的前两年内，若注册单位不履行维修责任，则 NHBC 也负责赔偿，但在赔付后要进行追偿。第二年后，NHBC 理赔完毕不再向注册单位追偿。实际上，前两年内相当于一种保修保证保险，质量保险模块一方面有利于保证购房者权益，消除消费者对住宅质量和性能的不信任感；另一方面有利于注册单位的经营稳定。

三、我国建设工程质量保险的发展情况

（一）A 级住宅质量保证保险

1999 年 8 月，国办发〔1999〕72 号文件明确指出要“重视住宅性能评定工作，通过定性和定量相结合的方法，制定住宅性能评定标准和认定办法，逐步建立科学、公正、公平的住宅性能评价体系。”

2000 年 9 月，建设部（现为住房城乡建设部，下同）颁布《商品住宅性能评定方法和指标体系（试行）》，开始逐步建立和完善住宅性能认定制度（简称“A 级住宅认定”），并在住宅性能认定制度中建立了住宅质量保证保险机制。

A 级住宅质量保证保险市场状况。从 2003 年开始，我国陆续有北京、南京、西安等市的房地产项目投保了 A 级住宅质量保证保险，但总体来看数量非常有限。原因主要是：开发商根本不愁房子卖不出去，所以不愿意再增加成本购买保险；通过性能认定的

小区太少。因为投保住宅质量保证保险，必须通过住宅性能认定，例如从 1999 年 7 月 1 日至 2004 年 9 月，全国通过预审的小区仅有 168 个，通过终审的小区仅有 44 个。

（二）建设工程质量保险的发展

为了解决建设工程质量风险带来的问题，中华人民共和国建设部和中国银行保险监督管理委员会于 2005 年 8 月共同发布了《关于推进建设工程质量保险工作的意见》（以下简称《意见》），认为建立完善的建设工程质量保险制度，有利于用经济手段切实保护消费者权益，确保最终用户的利益；有利于使法律法规所规定的各方质量责任落到实处；有利于形成优胜劣汰的市场竞争机制，规范市场秩序，发挥市场配置建设资源的基础性作用。

《意见》要求各地建设行政主管部门和保险监管部门要加强对工程质量保险工作的指导，有关单位也要高度重视，积极参与，主动配合，共同推进工程质量保险工作健康发展。

要求有条件的各保险公司应遵循市场经济规律，在有效防范风险的前提下，积极开发能满足工程建设需要的保险产品。保险条款既要符合国际惯例，又要适应我国基本建设规模大、地区发展不平衡的实际情况。

《意见》颁布后，中国银保监会、建设部和中国人民财产保险股份有限公司联合在北京、上海、天津、重庆、兰州、成都、深圳、厦门、福州、青岛、大连、宁波等 14 个城市启动了建设工程质量保险试点工作。

2006 年 5 月，中国银保监会批准备案了中国人民财产保险股份有限公司的《建设工程质量保险》条款。

2006 年 9 月，14 个城市正式启动建设工程质量保险试点工作，计划以住宅商品房和写字楼工程作为试点领域，承保竣工 1 年后经检验合格的房屋工程在 10 年内因潜在缺陷所造成的损坏风险。在此基础上，各地开始借鉴国外经验在一些项目上进行了工程质量保险的试点工作。

2009 年 4 月，住房城乡建设部发布了《关于进一步加强建筑工程质量监督管理的通知》（建质〔2009〕55 号），再次提出推行工程质量保险制度，加快推进住宅工程质量保险工作，强化住宅工程质量保障机制。

2017 年，《国务院办公厅关于促进建筑业持续健康发展的意见》要求完善工程质量安全法律法规和管理制度，推动发展工程质量保险。

2019 年，《关于完善质量保障体系提升建筑工程品质的指导意见》明确推行工程担保与保险，组织开展工程质量保险试点，加快发展工程质量保险。

（三）上海建设工程质量潜在缺陷保险介绍

上海于 2006 年进行了建设工程质量潜在缺陷保险的试点工作，积累了宝贵的经验。

2012 年 8 月，上海市建设交通委、市住房保障房屋管理局、市金融办上海保监局联合发布了《关于推行上海市住宅工程质量潜在缺陷保险的试行意见》，着手开展为期 3 年的住宅潜在缺陷保险试点。

2016 年，上海市住房和城乡建设管理委员会、银保监会上海监管局发布《关于本市推进商品住宅和保障性住宅工程质量潜在缺陷保险的实施意见》，将上海全区范围内的保障房和浦东新区的商品房纳入建筑工程质量潜在缺陷保险的范围。

2017 年 11 月，《上海市住宅工程质量潜在缺陷保险实施细则（试行）》正式实施。

2019 年 2 月，上海市住房城乡建设管理委等三部门发布《关于本市推进商品住宅和保障性住宅工程质量潜在缺陷保险的实施意见》，将工程质量潜在缺陷保险的实施范围扩大到全市商品住宅和保障性住宅工程，并进一步明确了保障性住宅的保险费率、优化了承保范围，将此前的成功经验推广至全市范围。

2019 年 10 月，发布了《上海市住宅工程质量潜在缺陷保险实施细则》（沪住建规范联〔2019〕7 号），有力地推进了工程质量潜在缺陷保险的发展。

（四）建设工程质量潜在缺陷保险

（1）建设工程质量潜在缺陷保险的相关概念

建设工程质量潜在缺陷保险，是指由住宅工程的建设单位投保的，保险公司根据保险条款约定，对在保险范围和保险期限内出现的因建设工程质量潜在缺陷所导致的投保建筑物损坏，履行赔偿义务的保险。

住宅工程，包括商品住宅和保障性住宅工程在同一物业管理区域内的其他建筑物。

建设工程质量潜在缺陷，是指因设计、材料和施工等原因造成的工程质量不符合工程建设强制性标准及合同的约定，并在使用过程中暴露出的质量缺陷。

被保险人，是指建设单位。

业主，是指住宅或者其他建设工程所有权人，为保险合同的受益人和索赔权益人。

（2）建设工程质量潜在缺陷保险的适用范围

在保障性住宅工程和商品住宅工程中推行建设工程质量潜在缺陷保险。

前述范围的住宅工程在土地出让合同中，应当将投保建设工程质量潜在缺陷保险列为土地出让条件。

（3）建设工程质量潜在缺陷保险的基本承保范围

1）地基基础工程和主体结构工程：整体或局部倒塌；地基产生超出设计规范允许的不均匀沉降；阳台、雨篷、挑檐等悬挑构件和外墙面坍塌（含脱落）或出现影响使用安全的裂缝、破损、断裂；主体承重结构部位出现影响结构安全的裂缝、变形、破损、断裂；国家和本市法律、法规、规章和工程建设强制性标准规定的其他情形。

2）保温和防水工程：围护结构的保温工程；屋面防水工程；有防水要求的卫生间、房间和门窗、外墙面防渗漏处理工程。

（4）工程质量潜在缺陷保险期限

地基基础工程和主体结构工程保险期限为10年，保温和防水工程为5年。

保险期限从该建设工程质量潜在缺陷保险承保的建筑竣工备案两年后开始起算。建设工程在竣工备案后两年内出现质量缺陷的，由施工承包单位负责维修。

（5）建设工程质量潜在缺陷保险保险费的计算

建设工程质量潜在缺陷保险保险费的计算基数为建设工程的建筑安装总造价。投保建设工程质量潜在缺陷保险的建设单位应当在建设工程概预算组成中列明该保险费。

建设工程质量潜在缺陷保险的具体承保费率，应当根据建设工程风险程度和参建主体资质、诚信情况、风险管理要求，结合再保险市场状况，在保险合同中具体约定。对资质等级高和诚信记录优良的，保险公司可以给予费率优惠。

（6）建设工程质量潜在缺陷保险投保模式

投保建设工程质量潜在缺陷保险的建设单位应当在承发包合同中予以明确。

鼓励施工单位投保建设工程施工责任险。施工单位投保建设工程施工责任险且保险责任涵盖竣工验收备案后两年保修义务的，建设单位不再设立施工单位的建设工程质量保证金。

（7）建设工程质量潜在缺陷保险承保模式

建设工程质量潜在缺陷保险的承保采取共保模式。

共保牵头的保险公司必须符合下列条件：保险公司的注册资本金应当达到50亿元；近三年偿付能力充足率不低于150%；风险管理能力强、机构健全、承保理赔服务优质；应当具有建设工程质量潜在缺陷保险承保经验。

共保应当遵守统一保险条款、统一费率、统一理赔服务、统一信息平台的共保要求。

参加共保的保险公司由市住房城乡建设管理部门、市地方金融监管局通过公开招标方式确定。

（8）建设工程质量潜在缺陷保险风险管理

建设工程质量潜在缺陷保险合同签订之后，保险公司应当聘请建设工程质量安全风险管理机构（以下简称“风险管理机构”）及符合资格要求的工程技术专业人员对保险责任内容实施风险管理。施工单位和监理单位应当配合提供便利条件，不得妨碍风险管理工作。

风险管理机构及工程技术专业人员应当根据保险责任内容实施检查。每次检查应当形成检查报告，检查报告内容包括检查发现的质量缺陷问题、处理意见和建议。

风险管理机构及工程技术专业人员应当在工程完工后，形成最终检查报告，最终检查报告应当明确发现的质量缺陷问题及整改情况，并给出保险责任内容的风险评价。

风险管理机构及工程技术专业人员的检查报告和最终检查报告应当提供给保险公司和建设单位。

建设单位接到检查报告和最终检查报告后，应当责成施工单位及时整改工程质量潜在缺陷问题。

监理单位应当督促施工单位开展工程质量潜在缺陷整改，施工单位拒不整改或者整改不力的，监理单位应当报告建设单位。在施工单位完成整改前，监理单位不得同意通过相关验收。

设计、施工单位与风险管理机构就工程质量潜在缺陷的认定发生争议的，可委托双方共同认可的工程质量鉴定机构进行鉴定。

（9）建设工程质量潜在缺陷保险合同解除

保障性住房工程、商品住宅工程投保建设工程质量潜在缺陷保险的，依约不得解除保险合同。

保险公司在最终检查报告中指出建设项目存在严重质量潜在缺陷，且在竣工时没有得到实质性整改的，建设单位不得通过竣工验收。

权益转让，在保险期限内住宅或者其他建设工程所有权转让的，保险标的受让人承继被保险人本保单下的权益。

入户告知，保险公司应当编制《住宅工程质量潜在缺陷保险告知书》，其中应列明保险责任、范围、期限及理赔申请流程；在业主办理入户手续时，建设单位应当将《住宅工程质量潜在缺陷保险告知书》，随同《新建住宅质量保证书》《新建住宅使用说明书》一起送交业主。

核定赔偿，保险公司或保险公司委托的物业服务企业等专业服务机构收到索赔申请后，应当在2日内派员现场勘查。保险公司或保险公司委托的物业服务企业等专业服务机构应当在收到业主索赔申请后的7日内做出核定；情形复杂的应当在30日内做出核定，并将核定结果通知业主。

应急维修，对于影响基本生活且属于保险责任范围内的索赔申请，保险公司或保险公司委托的物业服务企业等专业服务机构应当在收到索赔申请后的约定时限内先行组织维修，同时完成现场勘查。

争议鉴定，业主对是否属于保险责任存有异议的，可与保险公司共同委托有资质的第三方鉴定机构进行鉴定；鉴定结果属于保险责任的，鉴定费用由保险公司承担；鉴定结果不属于保险责任的，鉴定费用由申请方承担。

代位追偿，因法律法规或合同约定应由设计单位、施工单位、设备材料供应商等责任方承担的法律责任，并不因建设单位投保工程质量潜在缺陷保险而免责。

建设单位应当通过与保险公司签订协议的方式，约定彼此之间的权利和义务。

保险公司对工程质量潜在缺陷保险约定的质量潜在缺陷损失负有赔偿义务，保险公司有权依法对质量潜在缺陷的责任单位实施代位追偿，被保险人与相关责任方应予以配合。

信息平台，保险公司应当建立工程质量潜在缺陷保险信息平台，所有承保工程质量潜在缺陷保险的保险公司应将承保信息、风险管理信息和理赔信息等录入该信息平台，并对风险管理、出险理赔情况进行统计分析，定期向住房城乡建设监管部门、保险监管部门报告。

第二节　工程安全保险

一、安全生产责任保险

（一）安全生产责任保险的概念

根据《安全生产责任保险实施办法》（安监总办〔2017〕140 号），安全生产责任保险是指保险机构对投保的生产经营单位发生的生产安全事故造成的人员伤亡和有关经济损失等予以赔偿，并且为投保的生产经营单位提供生产安全事故预防服务的商业保险。其中，安全生产责任保险的保险责任包括投保的生产经营单位的从业人员人身伤亡赔偿，第三者人身伤亡和财产损失赔偿，事故抢险救援、医疗救护、事故鉴定、法律诉讼等费用。同时，安全生产责任保险的经济赔偿，不影响参保的生产经营单位从业人员（含劳务派遣人员）依法请求工伤保险赔偿的权利。

（二）安全生产责任保险的主要内容

安全生产责任保险是被保险企业发生生产安全事故或者相关事故对伤亡人员依法应负的赔偿责任为保险标的保险险种，包括：雇员及第三方人员的死亡、伤残的经济赔偿责任；医疗费用；因采取紧急抢险措施而支出的必要、合理的救援费用及疏散费用；因生产安全事故被提起仲裁或者诉讼需支付的相关法律费用。其中，抢险救援、人员疏散费用包括但不限于：救援人员劳务费用；救援物资、器材、设备的租赁使用费用；单价低于 200 元人民币的救援工具购置费用；10 天以内的人员疏散费用；死亡赔偿金、伤残赔偿金、医疗费用、抢险救援费用和法律费用。安全生产责任保险赔付内容包括以下方面。

1）投保的生产经营单位的从业人员人身伤亡赔偿。

2）投保的生产经营单位的第三者人身伤亡和财产损失赔偿。

3）投保的生产经营单位的事故抢险救援、医疗救护、事故鉴定、法律诉讼等费用。

（三）安全生产责任保险的投保原则、投保要求与投保费率

1. 投保原则

1）保费由单位缴纳，不得直接或者变相摊派给员工。

2）应当覆盖全体从业人员。

3）不得延迟续保、退保，除非被依法关闭取缔不再生产经营了。

2. 投保要求

煤矿、非煤矿山、危险化学品、烟花爆竹、交通运输、建筑施工、民用爆炸物品、金属冶炼、渔业生产等高危行业领域的生产经营单位应当投保安全生产责任保险。

3. 投保费率

科学厘定投保费率是安全生产责任保险得到企业广泛接受的基本前提。为充分实现安全生产责任保险费率杠杆对企业安全管理的有效引导，同时为了防止逆向选择，提高安全生产责任保险的接受程度，须根据高危行业和企业的具体风险情况设定与之相对应的不同费率档次。

（1）分行业实施差别费率

目前，安全生产责任保险的设计主要面对煤矿、非煤矿山、危险化学品和烟花爆竹四大高危行业领域。由于四大高危行业领域的生产方式、作业场所、行业规范和产品性质等方面的不同，它们的事故和可能造成的事故损害程度也存在明显差别。不同行业领域的危险及风险程度从它们的生产安全事故数据中就能直观体现。为体现行业之间的公平性，促进行业规范安全生产管理，安全生产责任保险应分行业实施差别费率。

（2）按企业安全风险等级实施分级费率

同一行业内，不同企业在生产规模、从业人员素质、安全生产条件、安全生产管理水平、标准化程度和安全投入方面的差异，使它们的风险程度也不尽相同。因此，应根据企业的不同风险等级（建议设优、良、中、差四个等级），设定不同的费率档次。同时，第三方机构的选择也是一个重要方面，它需要具有相当的规模、网络和技术实力，才能对各企业进行客观、公正、科学、合理的风险评价，给出相应的安全评价等级。另外，随着企业规模的逐步扩大，安全投入的逐年增加，可每隔几年重新评价企业安全风险等级，根据新的安全生产风险等级确定新的费率购买安全生产责任保险。

（3）根据企业上年度的生产安全事故情况实施浮动费率

为促使企业自身不断加强安全生产管理，预防和控制事故的发生，应根据企业上一保险年度的安全生产工作情况及生产安全事故记录，在购买本期保险时，按照一定比例对该企业的保险费率进行上、下浮动调整，以此调动企业加强安全管理的积极性，提高企业管理人员做好安全生产工作的责任心。设定基准费率，以后每年的费率均在基准费率的基础上进行上下调整；同时设定费率调整比例和费率的最高及最低标准。

（四）安全生产责任保险的功能特点

安全生产责任保险是在对工伤保险与有关商业保险的优劣进行综合分析的基础上，参考借鉴国外部分国家实施的办法及总结的经验，并结合我国安全生产具体实际情况，发布的一种由政府鼓励推进、法律政策强制实施、保险公司专业运营的保险险种及制度。安全生产责任保险与已实施的工伤保险、建筑施工意外险、安全生产抵押金制度均为安全生产中的风险管理方式。其中，只有安全生产责任保险是针对高危行业设计的，具有较明显的特点与较强的推广必要性。

1）从保障程度来看，工伤保险、建筑施工意外险的保障程度较低，不承担事故救援等费用，工伤保险的赔偿对象不包括生产安全事故中涉及的第三者及其财产损失，而在建筑安全事故中，第三者及其财产损失也给企业带来很大压力。另外，由于工伤保险的社会保障职能，使其只能保障受害者或家属的最低生活需求。安全生产责任保险的责任限额较高且承保事故鉴定救援等费用，能够满足建筑业较高的风险管理需求。

2）从覆盖群体来看，工伤保险是对建立个人账户且连续缴纳工伤保险费的从业人员提供保障，而在建筑施工中农民工占施工人数的比重很大，由于这部分人群流动性大等因素，不易满足保险所规定的保障条件，农民工的权益很难得到保障。安全生产责任保险将保险的风险管理功能引入安全生产监管体系，建立保险机构参与的事故预防机制。同时，安全生产责任保险完善事故处理的经济保障机制，可以调动各方积极性，共同化解安全风险。

3）从资金使用效率来看，风险抵押金长期占用企业大量的现金流，也使企业产生了较大的机会成本，从而加重了企业的经营负担。安全生产责任保险由商业保险公司经营，其具有丰富的资金管理经验，使得缴纳的安全生产责任保险费用的资金使用效率较高。

4）从风险预防功能来看，工伤保险的职能主要是事故后的经济补偿。意外伤害保险、风险抵押金制度等同样仅提供事故后的赔偿，这使得保险及有关制度无法对企业发挥事故预防作用。然而，安全生产责任保险除了为企业提供赔偿保障外，还可直接为企业提供事故预防。例如，山东省规定承保安全生产责任保险的保险公司须从收取的保费中抽取一部分资金推动投保企业的安全生产。另外，《安全生产责任保险实施办法》要求建立费率动态调整机制，将保险费率与投保企业的安全生产水平挂钩，这样有利于形成企业内部治理与外部治理相结合，实现安全与保险的良性互动，推动企业安全生产工作，达到防灾防损的目的。

5）从赔偿的时效性来看，如果工伤保险赔付过程出现争议，则需对行政、诉讼、民事三个过程进行判定，这容易导致受害者的利益无法得到及时保障。然而，安全生产责任保险遵循无过错原则，在安全生产事故发生时，可以及时进行现场救援，止损的同时按照合同规定予以相应赔付；另外，安全生产责任保险的经营是一种市场商业化行为，可以有效避免行政命令较低效问题，更加符合生产经营单位尤其是高危行业的市场发展需求，有利于提高安全生产突发事件的应对处置能力。

（五）安全生产责任保险与相关险种的异同

1. 安全生产责任保险与相关险种的显著区别

一般商业险种都将“投保企业的重大过失责任”和“违反安全法规的行为”列为保险除外责任，安全责任保险则将其纳入保险责任范围。“安全生产责任保险”的理赔遵循“无过错责任”原则，不论事故的受害人对事故发生是否负有责任，都应获得赔偿。有鉴于此，各行业领域安全生产责任保险均须制定基准指导费率，实行差别费率和浮动费率。建立费率动态调整机制，其费率调整须根据事故记录和等级、安全风险程度、安全生产标准化等级、隐患排查治理情况、安全生产诚信等级、是否被纳入安全生产领域联合惩戒“黑名单”、赔付率等因素综合确定。实现差别浮动费率对施工企业的激励约束作用，调动施工企业提高安全水平的积极性，促进其不断改善安全生产条件，发挥保险费率的杠杆调节作用。

2. 安全生产责任保险与工伤保险

《安全生产责任保险实施办法》第三条规定：“按照本办法请求的经济赔偿，不影响参保的生产经营单位从业人员（含劳务派遣人员，下同）依法请求工伤保险赔偿的权利。”《工伤保险条例》第三十九条规定：“职工因工死亡，其近亲属按照下列规定从工伤保险基金领取丧葬补助金、供养亲属抚恤金和一次性工亡补助金。”与建筑施工意外险、雇主责任险一样，安全生产责任保险与工伤保险并存，两者之间是一种保险保障补充关系，不能相互取代。国家强制实行的工伤保险是一种针对企业职工的基础保险保障，其所能提供的保障是有限的，一旦发生安全事故，对职工家属造成的损失伤害常常是巨大的、难以承担的。因此，安全生产责任保险可以在工伤保险理赔的同时，提供另一份风险补偿，对工伤保险进行有效补充。同时，工伤保险针对的是职工的保险保障，并不能帮助企业转移相应风险。这里需要注意的是，企业面临的风险不仅包括员工的事故赔偿，还包括对事故造成的第三者人身伤残、伤亡及财产损失。安全生产责任保险以企业在事故中应承担的经济赔偿责任为保险标的，既帮助企业转移风险，又切实为职工提供经济补偿保障，对于第三者的责任赔偿也为工伤保险补全了短板。

3. 安全生产责任保险与建工意外险

在保险性质上，安全生产责任保险属于责任保险，而建工意外险属于人寿保险；在保险标的上，安全生产责任保险的保险标的是企业应承担的事故损失赔偿责任，而建工意外险的保险标的是工人的身体（如伤残、伤亡保险赔偿）；在保障范围上，安全生产责任保险除了负责企业工人的事故伤残、伤亡补偿，还负责因事故导致的第三者人身事故伤残、伤亡补偿及经济损失补偿；而建工意外险在主险中只对被保险工人的事故伤残、伤亡负责经济补偿，如果要预防因事故导致的第三者风险损失，则只能在附加险中添加第三者责任保险。

4. 安全生产责任保险与雇主责任险

在保险性质上，安全生产责任保险与雇主责任险同属责任保险，都能为企业转移事故风险压力，但在保险保障范围与机制上，两者有很大不同。同建工意外险一样，雇主责任险的主险内容中并无对于雇员因过失造成第三者人身伤残、伤亡及经济损失的保险责任，只能单独在附加险中添加第三者责任保险。在保险责任上，雇主责任险针对的是工作期间的意外事故，而安全生产责任保险责任较之更广，还包括员工因过失造成的安全事故损失责任。此外，安全生产责任保险较雇主责任险还多出一项施救费用，包括因采取紧急抢险救援措施而支出的必要、合理的救援费用及疏散费用。

二、建工意外险

（一）建工意外险的概念

建工意外险全称为建设工程意外伤害保险，由于是团体保险形式，也称建筑施工人员团体意外伤害保险。建工意外险，是指建设工程相关人员在建设施工区域内施工、检查工作等活动中，因遭受意外伤害而造成伤残、死亡等安全事故，保险公司在保险期限与保险责任范围内负责支出医疗费用、伤残保证金、死亡保证金赔付的安全生产保险。

2011 年《建筑法》修正前，建工意外险在我国建设工程实务中长期作为一种强制险存在，是各大建设工程项目必投的工程保险之一，尤其对于涉及高危作业的工程项目，能够很大程度满足建设施工人员的风险保障需求。随着《建筑法》重新修正，关于建工意外险的规定，从“建筑施工企业必须为从事危险作业的职工办理意外伤害保险”变为“鼓励企业为从事危险作业的职工办理意外伤害保险，支付保险费”。即从法律上来说，目前，建工意外险已不再是一项强制险。只是在法律实务中，我国各地方性的法律规范等相关文件尚未作相应修订，因此在执行上，许多地方的建工意外险依旧被视作强制险种，非投保不准予开工。因此，在国内建筑市场不断扩张的情况下，充分了解建工意外险的保险特征，区分建工意外险同其他安全生产保险的差异有着重要意义。

（二）建工意外险的基本特征

建工意外险通常由建设工程的施工承包单位购买投保，当建设工程相关人员在工程施工范围内发生意外事故时，保险公司在保险期限与保险责任范围内进行赔偿。

1. 投保方式

建工意外险的投保方式有：①按工程造价不记名投保；②按建筑面积不记名投保；③按施工人员记名投保。

2. 保险费费率

建工意外险的保险费计算方式有以下两种。

1）保险费=工程造价×保险费费率。

2）保险费=总建筑面积×每平方米价格。

保险费费率采取差别费率和浮动费率两种方式。差别费率会依据工程项目的不同类型、风险程度等因素差别制定。浮动费率则考量企业的过往工程业绩、安全管理等方面的系数，不同级别上下浮动费率。

3. 保险期限

建工意外险的保险期限与工程期限相同，保障期间自施工工程项目被批准正式开工之日，且交费后的次日（或约定起保日）零时起，到工程竣工之日 24 时止。若提前竣工的，保险责任自行终止；若延长工期的，须办理保险顺延手续。

4. 被保险人

建工意外险的被保险人包括：①建设工程所有人，即建筑工程的最后所有者；②工程承包人与施工人员；③工程技术人员，包括聘请的建筑师、设计师及其他顾问；④其他工程相关人员，如贷款银行或其他债权人。

（三）建工意外险的保险责任

建工意外险的保险责任一般分为两部分，即意外医疗和意外伤害（伤残死亡）。当出现上述情况任意一种时，保险公司会在保险期限与保险责任范围内负责支付医疗费用或伤残保证金或死亡保证金的赔付。但在上述情况过程中，所产生的误工费、交通费、护理费等其他损失，保险公司不负有理赔责任。

这部分损失费用属于责任赔偿，若要细分，应被归为责任保险的保险责任范围，如安全生产保险类下的雇主责任保险，其保险责任内包括因保险事故造成的误工费，属于财产保险范畴。

建工意外险，是以团体形式投保的人身意外伤害险，它的保险标的是建设施工相关人员的身体。依据我国《保险法》规定："人身保险是以人的寿命和身体为保险标的的保险。"因此，建工意外险属于人身保险范畴，而非财产保险，财产保险范畴的保险责任自然不应由其承担。

（四）建工意外险与相关险种的异同

从广义上来说，建工意外险、工伤保险、雇主责任险三者都属于安全生产保险，但各自却有着不同的保险特点与差异联系。

1. 建工意外险与工伤保险

我国《建筑法》第四十八条规定："建筑施工企业应当依法为职工参加工伤保险缴纳工伤保险费。鼓励企业为从事危险作业的职工办理意外伤害保险，支付保险费。"在法律上，工伤保险是国家规定强制投保的安全生产险种，而建工意外险则为鼓励办理的商业性补充保险。长期以来，由于建筑市场存在施工人员流动性大、临时雇佣情况多、人员调动频繁等情况，只依靠工伤保险来保障工程人员的风险安全是不现实的。因此，

“工伤保险+商业险种”的保险保障模式被大量建筑企业广泛应用。需要注意的是，早期国内安全生产保险市场，建工意外险的发展时间较早，市场应用较广。雇主责任险和安全生产责任险彼时或发展迟缓，或尚未出现，难以承担为建筑人员提供商业安全保险保障的重要使命。因此，早期“工伤保险+商业险种”模式主要是指“工伤保险+建工意外险”。至于被保险人员，一旦发生安全生产事故，除工伤保险赔偿外，还可以通过建工意外险获得商业保险赔偿，用以缓解、弥补事故产生的重大损伤损失。因此，建工意外险与工伤保险是一种相互区别却又互为补充，共同提供风险保障的关系。

2. 建工意外险与雇主责任险

雇主责任险是雇主为其雇员办理的保险，以保障雇员在受雇期间因工作而遭受意外，导致伤亡或患有职业病后，将获得医疗费用、伤亡赔偿、工伤假期工资、康复费用及必要的诉讼费用等。

（1）从概念来看

建工意外险与雇主责任险的保险责任范围明显不同，建工意外险只负责被保险人的意外医疗、伤残、死亡费用赔偿，属于人寿保险范畴；雇主责任险则还负责除医疗康复费用以外的、因事故导致的责任赔偿费用，如诉讼费、工伤假期工资等，属于财产保险范畴。

（2）从保险获益人来看

建工意外险的受益人是被保险工程人员，包括工程所有人、承包人、施工人员、技术人员等工程相关人员，发挥的是对上述人员自身人身安全的风险保障与风险补偿作用；雇主责任险，是为保障雇主责任风险的险种，其保障的第一对象是雇主，而非员工，其保险意义是用保险机制转移雇主对事故损失的赔偿风险。

建设工程向来是高风险行业领域，安全生产事故的高发率往往会对建筑人员及其家属造成巨大的、难以修复的伤害。建工意外险作为安全生产保险市场诞生较早、应用较广、服务较为完善的重要险种，其保险特点与保险价值值得了解。

三、建筑工程一切险

（一）建筑工程一切险的概念

建筑工程是自然灾害与意外事故频发的高风险行业领域，如何有效规避风险因素，减轻风险事故对企业与人员造成的损失，是建筑企业必须直面的问题。建筑工程保险能够有效地帮助建筑企业转移事故风险压力，分担事故赔偿责任，是目前建设工程领域有效的风险管理手段之一。建筑工程一切险，作为建筑工程保险领域最常见的综合工程保险，所承保的风险广泛而集中，不仅保障因自然灾害与意外事故导致的物质损失，还保障因意外事故导致的第三者损失，在工程领域内被广泛应用。

建筑工程一切险，简称建工险，是集财产损失险与责任险为一体的综合性保险。建筑工程一切险承保在整个施工期间因自然灾害和意外事故造成的物质损失，以及被保险人依法应承担的第三者人身伤亡或财产损失的民事损害赔偿责任。通常附加第三者责任险。

（二）建筑工程一切险的投保方式

建筑工程保险的投保方式往往取决于工程承包方式，施工企业应结合工程承包方式，确定投保方式，建筑工程一切险的承保方式分为以下几种：全部承包模式、部分承包模式、分段承包模式、施工单位只提供劳务模式。

1. 全部承包模式

全部承包模式是由施工单位承包全部工程，业主与承包人双方都可作为投保人，一般由承包人负责投保。

2. 部分承包模式

部分承包模式是业主负责提供设计与部分物料，承包人负责施工与部分物料，这种模式下双方都可成为投保人。

3. 分段承包模式

分段承包模式是业主将工程分成几个部分，承包给不同的承包人，这种模式下应该由业主负责投保，以避免各个承包人分别投保造成的时间差。

4. 施工单位只提供劳务模式

施工单位只提供劳务模式是业主负责提供设计、物料、技术指导，施工单位只负责提供劳务，这种模式下应由业主负责投保。

（三）建筑工程一切险的保费计算

1. 分别计算

1）施工用机器、设备的保险费率采用年费率。

2）第三者责任保险费率亦为工期费率，主要按每次事故赔偿限额计算。

3）对建筑工程、所有人提供的物资、安装及其他指定分包项目、场地清理费、专业费用、工地内现有财产及被保险人的其他财产测算一个总的费率，该费率为整个工期的一次性费率，其与总保险金额的乘积即为应收取的保险费。

4）保证期保险费率亦为工期费率，按总保险金额计算。

5）因增加附加保障所加收的保险费，按附加保障所属的范畴，即物质损失或第三者责任，及其所要求的赔偿限额分别计算。

2. 一揽子计算

对以上第 1)、3)、5) 条分别测算保险费后，再相对于物质损失的总保险金额倒算出一个总的工期一次性费率。目前在工程保险中，大多采用这种计算方法。

一般而言，保险人厘定费率时，应着重考虑下列因素：保险责任的大小；保险标的本身的危险程度，包括承保项目的种类、性质、建筑结构、施工场所的地理环境等；承包人的技术水平和管理水平；承包人及工程其他关系方的资信情况；保险金额、赔偿限额及免赔额的高低。在考虑以上因素的基础上，应以投保人填写的投保单内容和保险人对投保标的的风险调查为依据，在对风险及其可能产生损害后果作出评估的基础上，科学合理地进行厘定。

（四）建筑工程一切险的保险责任

1. 建筑工程一切险的物质损失责任

建筑工程一切险承保的是除外责任以外的一切危险造成的损失。造成物质损失的风险有两大类：自然灾害和意外事故。意外事故又包括人为风险，在实务中出现纠纷问题的情况，主要集中于意外事故部分。

需要注意的是，意外事故是指不可预料的及被保险人无法控制并造成物质损失或人身伤亡的突发性事件，包括火灾和爆炸。这也是保险责任判定的重要依据。

（1）飞机坠毁、飞机部件或飞行物体坠落

造成保险标的受损的原因主体，为飞机、飞机部件或飞行物体等的坠落，至于工地吊车一类机具物体坠落造成的损失，不属于此项保险责任。

（2）原材料缺陷或工艺不善引起的事故

原材料缺陷是指建筑材料质量未达标，且是正常检查手段无法检测出的，否则视为故意行为。工艺不善是指原材料无问题，工艺未达到相应标准，导致施工物料出现损失。前者为制造商或供货商应承担部分责任，后者为施工方应承担部分责任。因此，两者本身的损失为除外责任，但因此而引起的损失属于本项保险责任。

（3）工人、技术人员缺乏经验、疏忽、过失及恶意行为

工人、技术人员缺乏经验、疏忽、过失及恶意行为具有意外性与突然性，无法有效控制，因此属保险责任。但若是因被保险人及其代表的故意行为和过失引起的损失，保险人不予负责。

（4）盗窃

盗窃或暴力抢劫，这对被保险人都是不可预测的意外损失，因此属保险责任。但需要注意的是，上述行为必须发生在保单列明的范围内，且事件发生后须立即通知保险人并报警立案追查。如果在盘点时发现短缺，则不属于保险责任。

2. 第三者责任险的保险责任

除了物质损失部分的保险责任外，建筑工程一切险的保险责任中还包含第三者责任险。所谓第三者，不是指保险人、被保险人及其与工程有关的关系方或雇员，而是除此类人员之外的自然人或法人。

凡在工程期间的保险期限内，因发生与保险合同所承保的工程直接相关的意外事故造成工地内及邻近地区的第三者人身伤亡、疾病或财产损失，依法应由被保险人承担的经济赔偿责任，包括事先经保险人书面同意的被保险人因此支付的诉讼费用及其他费用，由保险人负责赔偿。

需要说明的是，赔偿是指被保险人在民法项下应对第三者承担的经济赔偿责任，但不包括刑事责任；诉讼费用及其他费用的支付必须是经保险人事先书面同意的，对被保险人的擅自承诺或付款等，保险人可拒绝赔偿。

3. 物质损失部分的除外责任

除物质保险责任与第三者保险责任之外，除外责任也是建筑工程一切险的重要组成部分。

1）设计错误引起的损失和费用。

工程设计通常是由被保险人自行委托设计师设计，造成损失应视为被保险人的责任，且这种错误本身具有必然性，造成损失难以预测，因此须将这种损失除外。

2）自然磨损、内在或潜在缺陷、物质本身变化、自燃、自热、氧化、锈蚀、渗漏、鼠咬、虫蛀、气候变化、正常水位变化或其他渐变原因造成的保险财产自身的损失和费用。

上述情形造成的如建筑材料、机械设备的损失是一种必然损失，是不可预测的，因此不属于保险责任。但若造成上述情形的原因是由本保险承保的风险所致，如暴雨后的锈蚀，则应负保险责任。

3）因原材料缺陷或工艺不善引起的保险财产本身的损失，以及为换置、修理或矫正这些缺点所支付的费用。

上述情形的责任应为制造商或供货人，保险人不负责赔偿该部分费用，但若因此而造成其他保险财产的损失，则其他保险财产损失由保险人负责。

4）外力引起的机械或电气装置本身的损失，或施工机具、设备、机械装置失灵造成的本身损失。

机器设备自身原因出现的损失，对应的是机器损坏险，不属于建筑工程一切险责任范围。但若因不可预测的意外原因造成机器损失，则仍属建筑工程一切险保险责任范围。

5）维修保养或正常检修的费用。

维修保养或正常检修的费用属于被保险人应自行承担的费用。

6）档案、文件、账簿、票据、现金、各种有价证券、图表资料及包装物料的损失。

档案、文件、账簿、票据、现金、各种有价证券、图表资料及包装物料的损失票证难以衡量判定其价值，容易产生道德风险，故不属于保险责任。

7）盘点时发现的短缺。

盘点时的短缺无法判定为盗窃，不属于保险责任。

8）领有公共运输行驶执照的，或已由其他保险予以保障的车辆、船舶和飞机的损失。

领有执照的公共运输工具，活动范围不局限于工地，责任难以划分，如果投保，则只能限定为没有公共行驶执照的工地用运输工具。

9）除非另有规定，在保险工程开始以前已经存在或形成的位于工地范围内或其周围的属于被保险人的财产损失。

上述财产内容，不属于保险合同中的承保内容，若要投保需要特别注明，列出保险金额。

10）除非另有约定，在保险合同约定的保险期限终止以前，保险财产已由工程所有人签发完工验收证书或验收合格或实际占有或使用或接收的部分。

根据保险条款中有关保险期限的规定，部分签发完工验收证书或验收合格或工程所有人实际占有或接收该部分时，保险责任终止。虽然整个工程未完工、保险期限未终止，但对于部分签发完工验收证书的自签发完工验收证书之时责任终止，以先发生者为准。

参考文献

蔡政英，2008．基于 SCOR 模型的循环质量链运作优化[D]．武汉：华中科技大学．
陈豪，邱树林，李德安，2019．基于智慧工地化的项目全员安全生产管理[J]．建筑安全，34（12）：44-46．
陈慧，2016．质量发展背景下工程质量的伦理问题探究[D]．昆明：昆明理工大学．
陈柳钦，2009．全球价值链：一个关于文献的综述[J]．兰州商学院学报（5）：22-32．
陈伟全，2022．建设工程项目质量管理的评价与控制研究[D]．沈阳：沈阳建筑大学．
丁睿，2003．制造商和供应商链节点的质量链管理研究[D]．上海：上海交通大学．
丁文琴，赵俊华，1999．“质量链”：质量“多米诺骨牌”：关于提高产品质量的思考[J]．化工质量（6）：28-31．
高峰，2009．全球价值链的微观视角：基于企业层面的综述[J]．商业研究（5）：23-29．
高会芹，纪凡荣，高吉云，等，2023．建设工程质量控制[M]．北京：化学工业出版社．
龚正祥，2015．我国建筑施工较大及以上事故特征研究[D]．南昌：南昌大学．
韩豫，孙昊，李宇宏，等，2018．智慧工地系统架构与实现[J]．科技进步与对策（24）：107-111．
胡文斌，2018．工程建设项目安全投入优化配置研究[D]．北京：首都经济贸易大学．
胡志文，张晓飞，王梓，等，2019．基于安全责任视角的本质安全演化原则与内涵特征[J]．管理观察（13）：14-15．
黄明群，2006．基于协同质量链的供应商质量管理研究[D]．武汉：华中科技大学．
李卉，2019．基于关联规则的建筑模板坍塌事故致因链研究[D]．厦门：华侨大学．
李维安，李勇建，石丹，2016．供应链治理理论研究：概念、内涵与规范性分析框架[J]．南开管理评论，19（1）：4-15，42．
李晓然，纪凡荣，2021．BIM 技术及其在建筑设计中的应用研究[J]．房地产世界（20）：69-71．
李兴葆，2021．W 工程项目设计质量管理评价研究[D]．北京：北京建筑大学．
李智轩，杨必江，何明生，等，2019．“智慧工地”理念下施工现场安全管理[J]．城市住宅（11）：175-176．
刘斌，2010．铁路建设项目质量链管理运行机制研究[D]．长沙：中南大学．
刘恒江，2007．质量链耦合机理分析[J]．世界标准化与质量管理（6）：34-37．
念学睿，2014．伦理视野下我国的工程质量问题研究[D]．兰州：西北民族大学．
齐淑君，2021．建筑企业实施精益质量管理的影响因素研究[D]．郑州：郑州大学．
曲扬，2017．建筑企业安全绩效评估研究[D]．重庆：重庆大学．
全国二级建造师执业资格考试用书编写委员会，2023．建设工程施工管理[M]．北京：中国建筑工业出版社．
任义君，2001．高等教育质量链初探[J]．黑龙江高教研究（6）：64-66．
任英伟，2020．地铁暗挖区间多工作面快速施工组织与管理实践[M]．北京：中国铁道出版社．
任智刚，何奕，曾明荣，等，2018．我国现行生产安全事故统计制度和模式分析及完善建议[J]．中国安全生产科学技术，14（9）：69-77．
唐晓芬，邓绩，金升龙，2005．质量链理论与运行模式研究[J]．中国质量（9）：16-19．
唐晓青，段桂江，2002．面向全球化制造的协同质量链管理[J]．中国质量（9）：25-27．
田翰之，2013．建筑生产安全事故统计指标体系创新及应用研究[D]．北京：首都经济贸易大学．
王镝，2004．城市基础设施工程项目管理与施工技术：南京玄武湖隧道工程项目实践[M]．南京：东南大学出版社．
王海顺，许铭，辛盼盼，等，2019．我国生产安全事故经济损失统计制度改革建议[J]．中国安全科学学报，29（10）：141-146．
王吉武，闫野，金浩，等，2019．本质安全理论综述研究[J]．价值工程（8）：182-185．
王金锋，苏慧杰，2019．智慧工地管理中智慧门禁以及劳务实名制应用实践[J]．工程建设与技术（24）：262-263．
王祖和，2018．项目质量管理[M]．2 版．北京：机械工业出版社．
吴建平，戴胜娟，曹静锋，2021．实测实量过程控制与常见质量问题探讨[J]．建筑技术开发，48（20）：143-144．
武宗豪，周建凯，姜伟，2021．危险源与隐患关系的辨析[J]．安全，42（7）：56-61．
谢强，2002．质量链管理及其若干关键技术研究[D]．南京：南京航空航天大学．
谢先启，邓利明，肖铭钊，等，2021．新一代建造质量安全管理发展研究[J]．中国工程科学，23（4）：71-78．
徐波，赵宏彦，2004．建筑工程质量保险探析：法国等国家建筑工程质量保险考察[J]．建筑经济（9）：5-8．
徐友全，贾美珊，2019．物联网在智慧工地安全管控中的应用[J]．建筑经济，40（12）：101-106．
许国东，2007．基于价值链的工程项目管理方法研究[D]．阜新：辽宁工程技术大学．

杨杰，李晓霞，2018．建设安全法理念重塑及法规制度体系完善研究[J]．东岳论丛（9）：183-190．

杨益晟，2015．复杂大型建设项目质量链识别方法及其优化模型研究[D]．北京：华北电力大学．

杨益晟，乌云娜，2015．大型复杂项目质量链视角下参建方博弈研究[J]．建筑经济（1）：122-125．

叶贵，李静，段帅亮，2016．建筑工人不安全行为发生机理研究[J]．中国安全生产科学技术，12（3）：181-186．

翟丽，2000．质量功能展开技术及其应用综述[J]．管理工程学报（1）：52-60．

张传金，2019．建筑工程设计质量评价方法探索[J]．中小企业管理与科技（中旬刊）（14）：34-35．

张建设，申雪梅，李瑚均，等，2018．建筑施工企业安全事故引起无形损失分类体系研究[J]．中国安全科学学报（6）：160-165．

张江石，赵群，张文越，2018．安全管理实践与行为关系研究[J]．安全与环境学报，18（6）：2279-2284．

张人龙，2008．大规模定制质量链协同效度研究[D]．长沙：湖南大学．

张卫华，2014．生活事件视角下煤矿事故中人因失误致因机理及预控研究[D]．徐州：中国矿业大学．

张智，2007．基于质量链的工程项目质量管理研究[D]．天津：天津大学．

左亚辉，2022．建筑工程实测实量控制及常见质量问题探讨[J]．商品与质量（33）：103-105．

AWOLUSI I G, MARKS E D, 2017. Safety activity analysis framework to evaluate safety performance in construction[J]. Journal of Construction Engineering and Management, 143 (3): 05016022.

GUNDUZ M, BIRGONUL M T, OZDEMIR M, 2017. Fuzzy structural equation model to assess construction site safety performance[J]. Journal of Construction Engineering and Management, 143 (4): 04016112.1-04016112.16.

HUANG X Y, HINZE J, 2006. Owner's role in construction safety: guidance mode[J]. Journal of Construction Engineering and Management, 132: 2(164).

João Gilberto Mendes Dos Reis, Sivanilza Teixeira Machado, Pedro Luiz De Oliveira Costa Neto, et al., 2014. Supply chain quality management in agribusiness: an approach of quality management systems in food supply chains[J]. IFIP International Conference on Advances in Production Management Systems: 497-504.

KANG L G, WU C, LIAO X P, WANG B, 2020. Safety performance and technology heterogeneity in China's provincial construction industry[J]. Safety Science, 121: 83-92.

LIU H, JAZAYERI E, DADI G B, 2017. Establishing the influence of owner practices on construction safety in an operational excellence model[J]. Journal of Construction Engineering and Management, 143 (6): 04017005.

